先进钛合金组织表征及性能调控

李金山　樊江昆　寇宏超　著

科学出版社

北京

内 容 简 介

先进钛合金及其构件的研制和应用已经成为装备制造水平的重要标志。本书将理论分析和实践经验相结合，系统梳理并介绍了钛合金材料特点、钛合金组织分析表征技术及应用、服役环境及性能要求、钛合金热处理及变形行为、典型钛合金组织性能调控等内容。本书涵盖了近些年相关领域研究的新成果，相关内容可以为先进钛合金材料及其构件的加工和组织性能调控提供极具价值的理论参考和工艺指导，助力钛合金组织分析表征和性能精确调控技术的发展。

本书可供高等院校材料类专业师生、先进金属材料研究机构的科研人员，以及先进金属材料及构件生产单位的工程技术人员参考。

图书在版编目（CIP）数据

先进钛合金组织表征及性能调控 / 李金山，樊江昆，寇宏超著.
北京：科学出版社，2025.6. -- ISBN 978-7-03-081746-4

Ⅰ．TG146.23

中国国家版本馆 CIP 数据核字第 2025Y7N795 号

责任编辑：祝　洁　罗　瑶 / 责任校对：杨　赛
责任印制：徐晓晨 / 封面设计：陈　敬

科学出版社 出版

北京东黄城根北街 16 号
邮政编码：100717
http://www.sciencep.com

北京建宏印刷有限公司印刷
科学出版社发行　各地新华书店经销

*

2025 年 6 月第　一　版　　开本：720×1000　1/16
2025 年 6 月第一次印刷　　印张：19
字数：380 000

定价：248.00 元
（如有印装质量问题，我社负责调换）

前　言

　　钛合金作为一种比强度极佳的金属结构材料，兼具耐腐蚀性好、服役温度区间广、无磁性等突出性能，在航空航天、海洋工程及生物医疗等领域中均扮演着至关重要的角色，被誉为"未来金属""第三金属"与"海洋金属"。

　　随着现代科技的不断进步，对钛合金综合性能的要求也日益提高。先进钛合金及其构件的研发与应用已成为材料科学领域的研究热点，并作为衡量装备制造水平及社会经济发展的重要锚点，但是钛合金复杂的组织结构与性能调控技术一直是科研人员和工程师面临的巨大挑战。由于钛合金组织精确表征难度大，性能调控影响因素多，多数钛合金相关著作常囿于普适性特征和基本组织演变规律的简单介绍，缺少系统阐明钛合金材料组织优化与性能调控之间的具体联系。基于这样的背景，本书从先进钛合金研究工作出发，旨在为钛合金研究领域提供一部具有高度参照性和实用性的学术专著。

　　本书围绕钛合金复杂的组织结构特点、先进的表征方法及性能调控技术展开，第 1～3 章介绍了钛合金的主要特点及分类，通过典型案例详细介绍了钛合金组织分析表征技术的原理及应用，依据不同的服役环境特点梳理了钛合金的服役环境及性能要求。第 4～6 章介绍了钛合金热处理及其相变规律，阐明了钛合金变形行为及其微观机理，总结了多种复杂热力耦合作用下钛合金组织演变规律。第 7～9 章介绍了多种典型钛合金强塑性、蠕变-疲劳等性能优化及各向异性特征。

　　本书撰写过程中，力求将理论与实践相结合，既注重前沿性的钛合金领域研究成果，又注重实用性的钛合金工程服役过程，旨在为钛合金领域研究者们提供有力的技术支持，为推动钛合金研究领域的发展做出更大的贡献。通过阅读本书，读者能够深入了解高性能钛合金的组织表征及性能调控技术。相信本书将成为从事钛合金研究与应用的科技人员、高校师生和其他广大读者的良师益友。

　　本书的出版得到了国家自然科学基金(51371143、52074231、52274396)和西北工业大学教育教学改革研究等多个项目的资助。本书撰写过程中得到了西北工业大学稀有金属材料与加工研究团队全体师生的大力支持和协助，感谢张智鑫、张文渊、高溥艺、唐璐瑶、黄浩、孙峰、董瑞峰、惠琼、张雪等博士及硕士研究生为本书内容所做的研究工作。感谢赵鼎、马尹凡、梁晓媛、王璟、孙奇文、凡盼盼、赵佳鑫、翟浩宇、陈泽森、赵润泽、焦点等在本书文字和图片整理方面的付出和努力。

感谢傅恒志院士在本书撰写过程中提出宝贵意见，对本书的出版起到了至关重要的作用。

限于作者学识与经验，书中难免有不妥之处，敬请读者批评指正。

作　者

2024 年 11 月

目　　录

第1章 绪 论

自 20 世纪中叶，钛及钛合金凭借出色的比强度、优异的耐腐蚀性及良好的生物兼容性逐渐崭露头角，成为关键的金属工程材料，在金属材料领域占据了重要地位。钛合金因其在装备制造和科技产业中的关键作用，被视为国家安全和经济发展的战略材料。目前，钛合金资源利用与技术水平已经成为国家综合竞争力提升的重要支点。本章从钛及钛合金的特点出发，总结了钛合金中合金元素组成及其主要作用，介绍了钛合金的主要相结构及组织特征，以及钛合金的典型制备加工技术和主要应用，旨在为读者提供一个全面、深入的钛及钛合金基础知识框架。

1.1 钛及钛合金概述

钛元素在 1791 年由英国的矿物学家威廉·格雷戈尔(William Gregor，1761—1817)首次发现。钛元素在地壳中分布较广，其在地壳中的质量分数约为 0.6%，居金属元素第七位。钛在自然界中难以作为单质存在，主要分布在金红石(TiO_2)和钛铁矿($FeO \cdot TiO_2$)内。

纯净的钛是难熔金属，其熔点约为 1668℃，在室温下具有银白色光泽。钛的原子序数为 22，在元素周期表中位于第四周期、第ⅣB 族。其相对原子质量为 47.87，纯钛的密度为 4.51g/cm³。钛具有两种同素异构体，α-Ti 在 882.5℃以下稳定，具有密排六方结构；β-Ti 在 882.5℃与其熔点(1668℃)之间稳定存在，具有体心立方结构。

钛和钛合金具有以下优良的特性[1,2]：

(1) 比强度高。比强度是指材料的抗拉强度(UTS)与材料的密度之比，是航空航天领域评价结构材料性能的重要指标。钛合金与一般的高强度结构钢、高温合金强度相当，但钛的密度仅为铁的 57%、镍的 50.5%，其比强度是常用工业合金中最高的。钛合金的比强度约为不锈钢的 3.5 倍，铝合金的 1.3 倍，镁合金的 1.7 倍。

(2) 耐腐蚀性强。钛与氧气、氮气在常温下能形成几纳米到几十纳米厚的氧化膜、氮化膜，并且此类膜层局部破坏后具有自修复的能力，同时对膜层以外的基体具有保护作用。因此，钛在氧化性或中性介质中具有很强的耐腐蚀性，在氯离子介质中或海水中几乎不被腐蚀。

(3) 耐热性好。钛的熔点约为 1668℃，是轻金属中的高熔点金属。钛在高温下抗软化能力较好，因此可以保持较高的比强度，其最高使用温度可达 600℃。

(4) 低温性能好。钛合金在温度为 20K 的条件下仍能保持很好的塑性。钛在温度低于 0.49K 时，呈现超导电性，合金化后，超导温度可达 9~10K，适合作为宇航、超导等低温工程材料。

尽管钛合金相比其他金属结构材料具有许多优点，但也存在一些难以忽视的缺点，对其特定场景应用时的选择和使用造成限制，其缺点具体如下：

(1) 成本高。钛合金的原材料成本较高，同时制备和加工的费用不菲，进一步提高经济成本，这对钛合金大规模生产和应用造成了一定的限制。

(2) 机械加工难度大。钛合金硬度与强度较高，难以进行传统的机械加工。针对钛合金的切削加工往往需要采用高性能刀具和加工工艺，这加速了机械加工设备的磨损和损坏，并直接导致了加工难度和成本的提高。

(3) 热导率低。钛合金的热导率较低，在高温环境服役时，钛合金可能会出现局部过热的问题，影响材料的服役性能。

(4) 易吸氧和氢。钛合金在高温条件下容易与大气环境中的氧气和水蒸气发生反应，形成氧化物与氢化物，进一步诱导钛合金材料表面氧化、脆化及腐蚀，降低使用寿命。

(5) 容易形成划痕。尽管钛合金在一般条件下具有良好的硬度和耐磨性，但其表面相对较软，容易被锐利物体划伤或损坏。为了保证钛合金材料的外观和表面质量，通常需要采取额外的保护措施。

综上所述，尽管钛合金具有许多优点，但其成本高、机械加工难度大、热导率低和易发生氧(氢)化反应等缺点对其实际应用造成了一定的限制。因此，在钛合金选择与应用时，需要结合实际需求和条件做出合适的决策。

1.2　钛的合金化

1.2.1　合金元素分类

钛的材料强度和加工难易程度很大程度上取决于钛的合金化程度。合金化程度的提高会同时提高钛的材料强度与机械加工难度，因此在合金化设计时应综合考虑这些问题以拓展其应用领域，使得钛合金获得更佳的综合性能。根据合金元素与钛元素的相图，及其对钛同素异构转变的影响，钛的合金元素分类如下[1]：提高 β 相变温度(T_β)的 α 稳定元素、降低 β 相变温度的 β 稳定元素，以及对 β 相变温度影响很小的中性元素。

(1) α 稳定元素：提高 α/β 相变温度，扩大 α 相区[图 1.1(a)]，即增大 α 相稳定性的元素。主要包括铝、镓、锗、硼和杂质元素氧、氮、碳等。

(2) 同晶型 β 稳定元素：降低 β 相变温度，扩大 β 相区[图 1.1(b)]，增大 β 相稳定性的元素。另外，同晶型 β 稳定元素与钛具有相同的晶格结构和相近的原子半径，在 β 相中无限固溶。主要包括钼、钒、铌、钽等。

(3) 共析型 β 稳定元素：降低 β 相变温度，扩大 β 相区，且会引起共析转变的元素，称为共析型 β 稳定元素[图 1.1(c)]。这类元素包含的范围较广，且共析反应速度相差悬殊，因此分为非活性共析型元素与活性共析型元素。其中，铬、锰、铁等元素与钛共析反应温度较低，转变速度极慢，在一般热处理条件下转变难以进行，属于非活性共析型元素。硅、铜、氢、镍、银等元素，共析转变速度极快，淬火也无法抑制其进行，故不能将 β 相稳定到室温，属于活性共析型元素。

(4) 中性元素：对 β 相变温度影响不大的元素称为中性元素[图 1.1(d)]，主要有锆、铪和锡等。

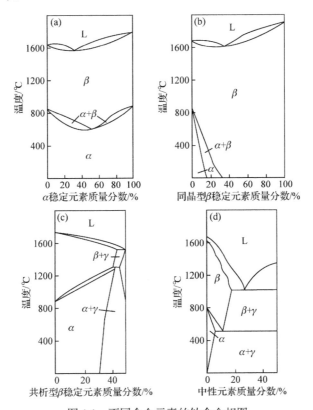

图 1.1 不同合金元素的钛合金相图

(a) α 稳定元素；(b) 同晶型 β 稳定元素；(c) 共析型 β 稳定元素；(d) 中性元素

L-液相

1.2.2 合金元素的主要作用

(1) 铝：铝是工业中使用最广泛的 α 稳定元素，钛-铝二元相图见图 1.2[2]。钛中加入铝，能够降低熔点并提高 β 相变温度，提高 β 相元素在 α 相中的溶解度，在强化钛合金室温与高温性能的同时，也可以进一步减小钛合金的比密度。铝元素质量分数达 6%～7% 的钛合金具有较高的热稳定性和良好的焊接性，但当铝的质量分数超过了 α 相的溶解极限(质量分数为 7%)时，会形成脆性 Ti₃Al 相，恶化综合性能，使合金变脆且热稳定性降低。随着材料科学的发展，研究发现 Ti-Al 系金属间化合物具有密度低、高温强度高、抗氧化性及刚性好的特点，目前普遍认为铝质量分数分别为 16%、36% 的 Ti₃Al 和 TiAl 基合金是前景光明的金属间化合物合金。

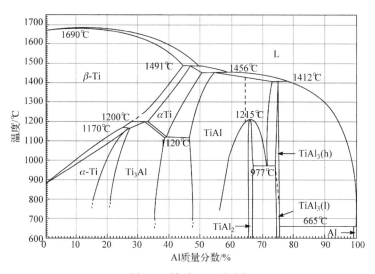

图 1.2　钛-铝二元相图

(2) 钒(钼、铌、钽)：钒元素具有显著的固溶强化作用，在提高钛合金强度的同时保持良好的塑性，同时钒元素还能提高钛合金的热稳定性。钼、铌、钽元素在钛合金中的性质和作用与钒相似。

(3) 硅：硅元素在钛合金中的共析转变温度较高，加入硅元素可以改善耐热性。硅元素的添加量不宜超过其在 α 相内的最大固溶度(质量分数为 0.25%)。由于硅原子与钛原子尺寸差异较大，容易在固溶体中的位错处偏聚，阻止位错运动，因此也可以提高耐热性。

(4) 钼、铁、铬：钼、铁、铬元素是 β 稳定元素，可以有效强化力学性能，是高强亚稳 β 型钛合金中的主要添加元素，但其与钛会发生慢共析反应，这易导致高温长期工作条件下合金组织不稳定，蠕变抗力低。

(5) 锆、锡：锆、锡元素在 α-Ti 和 β-Ti 中均有较大的溶解度，常和其他元素一起加入，起补充强化作用。在耐热钛合金中基体由 α 相构成，在合金成分设计时除了加入铝元素稳定 α 相，往往还需加入锆、锡元素来进一步提高耐热性。此外，锆、锡元素还能抑制 ω 相形成，并且锡元素可以减少钛合金的氢脆敏感性。不过当锡过量添加时，合金中会形成有序相 Ti_3Sn，降低合金的塑性和热稳定性。

1.2.3 钛合金按元素组成分类

在钛合金的实际生产及应用中，最常遇到的是钛合金形成非平衡状态下的组织。因此，参照亚稳状态下的相组织和 β 稳定元素含量可以将钛合金分为 α 型钛合金、近 α 型钛合金、$\alpha+\beta$ 型钛合金、亚稳 β 型钛合金和 β 型钛合金几大类，如图 1.3 所示[1]。

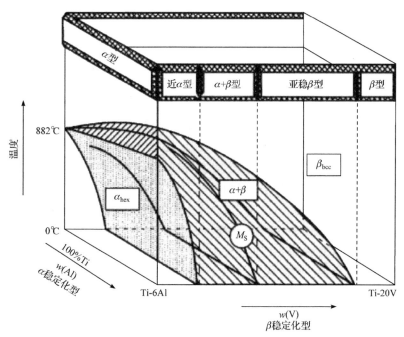

图 1.3 钛合金分类的三维相图示意图

α_{hex}-密排六方 α 相；β_{bcc}-体心立方 β 相；M_S-马氏体转变开始温度；$w(i)$-i 的质量分数

1. α 型钛合金

α 型钛合金主要包括 α 稳定元素和中性元素，在退火状态下一般为单相 α 组织。α 型钛合金 β 相变温度较高，具有良好的组织稳定性和耐热性，焊接性能好。α 型钛合金对热处理和组织演变不敏感，不能通过热处理来提高材料的强度，一般只具有中等强度。典型的 α 型钛合金有工业纯钛(TA1、TA2、TA3)、TA5 和 TA7 等。

2. 近 α 型钛合金

近 α 型钛合金中含有少量的 β 稳定元素(质量分数<2%),退火组织中含有少量的 β 相或金属间化合物(质量分数 8%~15%)。近 α 型钛合金具有良好的焊接性和较高的热稳定性,对热处理制度不敏感。由于近 α 型钛合金添加了少量 β 稳定元素(如钼、钒、硅等)和中性元素(如锆、锡等),可进一步提高常温及高温性能。近 α 型钛合金具有较高的蠕变强度和高温瞬时强度,最高使用温度可达 600℃,典型牌号包括 IMI834、Ti-1100、BT36、Ti60、TA10、TA11、TA12、TA18、TA19、TC1、TC2 和 TA15 等。

低 Al 当量近 α 型钛合金的典型代表包括 TC1 和 TC2 合金,其主要特点是室温抗拉强度比较低,塑性较高且热稳定性好,具有良好的焊接性能和变形成形性能,适用于制作形状复杂的冲压板材和焊接零件。高 Al 当量的近 α 型钛合金的典型代表包括 IMI834、Ti-1100、BT36、Ti60 等,常用于发展高温钛合金,主要特点为钛合金中最优的高温蠕变抗力,良好的热稳定性和较好的焊接性能,并可在 500~600℃高温环境下长时服役。

3. $\alpha+\beta$ 型钛合金

$\alpha+\beta$ 型钛合金中同时加入了 α 稳定元素和 β 稳定元素,使 α 相和 β 相都得到强化,其退火组织为 $\alpha+\beta$ 相,β 相含量一般为 5%~40%。$\alpha+\beta$ 型钛合金具有优良的综合性能,室温强度高于 α 型钛合金。同时,其热加工工艺性能良好,可以进行热处理强化,适用于制造航空结构件。由于 β 稳定元素的进一步添加,$\alpha+\beta$ 型钛合金耐热性和焊接性能低于 α 型钛合金,组织构成不够稳定,服役温度上限在500℃左右。

中等强度 $\alpha+\beta$ 型钛合金的典型代表是 TC4(Ti-6Al-4V)合金。TC4 合金是目前使用最广泛的钛合金,具有优异的综合性能和加工性能,并且通过固溶时效可以进一步强化服役性能。其主要应用于航空、航天及民用结构材料等领域,加工制造航空发动机的风扇、压气机盘及叶片,以及飞行器结构件中的梁接头、隔框等主要承力构件。

高强 $\alpha+\beta$ 型钛合金的典型代表有 TC17、TC19 和 TC21 等,其特点是含有较多的 β 稳定元素,并具有较高的强度和淬透性。TC21 合金还具有高损伤容限性能,适合制作截面尺寸较大的结构件。

4. 亚稳 β 型钛合金

亚稳 β 型钛合金内常添加高于 α 与 β 两相转变临界浓度的 β 稳定元素,通过固溶后空冷或水淬的热处理制度抑制 α 相的析出,获得近似完全的亚稳 β 相组织。亚稳 β 型钛合金可热处理强化，经固溶时效处理后强度较高，是典型的高强钛合金，同时在退火或固溶状态下具有非常好的工艺塑性、冷成形性和可焊接性。此外，亚稳 β 型钛合金具有优于 $\alpha+\beta$ 型钛合金的室温强度、断裂韧性和淬透性，可用于制造大型结构件。亚稳 β 型钛合金对杂质元素，尤其是氧元素敏感性高，且组织热稳定性较差，通常只能在 300℃以下服役。

亚稳 β 型钛合金的典型代表包括 Ti-15-3、Ti-1023、β-21S、Ti-5553、Ti-55531、β-CEZ、BT22、Beta-C 等，已作为高强钛合金广泛应用于制造航空航天等领域的重大装备承力构件。

5. β 型钛合金

随着 β 稳定元素含量的增加，β 相变温度逐渐下降甚至降至室温以下。β 型钛合金退火后为稳定的 β 单相组织，这种合金又称为稳定 β 型钛合金。目前，稳定 β 型钛合金牌号较少，仅有耐蚀材料 TB7、阻燃合金 Alloy C 和 Ti40 等。TB7 合金具有优异的耐腐蚀性，因此可以选用其作为一些化工设备零件。Alloy C 和 Ti40 合金具有良好的抗燃烧性能和耐高温性，长期工作温度在 500℃左右，但是这类合金密度较大、熔炼比较困难，且铸锭开坯有一定的困难，对其实际应用造成了较大的限制。

1.3 钛合金主要相结构及组织特征

1.3.1 钛合金主要相结构

1. 同素异构转变的相结构

α-Ti 与 β-Ti 同素异构转变是钛合金中各种相变的基础。纯钛自高温缓慢冷至 882.5℃时，从体心立方(body-centered cubic，BCC)结构的 β 相转变为密排六方(hexagonal close-packed，HCP)结构的 α 相。两相之间的相变路径可分为 $\beta \rightarrow \alpha$ 和 $\alpha \rightarrow \beta$ 两种，其中关于 $\beta \rightarrow \alpha$ 转变过程中变体选择已有较多深入研究，但关于 $\alpha \rightarrow \beta$ 转变的研究则非常少。这主要是因为 $\alpha \rightarrow \beta$ 转变的信息在室温下难以获取，而高温原位技术目前仍不够成熟。α-Ti 与 β-Ti 晶体结构如图 1.4 所示。$\alpha \rightarrow \beta$、$\beta \rightarrow \alpha$ 转变过程中的取向关系和晶格演变如图 1.5 所示[3,4]，二者的转变遵循伯格斯(Burgers)取向关系：$\{0001\}_\alpha // \{110\}_\beta$、$\langle 11\bar{2}0 \rangle_\alpha // \langle 111 \rangle_\beta$。如表 1.1 所示，钛合金在 $\beta \rightarrow \alpha$ 转变过程中在理想状态下可以形成 12 种不同的 α 相变体，但是在实际相变过程中会发生变体选择(variant selection)的现象，即相变过程中某几种变体择优析出。

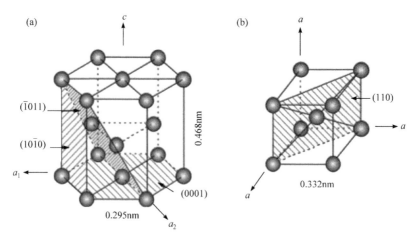

图 1.4　α-Ti 与 β-Ti 晶体结构图

(a) α-Ti；(b) β-Ti

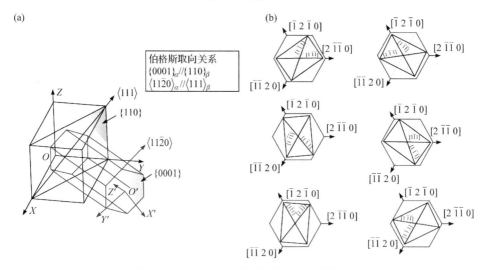

图 1.5　α→β、β→α 转变过程中的晶格演变

(a) β→α 转变的伯格斯取向关系；(b) α→β 转变的伯格斯取向关系

表 1.1　伯格斯取向关系下 β→α 转变产生的 α 相变体

α 相变体	取向关系	与 V1 变体间的取向差轴角对
V1	$(\bar{1}\bar{1}0)_\beta // (0001)_\alpha, [1\bar{1}1]_\beta // [2\bar{1}\bar{1}0]_\alpha, [\bar{1}12]_\beta // [01\bar{1}0]_\alpha$	—
V2	$(101)_\beta // (0001)_\alpha, [\bar{1}11]_\beta // [2\bar{1}\bar{1}0]_\alpha, [\bar{1}21]_\beta // [01\bar{1}0]_\alpha$	$60.83° / [\bar{1}.377 \ \bar{1} \ 2.377 \ 0.359]$
V3	$(\bar{1}\bar{1}0)_\beta // (0001)_\alpha, [\bar{1}11]_\beta // [2\bar{1}\bar{1}0]_\alpha, [1\bar{1}2]_\beta // [01\bar{1}0]_\alpha$	$10.53° / [0001]$
V4	$(101)_\beta // (0001)_\alpha, [\bar{1}\bar{1}1]_\beta // [2\bar{1}\bar{1}0]_\alpha, [\bar{1}21]_\beta // [01\bar{1}0]_\alpha$	$63.26° / [\overline{10} \ 5 \ 5 \ \bar{3}]$

续表

α 相变体	取向关系	与 V1 变体间的取向差轴角对
V5	$(\bar{1}10)_\beta//(0001)_\alpha,[111]_\beta//[2\bar{1}\bar{1}0]_\alpha,[\bar{1}\bar{1}2]_\beta//[01\bar{1}0]_\alpha$	$90°/[1\ \ \overline{2.38}\ \ 1.38\ \ 0]$
V6	$(011)_\beta//(0001)_\alpha,[\bar{1}\bar{1}1]_\beta//[2\bar{1}\bar{1}0]_\alpha,[2\bar{1}1]_\beta//[01\bar{1}0]_\alpha$	$60.83°/[\overline{1.377}\ \ \bar{1}\ \ 2.377\ \ 0.359]$
V7	$(\bar{1}10)_\beta//(0001)_\alpha,[\bar{1}\bar{1}1]_\beta//[2\bar{1}\bar{1}0]_\alpha,[112]_\beta//[01\bar{1}0]_\alpha$	$90°/[1\ \ \overline{2.38}\ \ 1.38\ \ 0]$
V8	$(011)_\beta//(0001)_\alpha,[1\bar{1}1]_\beta//[2\bar{1}\bar{1}0]_\alpha,[\bar{2}\bar{1}1]_\beta//[01\bar{1}0]_\alpha$	$60°/[11\bar{2}0]$
V9	$(0\bar{1}1)_\beta//(0001)_\alpha,[111]_\beta//[2\bar{1}\bar{1}0]_\alpha,[2\bar{1}\bar{1}]_\beta//[01\bar{1}0]_\alpha$	$63.26°/[\bar{1}0\ \ 5\ \ 5\ \ \bar{3}]$
V10	$(\bar{1}01)_\beta//(0001)_\alpha,[1\bar{1}1]_\beta//[2\bar{1}\bar{1}0]_\alpha,[121]_\beta//[01\bar{1}0]_\alpha$	$60°/[11\bar{2}0]$
V11	$(0\bar{1}1)_\beta//(0001)_\alpha,[\bar{1}11]_\beta//[2\bar{1}\bar{1}0]_\alpha,[211]_\beta//[01\bar{1}0]_\alpha$	$60.83°/[\overline{1.377}\ \ \bar{1}\ \ 2.377\ \ 0.359]$
V12	$(\bar{1}01)_\beta//(0001)_\alpha,[111]_\beta//[2\bar{1}\bar{1}0]_\alpha,[1\bar{2}1]_\beta//[01\bar{1}0]_\alpha$	$60.83°/[\overline{1.377}\ \ \bar{1}\ \ 2.377\ \ 0.359]$

2. 马氏体相变的相结构

含 β 稳定元素的钛合金自 β 相区缓慢冷却时,将从 β 相中析出 α 相。在快速冷却过程中,$\beta\to\alpha$ 转变的析出动力学受阻,β 相将转变为成分与母相相同、晶体结构不同的过饱和固溶体,称为马氏体。钛合金中的相变过程即晶体学关系如表 1.2 所示。若 β 稳定元素含量少,转变阻力小,β 相由 BCC 结构直接转变为 HCP 结构,这种具有 HCP 结构的过饱和固溶体称六方马氏体,一般以 α' 表示。若 β 稳定元素含量高,晶格转变阻力大,不能直接转变为六方晶格,只能转变为斜方晶格,这种具有斜方晶格的马氏体称斜方马氏体,一般以 α'' 表示。

表 1.2 钛合金中的相变过程

相	晶体结构	晶格常数	与母相的晶体学关系	相变
α	密排六方结构	$a=b=0.293nm$ $c=0.4675nm$ $c/a=1.596$		$\alpha\to\beta$ (加热保温过程或变形过程)
β	体心立方结构	$a=b=c=3.32nm$		$\beta\to\alpha$ (冷却速率较慢)

相	晶体结构	晶格常数	与母相的晶体学关系	相变
α'	六方结构	$a = b = 0.295\text{nm}$ $c = 0.468\text{nm}$ $c/a = 1.587$	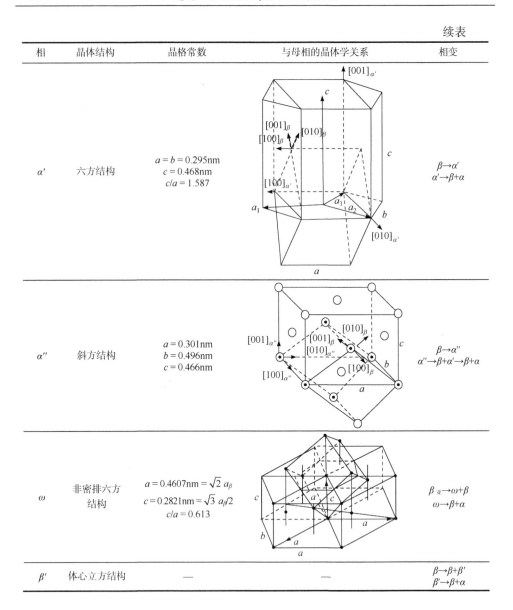	$\beta \rightarrow \alpha'$ $\alpha' \rightarrow \beta + \alpha$
α''	斜方结构	$a = 0.301\text{nm}$ $b = 0.496\text{nm}$ $c = 0.466\text{nm}$		$\beta \rightarrow \alpha''$ $\alpha'' \rightarrow \beta + \alpha' \rightarrow \beta + \alpha$
ω	非密排六方结构	$a = 0.4607\text{nm} = \sqrt{2}\,a_\beta$ $c = 0.2821\text{nm} = \sqrt{3}\,a_\beta/2$ $c/a = 0.613$		$\beta_{\text{亚}} \rightarrow \omega + \beta$ $\omega \rightarrow \beta + \alpha$
β'	体心立方结构	—	—	$\beta \rightarrow \beta + \beta'$ $\beta' \rightarrow \beta + \alpha$

3. ω 相变的相结构

合金元素含量在相变临界浓度附近的钛合金经高温淬火后,将在合金组织中形成一种新相——ω 相。钛合金中的 ω 相按其形成方式可分为两类:一类为当 β 相合金元素 Mo、V、Nb、Cr、Nb 等的成分范围达到某一临界值时(大致同室温下能保留 β 相的成分极限相近),合金在 β 相区淬火形成的 ω 相,称为无热 ω 相或淬火 ω 相;另一类为合金淬火过程中保留的亚稳 β 相在时效过程中析出,称为等

温 ω 相。淬火 ω 相一般呈现为细小的颗粒状(粒径 2~10nm)，且弥散地分布在 β 相基体上；等温 ω 相的尺寸较大，一般在 10~20nm。ω 相具有非密排六方结构(表 1.2)，其晶格常数为 a=0.4607nm，c=0.2821nm，c/a=0.613。ω 相与母相共生，并有共格关系，它们的取向关系为 $(111)_\beta // (0001)_\omega$，$\left[1\bar{1}0\right]_\beta // \left[11\bar{2}0\right]_\omega$。

4. $\beta \rightarrow \beta + \beta'$ 转变的相结构

β' 相是合金元素贫化的体心立方结构，可以通过 β 稳定元素含量较高的钛合金中调幅分解得到，即 $\beta \rightarrow \beta(富集区) + \beta'(贫化区)$。$\beta'$ 相与 β 相共格并在 β 相基体内以均匀分布形式在共格体心立方区域出现，β' 相区域的形态随两种体心立方相之间的成分差别和错配度而变化。两者均为 BCC 结构，但合金元素含量不同。

1.3.2 钛合金典型组织特征

金属材料的微观组织往往决定了材料的宏观性能，钛合金的不同微观组织对应的宏观性能差异十分明显。在钛合金中，研究者们主要通过对 α 相组织特征的调控以实现合金及其构件的性能优化，通过适当的热处理工艺可以调节 α 相的形态至等轴状、片层状和细针状以实现不同性能。《钛及钛合金术语和金相图谱》(GB/T 6611—2008)中对 α 相的分类及特点进行了详细的规定。

按照组成相(α 相、β 相/β 相转变基体)的基本特征，通常可以将常见钛合金的典型组织特征分为四类[1,4]，如图 1.6 所示。

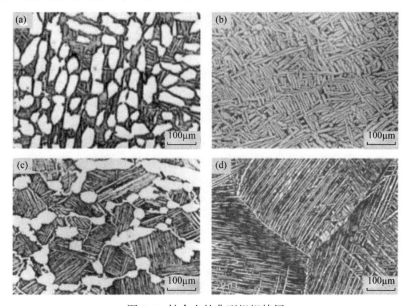

图 1.6 钛合金的典型组织特征

(a) 等轴组织；(b) 网篮组织；(c) 双态组织；(d) 魏氏组织

1) 等轴组织

如图 1.6(a)所示，通过对 $\alpha+\beta$ 两相区或 α 相区钛合金进行变形加工，且加工温度显著低于 β 相变温度时，一般可获得等轴组织。等轴组织的特点是在 β 相转变基体上分布着体积分数 50%以上的等轴 α 相，根据变形方式和变形程度的不同，等轴 α 相可表现为球状、椭圆状、蜗杆状、矩形等。

等轴组织钛合金塑性、抗缺口敏感性和热稳定性较好，兼具较高的高低周疲劳强度，但是冲击强度、高温持久强度、蠕变强度与断裂韧性较差。尽管等轴组织钛合金在性能上存在一些不足，但综合来看依然具有较好的服役性能，是目前应用最广泛的钛合金。当构件对高周疲劳性能有较高要求时，如制造承受高频振动载荷的叶片时，宜选用等轴组织钛合金，并且等轴 α 相体积分数在 80%以上。

2) 网篮组织

在 β 相区加热变形，或者在 $\alpha+\beta$ 两相区变形量不够大时，钛合金一般会形成如图 1.6(b)所示的网篮组织。网篮组织的具体结构特征为在 β 相转变基体上分布着交错编织成网篮状的片状 α 组织，同时原始 β 相晶界不同程度地被破碎，晶界 α 相沿原始 β 相晶界呈不明显断续分布。

网篮组织钛合金具有较高的持久强度和蠕变强度，在热强性方面具有明显的优势，适用于制作长期在高温和拉应力条件下工作的工件。网篮组织钛合金还具有较高的断裂韧性、较低的疲劳裂纹扩展速率，因此当工件对损伤容限性能要求较高时，可以选用网篮组织钛合金制备。网篮组织钛合金的塑性和热稳定性较低，常常表现为"β 脆性"，这种性能上的缺陷与粗大的原始 β 相晶粒有关，并限制了其进一步应用。

3) 双态组织

在 $\alpha+\beta$ 两相区上部(低于 T_β)加热和变形，或在两相区变形后再加热至两相区以上温度后空冷，钛合金表现为双态组织。其特点是在 β 相转变基体上分布着一定数量的等轴 α 相，但等轴 α 相总含量一般不超过 30%。如图 1.6(c)所示，可观察到双态组织中 β 相转变组织内 α 相的两种形态，分别为少量位于 β 相再结晶晶粒三角晶界上的等轴 α 相与被 β 相中间层隔开的片状 α 相。

双态组织钛合金兼顾了等轴组织和网篮组织的优点，具有更高的屈服塑性、屈服强度、疲劳强度、持久强度、蠕变强度、热稳定性和断裂韧性，以及较低的疲劳裂纹扩展速率。

4) 魏氏组织

在 β 相区进行加热和变形，以及在 β 相区加热后未变形或变形量不大的情况下缓慢冷却可以得到具有魏氏组织的钛合金。图 1.6(d)为魏氏组织典型特征，其特点是粗大的原始 β 相晶粒且晶界清晰完整，在原始 β 相晶界上有较为完整的 α 网，晶界 α 相呈片状规则排列。

魏氏组织具有最高的蠕变抗力、持久强度和断裂韧性，但是由于其原始 β 相晶粒粗大且存在连续晶界 α 相，其变形塑性极低，尤其是断面收缩率远低于其他组织类型。

1.4　钛合金典型制备加工技术

1.4.1　钛合金的熔炼及铸造技术

铸造是经典的(近)净成形工艺，在不需要或仅需少量后续加工条件下，能够生产出形状复杂的钛合金铸件，从而降低工艺复杂性并显著节约加工成本。相较于钢铁铸造与冶炼技术，钛合金铸造及其冶炼技术难度较高且发展和应用较晚。钛及钛合金的化学活性较高，在熔融状态下几乎可与所有耐火材料发生化学反应，同时钛及钛合金不能在大气中进行熔炼，必须在真空或惰性气氛下进行[5-8]。钛及钛合金的熔炼主要可以分为以下几种：

1) 真空自耗电弧炉熔炼法

真空自耗电弧炉熔炼(VAR)法是目前生产钛及钛合金铸锭的主要方法。该方法通过将压制好的自耗电极作为负极，铜坩埚作为正极，在真空或惰性气氛保护下将自耗电极在电弧高温加热下迅速熔化并形成熔池，通过搅拌加速熔液混合并使易挥发杂质扩散到熔池表面，最终制取化学合金成分均匀且纯净的铸锭。VAR法的特点是熔炼速度快，工艺自动化程度高、操作简单、可生产大型铸锭并可满足一般工业要求，微观组织表现为从下向上的近定向凝固柱状晶。同时，通过 VAR法对于易挥发杂质和某些气体(如氢气、氮气)的去除有良好的效果，并且可以改善宏观偏析和微观偏析，在多次重熔后铸锭的一致性和均匀性较好[9]。

2) 非自耗真空电弧炉熔炼法

非自耗真空电弧炉熔炼(NC)法是一种在真空环境中通过非自耗电极产生电弧来熔炼金属和合金的熔炼方法。该方法使用能够承受高温且不被消耗的电极，利用电弧产生的高温迅速熔化金属，避免了金属与空气中的氧气、氮气等气体发生化学反应，从而获得高纯度的金属和合金。这种熔炼法常用于钛、锆、铪等高熔点金属及其合金的生产。

3) 冷炉床熔炼法

冷炉床熔炼(CHM)法是以电子束或等离子体为热源对原料进行熔炼。炉子的核心部位是强制冷却的水冷铜槽，金属在槽内分段进行熔化精炼和凝固，以达到最佳的提纯效果并实现浇铸过程的精确控制。在熔炼过程中密度大的杂质沉底，而密度小的杂质浮在表面，并在后续的步骤中被清除。冷炉床熔炼法最大的特点是将熔化、精炼和凝固过程分离，能够消除冶金夹杂。冷炉床熔炼法是在航空用高质量、高可靠性钛合金的迫切需求下出现的，相较真空自耗电弧炉熔炼法在解决高、低密度夹杂及成分不均匀性问题上较优；相较真空感应熔炼，也更适合工业化生产[9]。

按照加热源的不同，冷炉床熔炼法又可以分为电子束熔炼(EBCHM)法和等离子冷炉床熔炼(PCHM)法。电子束熔炼法为利用高速电子的能量，使材料本身产生热量来进行熔炼和精炼。等离子冷炉床熔炼法为利用惰性气体电离产生的等离子弧作为热源完成熔炼。

4) 冷坩熔炼法

冷坩熔炼(CCM)法是在一个彼此不导电的水冷弧形块或钢管组合的金属坩埚里对合金进行熔炼，其中每两个弧形块间的间隙都存在一个增强磁场。冷坩熔炼法利用电磁感应加热原理，通过磁场产生的强烈搅拌使熔液化学成分和温度一致，从而提高产品质量。

5) 电渣熔炼法

电渣熔炼(ESR)法是一种将电能转化为热能，以实现炉料熔化和精炼的工艺，具体原理为电流通过导电电渣时带电粒子的相互碰撞。其主要优点包括有效去除夹杂物、减少偏析、改善金属的力学性能和结构均匀性。

1.4.2　钛合金的锻造

锻造是至今为止应用最广泛的钛合金成形方法，结合变形和后续热处理可以精确地改变合金的显微组织和性能。与铸造相比，锻造可以生产横截面积更大且机械性能更加优良的产品，同时通过合理的加工和严格的工艺控制，产品性能的重现性很高[10]。

钛合金锻造时具有变形抗力大、对锻造温度和应变速率敏感性高及锻造温度范围窄等特点，表 1.3 为常用钛合金的锻造温度范围，这也是钛合金难以锻造的原因。

表 1.3　常用钛合金的锻造温度范围[11]

合金牌号	相变点温度/℃	开坯温度/℃	锻造温度/℃
TA7	1040	1120~1175	900~1000
TA11	1040	1120~1175	930~1010
IMI834	1040	1130~1185	1010~1075
Ti-1100	1015	1145~1195	1025~1125
TC4	995	1095~1150	860~980
TC17	890	950~1050	800~930
TC19	940	1030~1090	850~910
Ti-6242	990	1095~1150	920~975

续表

合金牌号	相变点温度/℃	开坯温度/℃	锻造温度/℃
TB5	760	1150~1200	920~975
TB8	805	1150~1200	790~850

钛合金的锻造方式很多，包括开坯锻造、自由锻、模锻、旋锻、等温模锻等[1,2,12]。开坯锻造过程中，锻造初期必须在 β 相区加热，之后反复进行延伸锻造以使铸锭中心部位的粗大组织细化。在晶粒细化后，再进行两相区锻造，开坯锻造可明显改善钛合金的性能[13]。

自由锻过程中不使用模具，且在压力机上锻造时，每一道次变形程度均不受限制。自由锻制品的精度及成品率较低，但可节约金属模具费用，适用于形状简单、生产量小的钛合金方坯、棒、圆盘及圆环等制品。

模锻是指将一定形状尺寸的钛合金初轧方坯、中小型方坯，用模具精锻成一定形状的锻制品的过程。模锻虽然可提高制品的尺寸精度和成品率，但是需要投入模具成本，所以多适用于形状比较复杂的锻造制品的批量生产。

旋锻是指锤头在围绕工件旋转的同时打击工件，使工件产生塑性变形的锻造方法，可减少锻件与模具的接触面积及旋锻力。

等温模锻工艺是将模具加热到和锻坯具有同样温度的条件下进行的恒温模锻过程，是一种使锻坯在可控应变速率条件下以超塑性蠕变方式成形的一种近净成形工艺。图 1.7 为采用该工艺制得的 TC17 双性能整体叶盘[14]，大大减少了机械加工量，提升了材料利用率。由于等温模锻工艺可显著改善锻件的组织性能，提高锻件的组织均匀性和流线完整性，已成为大型、整体、高性能钛合金复杂关键精锻件成形的一条重要技术路径。

图 1.7 TC17 双性能整体叶盘

如图 1.8 所示，按照锻造温度与 β 相变温度(β 相变点)的关系可以将钛合金的锻造分为 $\alpha+\beta$ 锻造(又称"常规锻造")、β 锻造、近 β 锻造和准 β 锻造工艺等[15-19]。近 β 锻造工艺和准 β 锻造工艺的锻造温度都非常接近 β 相变温度，其分别位于 $\alpha+\beta$ 两相区的上部和 β 相区的下部。

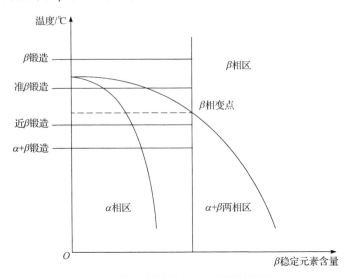

图 1.8　钛合金的锻造工艺分类示意图

钛合金的 $\alpha+\beta$ 锻造通常是指在 $\alpha+\beta$ 两相区且低于 β 相变温度 30～100℃进行的锻造。$\alpha+\beta$ 锻造过程中，初生 α 相和 β 相同时参与变形，获得典型的等轴 α 相组织。

钛合金 β 锻造是指将钛合金加热到 β 相变温度以上 30～100℃进行锻造，最终在高于 β 相变温度的 β 相区或低于 β 相变温度的 $\alpha+\beta$ 两相区内结束的锻造。根据锻造终止温度的不同，β 锻造又可以分为全 β 锻造和跨 β 锻造。

近 β 锻造是指将坯料的加热温度提高到 β 相变温度以下 10～20℃进行锻造，锻后采用快速水冷实现高温韧化+低温强化处理的锻造工艺。通过近 β 锻造可获得约含 20%的等轴 α 相、50%～60%的片状 α 相构成的网篮组织和 β 相转变基体组成的三态组织，此类三态组织同时结合了等轴组织和网篮组织的性能优势[20]。

准 β 锻造工艺是指先将坯料在 β 相变温度以下 20～40℃预热，然后迅速随炉升温至 β 相变温度以上 10～20℃短时加热后进行的锻造。通过准 β 锻造工艺可获得细小的网篮组织，具有塑性较高、韧性较好和疲劳性能优异的特点，为损伤容限型钛合金的应用奠定了技术基础。

1.4.3　钛合金的焊接

焊接是重要的材料连接方法。例如，在航空构件制造中，采用焊接技术代替传统机械连接，可有效减少连接件使用数量，从而实现设计轻质化与加工简化的共同目标，对飞行器轻量化、高性能化有着重要的意义[21]。钛合金的化学性质活泼，极容易与周围环境发生冶金反应，焊接过程中易诱导裂纹、气孔和焊接接头脆化，因此传统的焊接技术很难满足现代工业对钛合金装备制造的发展要求[22]。用于钛合金焊接的技术主要有以下几种。

1) 扩散焊接技术

扩散焊接又称扩散连接，是一种在加热环境下紧压工件从而实现两个或多个工件之间互相连接的焊接方法[23]。扩散焊接通常在真空或保护气氛下进行，焊接温度保持在母材熔点以下，其具体原理为工件紧压导致界面发生微观塑性变形后的原子热扩散行为。扩散焊接的主要优势包括接头质量好、焊接变形量小、焊接之后不需要进行加工处理及一次可以进行多个接头焊接。扩散焊接技术主要应用于生产直升机的钛合金旋翼、飞机的大梁及发动机机匣与涡轮等。

2) 电子束焊接技术

电子束焊接技术是指在真空环境下将高速电子束流对准工件焊接区域聚焦后进行缝接的焊接方法，其原理为通过将电子束的动能转化为热能将金属件熔合，是高能束流加工技术中重要的组成部分。电子束焊接技术的主要优势包括能量密度较高、焊接的深宽比大、焊接变形小、控制精确度高、焊接质量稳定及自动控制简单。在航空航天制造业中，电子束焊接技术的应用会在很大程度上提升飞机发动机的制造水平，助力发动机中的一些轻质化设计以及异种材料之间有效焊接，为一些无法整体加工制造的零件提供成形途径，提升加工质量[23]。目前，电子束焊接技术已成为国内制造飞机主次承力结构和机翼骨架等关键部位的主流技术之一。

3) 激光焊接技术

激光焊接技术通过将光束聚焦在极小空间内，可以使金属、非金属甚至是异种材料间实现快速和大深比的焊接[24]。激光焊接技术具有能量密度大、焊接变形小、热影响区小、焊接熔深大等优点，已在精密焊接生产领域获得广泛应用。在航空航天结构中主要应用于钛合金壁板与筋条焊接、进气道组件焊接和飞机蒙皮拼接等。

4) 搅拌摩擦焊

搅拌摩擦焊是一种利用非耗损的高速旋转搅拌头压入待焊截面，通过不断摩擦使被焊金属面产生热塑性变形，最终在压力、推力及挤压力的作用下使金属材料产生致密固相连接的焊接方法。搅拌摩擦焊属于固相焊，具有焊接变形小、接头强度高、无熔焊冶金缺陷等优点，是实现钛合金高强可靠连接的有效途径。搅拌摩擦焊主要应用于飞机蒙皮与翼肋、飞机地板等结构件的装配中[25]。

5) 线性摩擦焊

线性摩擦焊是在焊接压力作用下，使被焊工件做相对线性往复摩擦运动产生热量，最终实现固态连接的焊接方法。线性摩擦焊不仅具有摩擦焊可靠性高、成本低、接头质量优异的优点，还可实现方形、多边形截面等非回转件的可靠连接。线性摩擦焊主要应用于发动机整体钛合金叶盘制造中，特别是在双性能叶盘的制造及修复方面具有很大的技术优势[26]。

1.4.4　钛合金的粉末冶金及增材制造

粉末冶金是以金属粉末或金属粉末与非金属粉末的混合物作为原料，经过成形和烧结制造金属材料、复合材料及各种类型制品的工艺技术。传统成形方法制造压缩机叶片、盘及静态零件等航空发动机部件的机械加工切削量高达 85%，即原料的利用率只有 15%。然而，粉末冶金工艺流程短，可直接制取成品或接近成品尺寸的零件，同时零件成品的尺寸与毛坯原料尺寸接近，原料利用率相对传统成形方法极大提升，可降低成本 20%～50%。此外，有些钛制品只能使用粉末冶金工艺进行制造，如难溶氧化物弥散钛合金、高镁含量的钛合金、高难溶粗粉钛合金、储氢钛合金和快速冷凝钛合金等。

热等静压成形技术是最重要的粉末冶金成形工艺之一。热等静压成形技术利用高温高压结合模具控形技术，能使粉末材料快速且整体成形，制造与锻件性能相当的复杂零件。同时，热等静压成形技术的加载温度与压力可控，可以同时实现材料的制备与组织调控。粉末钛合金热等静压成形技术可以通过整体近净成形制造产品以提高材料利用率，降低钛合金产品的生产成本和生产周期，因此受到业界的广泛关注。粉末冶金钛合金比较通用的工艺过程主要包括：粉末制备→包套设计→装料→除气→密封→热等静压→去包套、模具→局部精加工→成品等步骤，其中产品质量和精度最重要的几个影响因素为粉末制备、包套设计及热等静压的致密化过程[27]。

除了用于复杂零件整体成形以外，热等静压成形技术还可以应用到钛合金铸件的致密化处理，以及热等静压扩散连接。通常情况下，大型钛合金铸件内部都存在冷却初速不均匀造成的气孔、缩松、偏析、夹杂等缺陷，这些缺陷会降低材料的性能和成形件的可靠性。在合金材料中，这些问题更为突出，因此可以利用热等静压成形技术高温高压的特点，在不破坏铸件本身的情况下，有效地除去铸件内部的缺陷。另外，由于热等静压成形技术具有高温高压的特性，不同的材料可以通过接触面原子间的相互扩散来连接二者。这种方法得到的连接界面干净无污染，可以处理复杂几何形状的零件，并且界面处元素扩散均匀，界面组织梯度变化，结合强度能达到母材强度。热等静压扩散连接的连接温度为母材熔点的50%～70%，因此不需要熔化母材，能有效避免常规连接方法中产生的热影响区。除此以外，高温高压结合模具控形技术和计算机模拟，可以使松散的粉末在压力和温度的驱动下实现粉末的致密化成形[10]。

增材制造(additive manufacturing，AM)技术起源于 20 世纪 80 年代，又称"3D 打印技术"。增材制造技术是一种基于分层制造原理，采用材料逐层累加的方法直接将数字化模型制造为实体零件的一种新型制造技术。相比传统减材制造(如机械加工、化学铣削等材料去除加工)和等材制造(如铸造、冲压等模具控形加工)，增材制造技术具有快速制造复杂结构产品、原材料利用率高、可高度优化产品结构和个性化小批量生产适应性强等优点[28]，非常契合航天装备日益整体化、复杂化、轻量化、结构功能一体化的制造需求，在相关领域受到从业者越来越强的重视，因此增材制造高性能钛合金的相关研究具有重要的发展前景与意义[29]。

增材制造金属材料经历了三个发展阶段[30]：①采用已有的铸造合金、变形合金和粉末合金牌号材料，研究其对增材制造工艺的适应性。钛合金增材制造适应性较好，但会形成独特的微观组织和力学性能特征，与传统制造存在差异。②增材制造专用合金研究成为增材制造金属材料发展的热点，但增材制造专用钛合金研发有所滞后。③合金开发主要以进一步改善力学性能为目标，"材料-结构-性能一体化增材制造"成为了金属增材制造的前沿探索方向[31]。增材制造技术按照输入能量来源的不同，可以分为激光增材制造、电子束增材制造、电弧增材制造等不同类型，钛合金几乎对所有的增材制造技术都具有很好的适用性。钛合金增材制造的研究很广泛，涉及高温力学性能优异的近 α 型钛合金(Ti60、TA15、TA19 等)、综合性能优异的 $\alpha+\beta$ 型钛合金(TC4、TC11、TC21 等)、高强韧近 β 型钛合金(BT22、Ti-5553、Ti-1023 等)、低模量的生物医疗钛合金与耐摩擦磨损的钛基复合材料等。以金属粉末为原材料、以激光为能量源的金属材料激光增材制造(laser additive manufacturing，LAM)技术已成为 AM 领域技术研究及工程应用的热点方向之一[32]。钛合金已分别应用于两类典型 LAM 技术近净成形制造工艺，包括铺粉式选区激光熔化(selective laser melting，SLM)技术和同步送粉式激光熔化沉积(laser melting deposition，LMD)技术。

增材制造钛合金已在航空航天、生物医疗等领域得到了广泛应用。例如，西北工业大学针对激光增材制造大型钛合金构件一体成形成功建立了材料、成形工艺、成套装备和应用技术的完整技术体系，并服务于中国商飞 C919 客机和空客大型客机的研制，具体内容包括长约 3100mm 的 Ti-6Al-4V 合金翼肋缘条构件成形[33]；北京航空航天大学的王华明团队利用激光金属直接成形技术制造出了大型飞机钛合金主承力构件加强框[34]。目前，我国在大型整体钛合金复杂构件的激光增材制造研究与应用方面处于国际领先地位。

1.4.5 钛合金按制备工艺分类

按照制备工艺可以将钛合金分为以下几种。

1) 变形钛合金

变形钛合金特指那些具有良好成形性能，能够满足实际变形加工工艺需求的钛合金种类。例如，我国航空工业使用的主要变形钛合金有 α 型钛合金(TA7、TA13

等)、近 α 型钛合金(TA15、TA19 等)、$\alpha+\beta$ 型钛合金(TC4、TC21 等)及亚稳 β 型钛合金(TB6、TB8 等)。$\alpha+\beta$ 锻造作为钛合金锻造中应用最广泛的成形方式之一,应用于生产航空发动机叶片、风扇盘、压气机盘、机匣和飞机结构件等;β 锻造具有变形抗力低、成形性好及优异的耐高温性和断裂韧性等优点,已在国内外飞机的翼肋、襟翼支架等结构件和发动机的压气机盘件等零件上得到广泛应用。

2) 铸造钛合金

铸造钛合金是指用于浇铸成一定形状铸件的钛合金,大部分变形钛合金具有良好的铸造性能。铸造钛合金在提高材料利用率、实现复杂结构件成形、降低能耗和生产成本方面具有明显优势。随着钛合金铸造工艺的进步及热等静压成形技术的逐步应用,钛合金铸件的质量取得了长足进步,并越来越多地替代钛合金锻件和机械加工产品,市场应用潜力十分广阔,如在工业生产中已应用于生产铸造航空发动机压气机机匣、整流叶片、附件液泵的叶轮、各种框、支承架及机轮轮壳等。铸造钛合金的热处理与变形钛合金一样,但强化热处理应用还较少。随着钛合金铸造工艺的不断改进,铸件质量提高、成本降低与毛坯精化逐渐发展,钛铸件的应用必将进一步扩大。钛铸件最常用的钛合金为 Ti-6Al-4V(也称"ZTC4"),除此之外还有 ZTA5、ZTA7,以及 β 型钛合金 ZTi32Mo(ZTB32)等。

3) 粉末冶金钛合金

粉末冶金钛合金特指那些成形性能较好且通过热等静压整体成形后力学性能优异的合金。近年来,我国粉末钛合金热等静压成形技术已有较大发展,但受限于钛合金的成本问题,该技术的研究和应用主要集中在航空航天等高科技领域。我国研制的多型粉末 TC4/TA15 舵翼骨架产品具有成形精度高、表面质量好,内部缺陷控制良好等优点,材料性能全面达到锻件级水平[27]。

4) 增材制造钛合金

增材制造钛合金特指那些经过优化和改性,适用于增材制造技术生产的钛合金种类。增材制造钛合金具有加工周期短、制造成本低、柔性化高等优点,热处理后构件的力学性能基本能达到锻件标准,钛合金几乎对所有的增材制造技术都具有很好的适用性。增材制造工艺比较成熟的钛合金材料主要有 TC4、TA15、TC11 等,其中研究与工程化应用最为成熟的是 TC4 合金。当前激光增材制造高性能钛合金已经应用到航空航天领域,如飞机翼肋缘条、主风挡窗框、舱门结构件、飞机大型主承力构件加强框、飞机座椅支座及腹鳍接头次承力结构件等[29]。此外,增材制造钛合金在生物医疗领域也受到较多关注,如用于人工假体、骨植入和牙修复等。

1.5　钛合金的主要应用

钛合金材料具有轻质高强、弹性模量小、耐高温和耐腐蚀等特点,早期主要应用于航空航天等尖端和军工领域。随着科学技术的不断发展，钛合金已开始在海洋工程、能源化工、汽车工业、生物医疗及生活日用等领域广泛应用。

1. 航空航天

航空制造业对材料性能的主要要求是比强度高、耐高温、耐腐蚀、耐疲劳和良好的断裂韧性。此外，由于飞行器零部件结构复杂，材料应具有良好的加工性能，即成形过程中良好的塑性、焊接性能和机械加工性能。

早在 20 世纪 50 年代初期，国外一些军用飞机开始用工业纯钛制造后机身隔热板、机尾整流罩等受力不大的构件。20 世纪 60 年代后，一些中高强度钛合金开始应用于飞机结构件上，逐渐扩大到主要受力构件，如图 1.9(a)所示。例如，TA15 合金具有中等的室温和高温强度、良好的热稳定性和焊接性能，应用于发动机各种叶片、机匣，以及飞机的各种钣金件等；TC4 合金具有优异的综合性能，可在 400℃温度下长时间工作，广泛应用于航空航天工业，主要用于制造发动机风扇、压气机盘、叶片，以及飞机结构梁等重要承力结构件；Ti-5553、Ti-5551 等高强钛合金也广泛应用于制作起落架、机身轴承架和高强度弹簧等[35]。

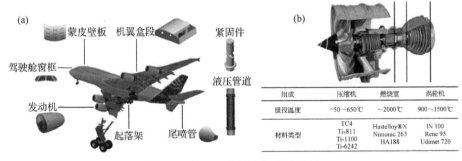

组成	压缩机	燃烧室	涡轮机
服役温度	−50～650℃	≈2000℃	900～1500℃
材料类型	TC4 Ti-811 Ti-1100 Ti-6242	Hastelloy®X Nimonic 263 HA188	IN 100 Rene 95 Udimet 720

图 1.9 航空工业用钛合金示意图
(a) 钛合金在飞机机身上的典型应用示意图；(b) 典型燃气涡轮发动机示意图

航空发动机是钛合金应用最早也是最有前景的领域之一，尤其是在现代军用战斗机中战术机动性、短距起飞、超声速巡航等战术需求在很大程度上依赖先进高推重比航空发动机，这与高温钛合金的发展密切相关，图 1.9(b)为不同合金材料在典型燃气涡轮发动机上应用的示意图。高温钛合金主要用于制造航空发动机压气机叶片、盘和机匣等零部件，这些零部件要求材料在高温工作条件下(300～600℃)具有较高的比强度、高温蠕变抗力、疲劳强度、持久强度和组织稳定性[36]。

国内外先进航空发动机中，高温钛合金的质量已占到发动机结构的 25%～40%。例如，美国第三代发动机 F100 的钛合金质量分数为 25%，第四代发动机 F119 的钛合金质量分数为 40%；我国第二代航空发动机钛合金质量分数为 13%～15%，使用温度不超过 400℃，第三代航空发动机钛合金质量分数达到 25%[37]。

表 1.4 为部分国家和地区研制的高温钛合金，可以看到，经过几十年的发展，固溶强化型的高温钛合金最高服役温度由 350℃提高到了 650℃。

表 1.4 部分国家和地区研制的高温钛合金

国家/地区	最高服役温度/℃						
	350	400	450	500	550	600	650
中国	TC1、TC2、TC4	TC6、TC17	TA11	TC11、TA7、TA15	TA12	Ti60	TD3(Ti$_3$Al)、Ti65
俄罗斯	BT6、BT22	BT3-1	BT8M	BT9、BT20	BT25	BT18y、BT36	—
欧美	TC4	Ti-6246、IMI550、Ti17	IMI679、Ti-811	IMI685、Ti-6242	Ti-6242Si、IMI829	IMI834、Ti-1100	Ti$_{25}$Al$_{10}$、Nb$_3$V$_1$Mo

我国在航空发动机上使用的工作温度在 400℃及以下的高温钛合金主要有 TC4 和 TC6，应用于发动机工作温度较低的风扇叶片和压气机的第 1、2 级叶片。工作温度在 500℃左右的钛合金有 TC11、TA15 和 TA7，其中 TC11 是我国航空发动机上用量最大的钛合金[36]，这种钛合金在高温条件下具有良好的抗蠕变性，可用于制造工作温度超过 600℃的高压压气机整体叶盘。典型的近 α 型钛合金如 IMI834 和 Ti60 在 600℃表现出较高的抗拉强度和优异的抗蠕变性。Ti65(Ti-Al-Sn-Zr-Mo-Si-Nb-Ta-W-C)是一种新型近 α 型钛合金，也是国内首次研制的服役温度为 650℃的高温钛合金。Ti65 合金兼具了普通钛合金的优点，如强度较高、耐腐蚀性良好，同时在 700℃内耐高温性、抗氧化性、抗蠕变性相比于普通钛合金均有较大优势。

2. 海洋工程

钛具有质轻、比强度高、抗冲击性强、耐海水腐蚀性能优异、断裂韧性好、疲劳强度高、焊接性能好、无磁性、透声性好、耐冷热性优异、抗放射性强、减振抗噪等一系列优点，被誉为"海洋金属"，是一种理想的、具有前景的海洋工程装备用结构材料。钛在海洋工程装备领域应用非常广泛，如船体结构件，包括潜艇和深潜器的耐压壳体、管件、阀及附件等，动力驱动装置中的推进器和推进器轴、冷凝器、冷却器、换热器等，舰船声呐导流罩、螺旋桨等[38]。本节就主要的几个应用领域进行介绍。

载人深潜器的耐压壳体是钛合金在海洋工程领域应用的典型代表，实际服役需求对材料比强度、耐冲击性、强度和塑性等性能均提出了高要求。载人深潜器壳体材料通常选用 TC4、TC4 ELI、Ti62A 等，既可以减轻质量并增加下潜深度，又可以提高使用寿命。我国在 20 世纪 80 年代研发出了一种新型海洋钛合金 Ti80(名义成分为 Ti-6Al-3Nb-2Zr-1Mo)，虽然其强度相对于 $\alpha+\beta$ 型钛合金的 TC4 和 TC4 ELI 略低，但却具备更出色的焊接性能、塑性和韧性。此外，中国船舶集团有限公司第七二五研究所研发的 $\alpha+\beta$ 型海洋钛合金 Ti90(名义成分为 Ti-6.5Al-3Mo-2Zr-2Nb-1.5Cr-2V)兼具卓越的塑性、韧性和良好的焊接性，这两种新型海洋钛合金有望成为下一代载人深潜器耐压壳体和船舶结构件的理想选材。然而，在深海环境下，往往要面临极端复杂的服役环境，这对海洋工程钛合金提出了更高的性能要求。以我国"奋斗者"号——万米级全海深载人潜水器为例，其载人舱需要承受超过 110MPa 的水压，因此球壳通体采用了相对于传统材料具有更优异性能的 Ti62A 合金，使得我国实现了探测万米深海的世界壮举[39]。

在潜艇耐压壳体应用方面，俄罗斯是目前世界上使用钛材制造耐压壳体技术最先进且最成熟的国家，其全钛核潜艇制造选用的钛材牌号为 IIT-3B 钛合金(对应中国牌号 TA17)。我国在建造潜艇时也更青睐于选用钛材，牌号主要集中于 TA17、TC4、TC4 ELI、TC11、纯钛等[38]。

钛合金还可用于系统复杂、通径规格多的海水管路。采用钛合金制造的管道较传统材料(碳钢、不锈钢、铜合金)相比，可以将服役寿命提高至与舰船本体同水平。传统材料服役期限短，尤其是在高速推动环境作用下，各种接头均会产生局部腐蚀，因此服役期内必须定期维修甚至更换管道。将钛合金应用于管路系统，既可以提高寿命，又可以降低成本。采用钛合金部件相较传统材料虽一次投入成本较高，但一次投入即可满足全寿命使用，使用过程中仅需简单维护保养，大量节省维修和维护费用。

3. 能源化工及汽车工业

在能源化工领域，钛合金常被选用于石油和天然气开采、燃料电池、海水淡化、制造化工设备、管道和反应器。同时，钛合金在接触酸、碱、氧化物等腐蚀性介质时表现出色，还被广泛应用于制造化工阀门、泵和电解槽等设备，为化工生产提供了可靠的材料基础。例如，钛阳极板材料是电化学工业中得以大量使用的不溶性阳极材料，又称尺寸稳定性阳极。钛阳极以金属钛为基体，表面涂敷以贵金属氧化物或贵金属材料为主要组分的活性涂层，是 20 世纪 60 年代末发展起来的一种新型高效电极材料。钛阳极最早用于氯碱工业，现已广泛应用于电镀、水处理、环保、海洋、阴极保护等领域[40]。TC4 合金因耐腐蚀性好、比强度高，已被应用于油井管道中服役；TA9 合金可以用于制造化工管道系统，避免介质侵蚀导致的泄漏事故。

钛及钛合金在汽车工业中也得到了一定的应用，但是由于钛合金价格昂贵，在普通民用品上的应用较少，主要应用于豪华车型和跑车上。赛车中几乎都使用了钛材，如利用钛合金制造的发动机零件，包括发动机连杆、凸轮轴、进/排气门、气门弹簧座等，以及一些重要的汽车三大件配套零件，包括涡轮增压盘、各种螺栓、发动机的关键密封件等[41]。其中，钛合金连杆常用的材料为 TC4 钛合金，进气门的材料也以 TC4 合金为主，排气门的材料以 Ti-6242Si 合金为主。钛合金在实现汽车轻量化、低燃油消耗率及高性能上的表现优异，是未来汽车工业发展的趋势[42]。

4. 生物医疗与生活日用

钛及钛合金具有比强度高、弹性模量低、无磁性，以及优异的生物相容性和耐腐蚀性等特点，被认为是理想的生物医用金属材料，在临床上已经得到了广泛应用。其中，以对人体无毒性的 Nb、Mo、Ta、Zr 和 Sn 等作为主要合金化元素，具有更低弹性模量的亚稳 β 型钛合金是新一代医用钛合金材料的重点发展方向[43]，如 Ti-13Nb-13Zr、Ti-24Nb-4Zr-7.9Sn(Ti-2448)等。

钛合金还是体育器械的理想选材。20 世纪 80 年代末，日本开始研制钛合金精铸高尔夫球头，获得了良好的效果。钛合金密度小、强度高，与不锈钢相比，它可以制作打击面与容积更大的球头，增强打击效果，因此熔模精铸钛合金球头获得了大力发展。

随着 3C(计算机、通信、消费性电子产品)电子领域逐渐向高端化发展，钛合金运用也愈发广泛。由于钛合金高强度与低密度的特点，用于制造手机时可以有效轻质化并提升整体的结构强度，并且钛合金的外观光泽和独特性也为手机增添了美感。未来更多的平板电脑、笔记本电脑、手机及其他零部件都将可能用到钛合金作为结构件进行生产组装。

1.6 本书主要内容

钛及钛合金因其优异的综合性能，得到世界各国的高度重视，在各行各业获得了广泛的应用。我国钛合金材料历经了 60 余年风风雨雨的发展，在不同的历史阶段，仿制和研制了一大批钛合金材料，并在航空发动机风扇和压气机的叶片等构件中取得应用。"一代材料，一代装备"，先进钛合金及其构件的研制和应用已经成为衡量装备制造水平的重要标志。

本书以钛合金组织表征及性能调控为核心，将理论知识与实践经验相结合，进行了系统梳理和撰写。首先，介绍钛合金材料的发展与应用，总结钛合金的材料特点、结构、组织特征、物理和力学性能特点，以及典型服役环境和性能要求，梳理钛合金材料现代分析表征技术及应用。其次，总结典型钛合金热处理及其相变规律，介绍钛合金室温/低温、高温变形行为及其微观机理，总结了典型热力耦合作用下钛合金组织演变规律。最后，介绍多种典型钛合金强塑性、蠕变-疲劳等性能优化及各向异性特征调控。相关内容可以为钛合金材料及其构件的加工和组织性能调控提供极具价值的理论和工艺指导，完善钛合金组织分析表征和性能精确调控领域的知识体系。

参 考 文 献

[1] 赵永庆. 钛合金相变及热处理[M]. 长沙: 中南大学出版社, 2012.

[2] SCHUSTER J C, PALM M. Reassessment of the binary aluminum-titanium phase diagram[J]. Journal of Phase Equilibria and Diffusion, 2006, 27(3): 255-277.

[3] CAI W T, SONG Q H, JI H S, et al. Dual-phase morphology distribution effects on mechanical behaviors of Ti6Al4V via pseudorandom crystal plasticity modeling[J]. Journal of Materials Research and Technology, 2022, 17: 2897-2912.

[4] KARTHIKEYAN T, SAROJA S, VIJAYALAKSHMI M. Evaluation of misorientation angle-axis set between variants during transformation of bcc to hcp phase obeying Burgers orientation relation[J]. Scripta Materialia, 2006, 55(9): 771-774.

[5] 李献军. 钛铸锭现代熔炼技术[J]. 钛工业进展, 1999, 2: 12-16.

[6] 周彦邦. 钛合金铸造概论[M]. 北京: 航空工业出版社, 2000.

[7] 宁兴龙. 钛合金铸件生产新工艺[J]. 稀有金属快报, 1997, 10: 7-8.

[8] 陆树荪, 顾开道, 郑来苏. 有色铸造合金及熔炼[M]. 北京: 国防工业出版社, 1983.

[9] 雷文光, 赵永庆, 韩栋, 等. 钛及钛合金熔炼技术发展现状[J]. 材料导报, 2016, 30(5): 101-106.

[10] 雷霆. 钛及钛合金[M]. 北京: 冶金工业出版社, 2018.

[11] 糜丹青. 钛的锻造[J]. 钛工业进展, 1996, 13(6): 14-17.

[12] 《有色金属及其热处理》编写组. 有色金属及其热处理[M]. 北京: 国防工业出版社, 1981.

[13] 吕炎. 锻件组织性能控制[M]. 北京: 国防工业出版社, 1988.

[14] 郭鸿镇, 姚泽坤, 虢迎光, 等. 等温精密锻造技术的研究进展[J]. 中国有色金属学报, 2010, 20(S1): 570-576.

[15] ZHOU Y G, ZENG W D, YU H Q. An investigation of a new near-beta forging process for titanium alloys and its application in aviation components[J]. Materials Science and Engineering: A, 2005, 393(1): 204-212.

[16] 周义刚, 曾卫东, 俞汉清. 近 β 锻造推翻陈旧理论发展了三态组织[J]. 中国工程科学, 2001. 3(5): 62-66.

[17] 周义刚, 曾卫东, 李晓芹, 等. 钛合金高温形变强韧化机理[J]. 金属学报, 1999, 35(1): 45-48.

[18] 朱知寿, 王庆如, 郑永灵, 等. 损伤容限型钛合金新型 β 锻造工艺[J]. 中国有色金属学报, 2004, 14(2): 13-16.

[19] 朱知寿, 王庆如, 郑永灵. 准 β 锻造钛合金的组织与性能研究[J]. 金属学报, 2002, 38(1): 382-384.

[20] 冀胜利. TC17 合金整体叶盘 β 等温锻造关键技术及工程应用[D]. 西安: 西北工业大学, 2019.

[21] 聂璞林, 李铸国. 钛合金激光焊接研究现状[J]. 民用飞机设计与研究, 2022(1): 95-103.

[22] 孙文君, 王善林, 陈玉华, 等. 钛合金先进焊接技术研究现状[J]. 航空制造技术, 2019, 62(18): 63-72.

[23] 方连军, 刘晓娟, 高献娟. 焊接技术在航空航天工业中的应用[J]. 中国新技术新产品, 2013(1): 9-11.

[24] 刘自刚, 代锋先, 陆刚, 等. 钛合金激光焊研究现状与展望[J]. 材料导报, 2023, 37(S1): 354-359.

[25] 张智峰, 刘正涛, 谢细明, 等. 钛合金搅拌摩擦焊研究现状[J]. 精密成形工程, 2021, 13(3): 179-187.

[26] 王新宇, 李文亚, 马铁军. 钛合金线性摩擦焊接界面组织研究现状[J]. 航空制造技术, 2015(20): 56-59.

[27] 阴中炜, 孙彦波, 张绪虎, 等. 粉末钛合金热等静压近净成形技术及发展现状[J]. 材料导报, 2019, 33(7): 1099-1108.

[28] 卢秉恒.增材制造技术: 现状与未来[J]. 中国机械工程, 2020, 31(1): 19-23.

[29] 梁朝阳, 张安峰, 梁少端, 等. 高性能钛合金激光增材制造技术的研究进展[J]. 应用激光, 2017, 37(3): 452-458.

[30] 中国工程院化工、冶金与材料工程学部, 中国材料研究学会.中国新材料研究前沿报告 2021[M]. 北京:化学工业出版社, 2022.

[31] GU D D, SHI X Y, POPRAWE R, et al. Material-structure-performance integrated laser-metal additive manufacturing[J]. Science, 2021, 372: eabg1487.

[32] 孙小峰, 荣婷, 黄洁, 等. 激光增材制造技术在航空制造领域的研究与应用进展[J]. 金属加工(热加工), 2021, 3: 7-14.

[33] 林鑫, 黄卫东. 高性能金属构件的激光增材制造[J]. 中国科学:信息科学, 2015, 45(9): 1111-1126.

[34] 杨强, 鲁中良, 黄福享,等. 激光增材制造技术的研究现状及发展趋势[J]. 航空制造技术, 2016, 12: 26-31.

[35] LIU Z Y, HE, B, LYU T Y, et al. A Review on additive manufacturing of titanium alloys for aerospace applications: Directed energy deposition and beyond Ti-6Al-4V[J]. JOM, 2021, 73(6): 1804-1818.

[36] 李晓红. 一代材料 一代装备: 浅谈航空新材料与飞机、发动机的发展[J]. 中国军转民, 2008(10): 4-11.

[37] 黄旭, 李臻熙, 高帆, 等. 航空发动机用新型高温钛合金研究进展[J]. 航空制造技术, 2014(7): 70-75.

[38] 海敏娜, 黄帆, 王永梅. 浅析钛及钛合金在海洋装备上的应用[J]. 金属世界, 2021(5): 16-21.

[39] 吕月. 坐底 10909 米! "奋斗者"号勇往直"潜"有哪些硬科技?[J]. 今日科技, 2020(12): 39-41.

[40] 张平平, 魏东东, 牛文宇, 等. 退火工艺对钛阳极用 1.0mm TA1 钛卷组织和性能的影响[J]. 金属世界, 2022(4): 92-94.

[41] 张妍, 庞有俊, 李杨. 钛合金与汽车轻量化技术[J]. 时代汽车, 2019(19): 12-14.

[42] 彭西洋, 李雪峰. 钛合金在汽车工业中的应用现状及前景展望[J]. 汽车工艺师, 2023(4): 56-59.

[43] 肖文龙, 付雨, 王俊帅, 等. 生物医用亚稳 β 钛合金的研究进展[J]. 材料工程, 2023, 51(2): 52-66.

第 2 章　钛合金组织分析表征技术及应用

本章彩图

　　材料分析表征是指通过一系列试验技术和方法，对材料的物理和化学特性进行全面研究和测试，以深入了解材料的性能和质量。钛合金因其优异的综合性能而备受研究者与工业界关注，但要充分发挥其优势和潜力，进行深入的分析表征是必要的。钛合金材料常用的分析表征技术包括光学金相显微分析技术、X 射线衍射技术、扫描电子显微术、电子背散射衍射和透射电子显微术等。这些技术可以用于研究钛合金的晶体结构、微观形貌、化学成分和相变行为等特性，为材料的设计、加工和应用提供重要的数据支持和科学依据。本章将系统介绍这些分析表征技术的原理，及其在钛合金材料上的典型应用，旨在帮助读者深入了解钛合金微观组织特点及演变规律，为组织性能调控研究提供参考和指导。

2.1　光学金相显微分析技术及应用

　　光学金相显微分析技术是一种在可见光范围内对组织组成物进行光学研究并定量描述的表征技术，其原理为金属样品表面上不同的组织有不同的光反射特征，适用分析 0.2～500μm 尺度内的组织特征。

　　常见的光学金相显微分析技术表征主要是通过金相显微镜实现的。金相显微镜又称光学显微镜(图 2.1)，其主要由光学系统、光路系统和机械系统三个部分组成，其中对合金微观组织进行放大观察的系统是金相显微镜的核心部分，主要由光源、反光镜、物镜、目镜、多组聚光镜、试验台、孔径光阑及视场光阑等组成。金相显微镜的成像原理为入射光以垂直或者接近垂直的角度照在样品表面发生反射，反射光通过物镜和目镜成像放大后被人眼或相机捕捉观察。光学金相显微分析技术的原理是不同组织对光反射的能力不同，使得图像中的衬度不同，因此为了突出这种差异以便观察，在对样品进行金相表征前必须进行腐蚀。钛合金中晶粒、晶界和析出相等的抗腐蚀能力不同，最终对于光的反射效果明显不同，在金相显微镜观察时可以显示出清晰的形貌。除此之外，还可以通过特殊照明条件下产生的光学信息来观察钛合金中的组织，并由此衍生出一系列特殊的分析方法，如偏振光显微术、干涉显微术和相衬显微术等。

　　一般而言，金相试样的制备分为切样、磨样、抛光和腐蚀等步骤。先根据所需尺寸，对试样进行切割取样。随后选用 80 目～2000 目的 SiC 砂纸，在切取好

图 2.1　金相显微镜

的试样上对目标平面进行打磨。打磨时需要不断更换更高目数的砂纸，换用砂纸时应改变打磨方向且保证新划痕将旧划痕完全覆盖。若有特殊需求时，还可使用更高目数的砂纸，如 3000 目、5000 目、7000 目等对待观察平面进行打磨。样品打磨完成后，需要对样品待观察平面进行抛光，分为机械抛光与电解抛光两种方法。机械抛光是钛合金最常见的一种抛光方式，即将打磨好的试样放在蘸有金刚石研磨膏或者 SiO_2 溶液的长绒抛光布上进行抛光，机械抛光后的样品在金相观察前还需要对样品表面进行腐蚀。钛合金的金相腐蚀液是硝酸、氢氟酸与水的混合溶液，在腐蚀完成后应使用酒精清洗干净。清洗干净的试样在金相显微镜下进行观察和拍照前，还需要使用吹风机吹干。电解抛光的过程相较机械抛光更为简单，并可有效改善钛合金表面因变形而产生的显微组织观察假象。钛合金进行电解抛光的电解液中含有 10% 以内的高氯酸，以及一定量的甲醇、正丁醇。由于不同钛合金之间的成分存在较大差异，因此电解抛光时应针对性地选取合适的电解抛光参数，如温度、电压、电流与时间等。

通过光学金相显微分析技术可以观察钛合金中组织形貌和析出相等信息，并可作为判断组织形态的有效手段，为钛合金变形或热处理工艺提供一定的理论依据。图 2.2 为 Ti60 高温钛合金在不同轧制工艺下的显微组织形态[1]。从图 2.2(a) 中可以看出，在 β 单相区轧制后得到的组织为粗大的魏氏组织，可清晰地观察到原始 β 晶粒的晶界，在界面处有很多析出的晶界 α 相，晶粒尺寸约为 500μm，且在晶界附近分布有平行的 α 板条，由此可知在析出与长大的过程中其取向有一定的演变规律。图 2.2(b) 为 Ti60 在 $\alpha+\beta$ 两相区轧制后得到的等轴组织，由大量等轴的 α 相晶粒与少量拉长的 α 相晶粒组成。另外，通过金相显微镜虽然不能定量计算出析出物的具体含量，但根据腐蚀痕迹可以定性判断其析出物的大小和占比并进行比较，从而分析不同工艺参数对析出行为的影响。

图 2.2　Ti60 高温钛合金在不同轧制工艺下的显微组织照片

(a) β 单相区轧制；(b) $\alpha+\beta$ 两相区轧制

2.2　X 射线衍射技术及应用

　　X 射线衍射(X-ray diffraction，XRD)技术是一种重要的材料表征手段，可用于研究晶体结构、晶格参数、相含量，以及晶体的定性和定量分析。典型的 XRD 设备如图 2.3 所示，该设备基于 X 射线与晶体相互作用的原理，通过分析 X 射线衍射图谱来获取材料的晶体信息。X 射线衍射技术的基本原理是当一束单色 X 射线入射到晶体时，规则排列的晶胞晶面间距与入射 X 射线波长为相同数量级，故由不同原子散射的 X 射线相互干涉，在某些特殊方向上产生强 X 射线衍射。由于 X 射线衍射线在空间分布的方位和强度与晶体结构密切相关，因此通过衍射线可以推定合金的晶体结构。

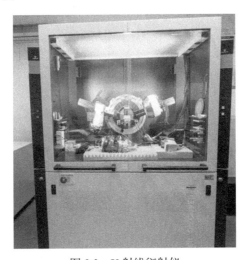

图 2.3　X 射线衍射仪

通过测定试样中各个特征 X 射线的波长或能量，可以确定试样中的元素种类，即 X 射线光谱定性分析。同时，试样中某一元素的 X 射线强度与该元素在试样中的原子数成正比，采用适当的方法进行校准后，可以得到该元素在试样中的原子分数，即 X 射线光谱定量分析。X 射线光谱定量分析过程中，会通过高能量子激发元素的内层电子产生 X 射线，随后采用探测器对出射的特征 X 射线按波长或能量进行分辨并记录其强度，最后进行数据处理。

相较于其他表征手段，X 射线衍射技术具有以下特点和优势：①高分辨率。能够分辨不同晶体结构和晶格参数之间的微小差异。②定量分析。可以定量分析样品中各相的含量，并计算晶体结构的参数。③非破坏性。对样品不会造成永久性损伤，适用于对材料进行长期观察和研究。④广泛适用性。适用于各种晶体材料，包括金属、陶瓷、聚合物等。在钛合金领域，X 射线衍射技术常用于分析钛合金的晶体结构、相变行为及晶体缺陷等性能。通过 XRD 技术，可以确定钛合金的相组成、晶格常数、残余应力等重要参数，为钛合金材料的研究、设计和应用提供重要的数据支持。

X 射线衍射技术的应用非常广泛，主要用于物相分析、结晶度测定、点阵参数测定、宏观应力和多晶体织构的测定中。当材料由多种结晶成分组成，需区分各成分所占比例，可使用 XRD 物相鉴定功能分析各结晶相的比例。很多材料的性能由结晶度决定，可使用 XRD 结晶度分析确定材料的结晶度。新材料开发需要充分了解材料的晶格参数，使用 XRD 可快捷测试出点阵参数，为新材料开发应用提供性能验证指标。产品在使用过程中出现断裂、变形等失效现象，使用 XRD 技术可以快捷测定是否受微观应力的影响。图 2.4 为 TC4 合金在不同扫描速度下的 XRD 图谱[2]，图中显示了 α 相的衍射峰。随着扫描速度的降低，衍射峰逐渐移

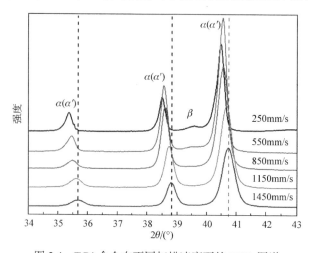

图 2.4　TC4 合金在不同扫描速度下的 XRD 图谱

向较低的角度，说明晶格尺寸发生了扭曲。随着扫描速度的增加，半峰全宽变宽，衍射峰的强度显著降低，可归因于晶粒细化和微应变的变化。

XRD 技术也常常被用于多晶体的织构表征。图 2.5 为利用 XRD 技术测得的 Ti60 合金在不同温度退火 2h 后的织构演变图[3]，从图中可以看出，经过 1030℃ 和 1040℃退火后合金显示出相似的织构组分，但是强度却有所差异。图 2.5(b)中的主要织构为 $\langle 11\bar{2}0 \rangle$ 纤维织构，最高强度为 5.05，而 α 相晶粒的 $\{0001\}$ 轴最高强度为 3.55；温度提高到 1040℃时，$\langle 11\bar{2}0 \rangle$ 的纤维织构成分基本保持不变，最高强度为 4.95，但晶粒的 $\{0001\}$ 轴变得更加集中，最高强度升高到了 5.69。

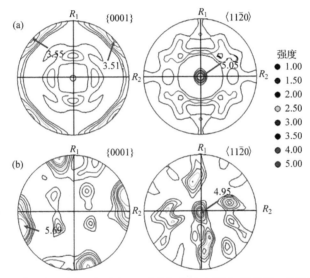

图 2.5　Ti60 合金在不同温度退火 2h 后的织构演变图(扫描章前二维码查看彩图)
(a) 1030℃；(b) 1040℃
R_1 和 R_2 为两个相互垂直的径向

2.3　电子显微技术及应用

2.3.1　扫描电子显微术

扫描电子显微术采用扫描电子显微镜(scanning electron microscope，SEM)，简称扫描电镜，是一种对合金微观组织等特征进行观察表征的重要科学仪器，其利用高能电子束与物质之间的相互作用来激发各种物理信息，并对该信息进行收集、放大和成像，以达到表征合金微观形貌的目的。扫描电子显微镜还可与其他分析仪器相结合，对合金其他信息进行表征，如对合金进行微区成分分析。扫描电镜在钛合金的研究表征中具有非常重要的作用。

　　图 2.6(a)为 ZEISS 公司生产的 ZEISS Sigma 300 扫描电子显微镜，其构造如图 2.6(b)所示，主要由电子光学系统、信号探测器和图像显示记录系统(显像系统)、真空系统三个基本部分组成。扫描电子显微镜电子枪发射出的电子束经过聚焦后汇聚成点光源，点光源在加速电压下形成高能电子束，高能电子束经由两个电磁透镜(聚光镜)被聚焦成直径微小的光点，在透过最后一级带有扫描线圈的电磁透镜后，电子束以光栅状扫描的方式逐点轰击到样品表面，同时激发出不同强度的电子信号。此时，电子信号会被样品上方不同信号探测器的探头接收，通过放大器同步传送到电脑显示屏，形成实时成像记录。由入射电子轰击样品表面激发出来的电子信号如下：俄歇电子、二次电子、背散射电子、X 射线(特征 X 射线、连续 X 射线)、阴极荧光、吸收电子和透射电子。

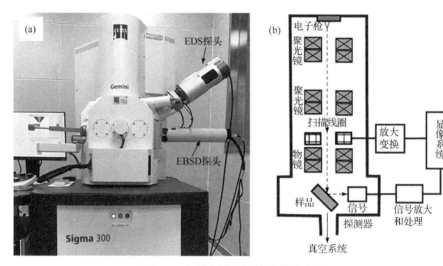

图 2.6　扫描电子显微镜及其构造图
(a) 典型扫描电子显微镜；(b) 扫描电子显微镜构造图
EDS-能量色散 X 射线谱；EBSD-电子背散射衍射

　　相对于光学显微镜而言，SEM 具有以下优点和特点：①高分辨率。能够观察到纳米级别的细微结构和表面形貌。②大深度视场。相比光学显微镜，SEM 具有更大的深度视场，可以观察到较大范围的样品表面。③成分分析。结合能量色散 X 射线谱(EDS)技术，可以实现对样品表面化学成分的分析。

　　在钛合金领域，SEM 常用于观察钛合金的晶粒结构、表面形貌、裂纹和缺陷等微观特征，为钛合金材料的研究、改进和应用提供重要的视觉和结构信息。图 2.7 是利用扫描电子显微镜对不同类型钛合金进行表征的结果，图 2.7(a)显示 Ti65 合金在 960℃以 $10\,s^{-1}$ 的应变速率变形时沿着 45°方向上变形出现不均匀现象[4]，通过观察发现存在绝热剪切带，而在更高倍的组织图中进一步观察发现片层组织受到扭折且沿着绝热剪切带拉长。提高变形温度到 β 单相区，变形速率不变，得到的马氏体变形组织如图 2.7(b)所示，β 相晶粒沿垂直于压缩方向拉长形成纤维状组织，而纤维的厚度沿压缩方向又呈现出一定的分布规律。图 2.7(c)和(d)为两相钛合金 TC4 合金在变形后的显微组织[5]，可以观察到明显的 α 相片层集束，宽度约为 400μm，同时也可以观察到细小等轴 α 相晶粒。图 2.7(e)和(f)为一种 β 型钛

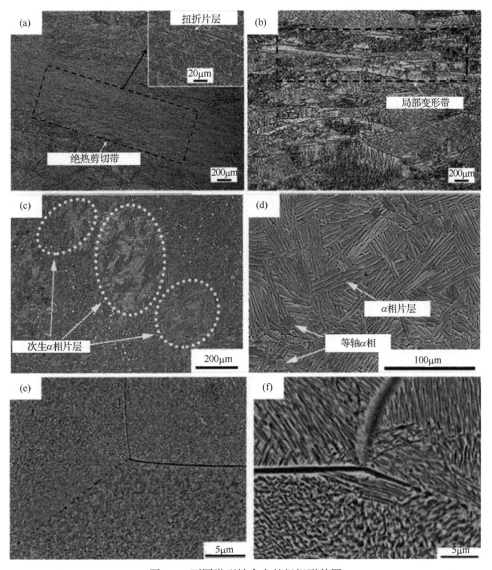

图 2.7　不同类型钛合金的组织形貌图

(a) 近 α 型钛合金 Ti65 合金热加工图中的特征区域[4]；(b) 提高温度后(a)得到的马氏体变形组织；(c)(d) $\alpha+\beta$ 型钛合金 TC4 合金在变形中显微组织[5]；(e)(f) β 型钛合金 Ti-5553 合金的 2 种典型组织形貌图[6]

合金 Ti-5553 合金在不同温度时效后的组织形貌图[6]，从图中可以明显地看到 β 相晶粒的晶界，并且随着时效过程的进行，在扫描电镜照片中可看到细小的 α 相析出；通过对更大放大倍数的 SEM 照片进行观察，可见 α 相有两种不同的形态，其中针状 α 相较为明显。

通过扫描电镜还可以观察钛合金在断口处的组织形貌，图 2.8 为利用扫描电镜表征的钛合金在拉伸和蠕变后的断口形貌[7]。图 2.8(a)为单步时效的拉伸断口，其显示出伴随二次裂纹的凹坑断裂，表面有大量的韧窝，说明合金具有良好的延展性，裂纹沿着晶界扩展。图 2.8(b)中的蠕变断口表现出解理面和凹坑断裂的组合，并且在解理面中有河流状花样，断口形貌由平坦的晶间断裂和浅凹坑组成，表明裂纹源发生在晶界并主要沿晶粒延伸，小平面对应于低塑性晶间断裂，凹坑区对应于穿晶断裂。

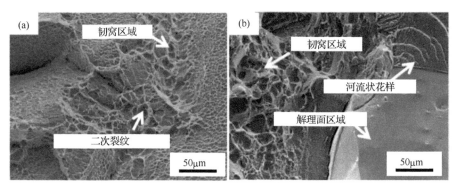

图 2.8　Ti-55531 合金在拉伸和蠕变条件下的断口形貌图
(a) 拉伸断口形貌；(b) 蠕变断口形貌

如图 2.6(a)所示，通过在扫描电子显微镜上安装 EDS 探头，可以进行 EDS 分析。EDS 技术通过分析样品表面产生的 X 射线能谱，确定样品的化学成分和元素分布情况。EDS 技术的工作原理是通过电子束与样品表面相互作用产生 X 射线，EDS 探测器收集样品表面产生的 X 射线能谱。通过对所收集 X 射线能谱中的峰位和峰强度进行分析，比对标准样品的能谱和知识库，就能确定样品中含有的元素及其相对含量，实现对样品化学成分的定量和定性分析。

在钛合金领域，EDS 技术常用于分析钛合金中的元素含量、相组成、晶界分布等信息。通过 EDS 技术，可以确定钛合金中各种元素的含量及其在不同相中的分布情况，并进一步了解钛合金的组织结构和化学特性，为钛合金材料的研究和应用提供重要的数据支持。以 Ti65 合金的显微组织图为例，其组织中分布着很多球状的颗粒。如图 2.9 中箭头所指，采用 EDS 对其进行元素分析，从图中可以看出这些颗粒富含 Si 元素与 Zr 元素，且在晶界处与基体上均有分布，由此可以确定这种球状颗粒为 $(Ti, Zr)_6Si_3$ 相。

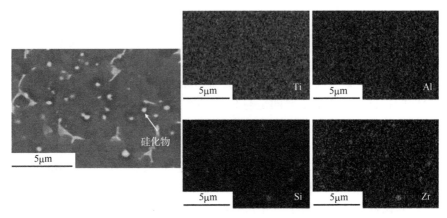

图 2.9　Ti65 合金薄板中微区元素分布

2.3.2　电子背散射衍射

电子背散射衍射(electron backscattering diffraction，EBSD)是一种高分辨率的显微技术，常用于材料科学中对晶体结构和晶粒取向的研究。它所使用的仪器基本组成包括扫描电子显微镜(SEM)、电子背散射探测器和计算机系统。如图 2.10(a)所示，放入扫描电子显微镜样品室内的样品经大角度倾转后(一般倾转 65°～70°，通过减小背散射电子射出表面的路径以获取足够强的背散射衍射信号，减小吸收信号)，入射电子束与样品表面区作用，发生衍射并产生菊池带。由衍射锥组成的三维花样投影到低光度荧光屏幕(二维屏幕)上，在二维屏幕上截出相互交叉的菊池带花样[图 2.10(b)]。花样被图像传感数码相机接收，经图像处理器处理(如信号放大、加和平均、背底扣除等)，由抓取图像卡采集到计算机中。计算机通过霍夫变换，自动确定菊池带的位置、宽度、强度和带间夹角，与对应晶体学库中的理论值比较，标出对应的晶面指数与晶带轴，并算出所测晶粒晶体坐标系相对于样

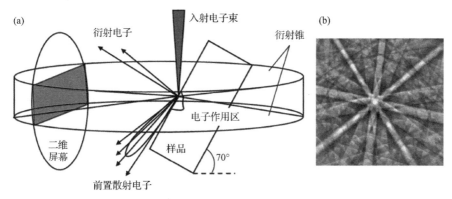

图 2.10　电子背散射衍射技术原理示意图

(a) SEM 下产生菊池带的原理；(b) 典型菊池带形貌照片

品坐标系的取向。

　　EBSD 技术具有几个显著的特点和优势：①具有高分辨率，能够对样品表面的晶体结构进行精细分析；可以实现定量取向分析，准确测定晶体的取向、晶粒尺寸和分布情况。②可以观察到晶粒的形貌和晶界情况，为材料的微观结构研究提供全面的数据支持；最重要的是与 SEM 相结合，可以同时获得样品表面形貌和晶体结构信息，实现全方位的材料分析。EBSD 技术已经被应用于多个研究领域，尤其是在金属材料及其加工领域，发挥了重要作用。

　　钛合金中 EBSD 技术主要应用如下：织构分析、相变分析、再结晶分析、变形分析及孪晶分析等。这些信息对于钛合金材料的设计、加工和性能优化具有重要意义，为钛合金领域的科学研究和工程应用提供了可靠的数据支持。

　　宏区(macrozone)织构的定量表征往往对于性能分析具有重要意义。通过 Channel 5、OIM、TSL、MTEX 等软件可以呈现对钛合金所扫描区域织构分布的图像。通常来说，钛合金在轧制、锻造及压缩过程中往往会形成显著的显微织构或者宏区特征。图 2.11(a)为 IMI834 合金锻板平行于锻造挤压方向的反极图(inverse pole figure map，IPF 图)[8]，其颜色编码平行于锻造挤压方向。三角形色卡三个角的颜色分别代表了不同的取向，红色代表[0001]轴方向平行于 Y 方向的晶粒(锻造挤压方向)，而蓝色和绿色分别代表[11$\bar{2}$0]和[01$\bar{1}$0]轴方向平行于 Y 方向的晶粒。由此可以看出，样品表面存在大面积的连续片状分布的[0001]取向晶粒和[11$\bar{2}$0]取向晶粒，这种毫米级的取向择优分布也称为宏区。此外，通过在软件内进行特定取向的晶粒筛选，可以呈现出特定相或者形貌的晶体 IPF 图。图 2.11(b)为图 2.11(a)中白色框区域高倍下初生 α(primary α，α_p)相 IPF 图，可以看出当排除次生 α(secondary α，α_s)相的取向信息后，宏区织构的带状特征更突出。通过选区功能可以对 IPF 图中特定位置进行选区操作，图 2.11(c)和(d)分别为根据图 2.11(b)中区域 1 和区域 2 所绘制的对应区域的极图(pole figure，PF)。由极图信息可知，区域 1 中呈绿色或蓝色的晶粒所属的织构其[0001]轴与 X 方向呈 15°；区域 2 中呈红色的晶粒所属的织构其[0001]轴与 Y 方向呈 15°左右，并且区域 2 中的织构强度远高于区域 1 中的织构强度。

　　EBSD 技术广泛应用于钛合金相变机理的研究中。对于钛合金而言，发生 $\beta \rightarrow \alpha$ 转变时往往遵从特定的伯格斯取向关系，由于晶体的对称性，发生 $\beta \rightarrow \alpha$ 转变时 α 相理论上存在着 12 种可能的变体。在实际分析过程中，变体选择效应可以通过 EBSD 所得的晶体取向分布图建立。图 2.12 展示了 Ti-4.5Fe-6.8Mo-1.5Al 合金退火过程中的变体选择行为，α_s 相分别从 β 相内部和 β 相晶界处析出[9]。图 2.12(a)为 α_s 相从 β_1 和 β_2 相界面处析出对应的 IPF 图，其中呈针状析出的为 α_s 相，黑色和白色区域分别为 β_1 和 β_2 相晶粒。为了分析其取向关系，可以同样通过选区操

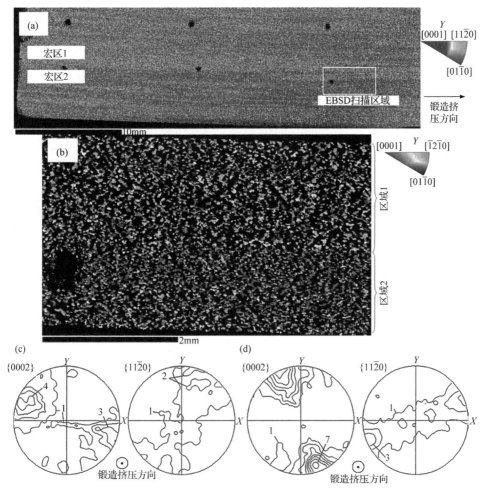

图 2.11　IMI834 合金锻板宏区织构特征(扫描章前二维码查看彩图)

(a) 低倍下 IPF 图；(b) 高倍 α_p 相 IPF 图；(c) 区域 1 中 α_p 相的极图；(d) 区域 2 中 α_p 相的极图

作对不同相的取向分布进行极图表示，其结果如图 2.12(b)所示。首先，由 β 相的 $\{110\}$ 极图所框选的位置可以看出 β_1 和 β_2 相晶粒的 $\{110\}$ 面平行，并且由 α_s 相的极图可知 α_s 相的 $\{0001\}$ 面也平行于 $\{110\}$ 面。其次，由 α_s 相的 $\{11\bar{2}0\}$ 极图可以看出，存在 3 个夹角为 $60°$ 的 $\langle 11\bar{2}0\rangle$ 对称系，由此可以得出 α_s 相变体的类型。最后，通过构建不同取向差角度的晶界分布图也可以对 α 相变体分布进行研究，图 2.12(d) 为 α_s 相从 β 相内部析出的晶界分布图，其中黑色线条为符合伯格斯取向关系的 β/α 晶界，其他颜色展示了五种不同类型的 α/α 晶界，通过观察可知拥有 $[11\bar{2}0]$/ $60°$ 轴角对的 α/α 晶界，更容易随着新生的 α_s 相从 β/α 晶界处析出而产生。

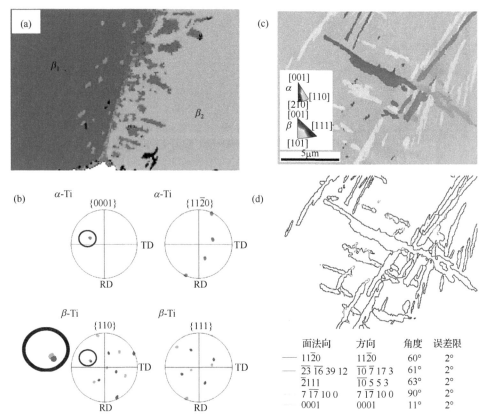

图 2.12　退火过程中 Ti-4.5Fe-6.8Mo-1.5Al 合金变体选择行为(扫描章前二维码查看彩图)
(a) α_s 相从 β_1 和 β_2 相界面析出所对应的 IPF 图; (b) α/β 相对应(a)的极图; (c) α_s 相从 β_1 和 β_2 相内部析出对应的
IPF 图; (d) α_s 相从 β_1 和 β_2 相内部析出所对应的晶界分布图
RD-轧制方向,简称轧向;TD-横向

通过热机械加工可调控钛合金的显微组织形貌及其组成,而 EBSD 技术也广泛应用于研究热变形过程中发生的动态再结晶行为。具体而言,EBSD 技术可用于揭示动态再结晶过程中发生再结晶晶粒的占比、尺寸及其分布行为等信息。图 2.13(a)和(b)分别为 TA15 合金的初始组织和 850℃高温拉伸至 2%应变时显微组织的 IPF 图[10],由此可以看出变形过程中产生了大量平均尺寸在 2.5μm 的等轴 α 相。通过对不同尺寸的晶粒进行筛选,可以展现该尺寸晶粒的面分布情况。对晶粒尺寸在 4μm 以下的晶粒进行筛选,见图 2.13(c),通过观察可知其沿变形晶粒的晶界呈链状分布,由此便可以确定再结晶晶粒尺度占比。通过晶界构建功能可以描述热变形过程中形成的晶界与亚晶界分布。如图 2.13(d)所示,红色和绿色晶界分别表示晶界角度在 5°~15°和 5°以下的晶界,即变形产生的亚晶界;蓝色为大角度晶界(>15°),除了原始晶界外,再结晶形成的晶界也属于该类型。通过比对变形前后大/小角度晶界占比可以反映钛合金热变形过程中再结晶和回复程度的高低。

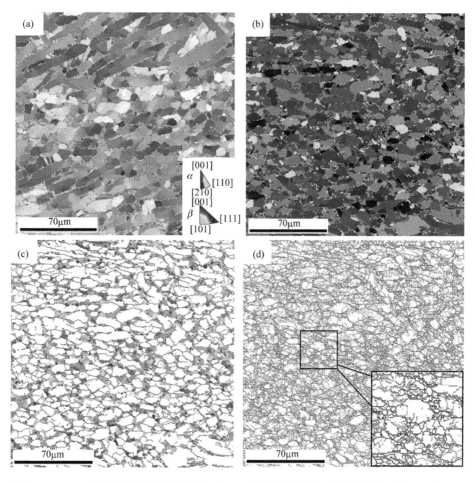

图 2.13　TA15 合金初始组织与热变形组织 IPF 图及晶界分布图(扫描章前二维码查看彩图)
(a) 初始组织的 IPF 图; (b) 850℃热拉伸变形至 2%应变时 IPF 图; (c) 晶体尺寸在 4μm 以下的晶粒 IPF 图;
(d) 晶界分布图

对于变形模式以位错滑移为主的钛合金，其塑性变形的难易程度可以通过施密特因子(Schmidt factor，SF)的大小来衡量。钛合金施密特因子在 0~0.5，其值越大表示在相同应力场下，该滑移系越容易开动，发生塑性变形。通过 EBSD 技术得出晶粒的欧拉角，进而确定出晶体不同滑移系的施密特因子。图 2.14(a)和(b)分别展示了 Ti65 合金薄板沿横向(transverse direction，TD)和轧制方向(rolling direction，RD)的四种滑移系 SF 分布[11]，可以观察到沿 TD 的四种滑移系的平均 SF 均低于 RD，这说明板材织构的存在使得合金沿 RD 和 TD 的塑性变形能力产生差异，RD 滑移变形是更容易发生的。此外，通过 EBSD 的局部取向差(kernel average misorientation，KAM)图可以更清楚地表征出 RD 与 TD 这两个方向变形能力的差异。KAM 图是 EBSD 数据分析中一种表征局部错配角的方法，可展示晶体材料局部应变分布，适用于分析经过变形后晶体材料晶界和相界处的应变分布情况。图 2.14(c)和(d)为 Ti65 合金 TD 和 RD 650℃拉伸变形后的 KAM 图，图

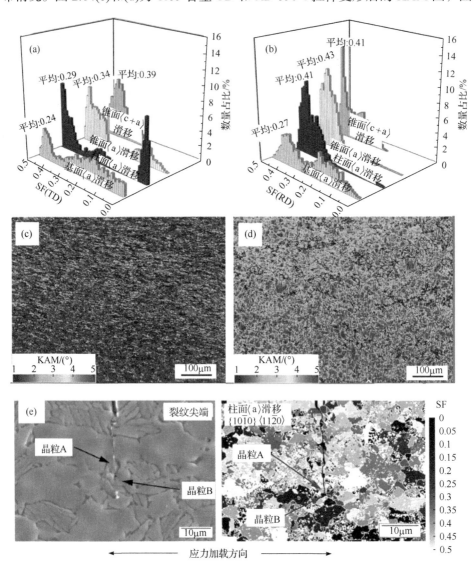

图 2.14　EBSD 研究 Ti65 合金与 TC4 合金的变形行为(扫描章前二维码查看彩图)

(a) Ti65 沿 TD 的滑移系 SF 分布图；(b) Ti65 沿 RD 的滑移系 SF 分布图；(c) Ti65 沿 TD 650℃拉伸变形后的 KAM 图；(d) Ti65 沿 RD 650℃拉伸变形后的 KAM 图；(e) TC4 合金疲劳裂纹尖端 SEM 图和所对应位置柱面滑移 SF 分布图

中的标尺为局部取向差，局部取向差越大表示该位置发生的晶格畸变越大，即应变越大。由此可以看出，由于 RD 滑移系更容易开动，其应变累积相较 TD 更显著，两者的平均取向差分别为 1.6° 和 3.7°。在特定的分析情景中，通过将 SF 分布与晶粒分布进行对照，可实现对材料变形行为的分析。图 2.14(e)[12]为 TC4 合金疲劳变形后裂纹尖端晶粒的二次电子图和滑移 SF 分布图，其中，滑移 SF 分布图统计了沿该应力加载方向下柱面滑移 SF 分布，颜色越深则表示该晶粒 SF 越小。通过该图可以发现裂纹尖端在穿过了具有高柱面 SF 的晶粒 A 后，在柱面滑移 SF 近似为 0 的晶粒 B 处受阻并停止扩展，由此可以说明 SF 的对于裂纹的传播具有一定预测作用。

EBSD 除了可以获得 SF 大小与分布信息外，还可以对位错滑移产生的滑移迹线进行标定，从而获悉实际变形过程中实际开动的滑移系信息。图 2.15(a)为 TC4 合金疲劳变形后样品位于表面的 α_p 相晶粒中形成的滑移迹线[13]。通过 EBSD 获得的欧拉角信息可以确定该晶粒不同滑移面在样品平面上的截线，该截线即为理论滑移迹线，图 2.15(b)展示了柱面、基面及锥面滑移等不同滑移面的理论滑移迹线。通过对比实际滑移迹线与理论滑移迹线的夹角，可以看出理论基面滑移迹线

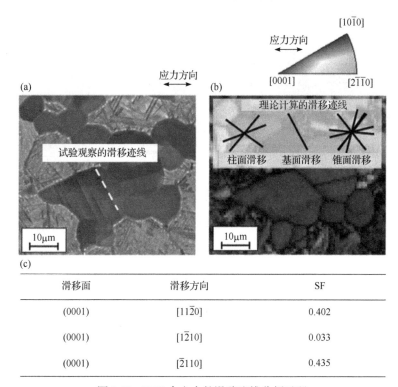

滑移面	滑移方向	SF
(0001)	$[11\bar{2}0]$	0.402
(0001)	$[1\bar{2}10]$	0.033
(0001)	$[\bar{2}110]$	0.435

图 2.15　TC4 合金中的滑移迹线分析过程

(a) 实际滑移迹线的 SEM 图；(b) 使用 EBSD 数据计算的理论平面滑移迹线；(c) 基面三个滑移方向的 SF

是几乎平行于实际滑移迹线的，同时结合该晶粒中三个不同滑移面的 SF 进行判断，可以推定认为该晶粒中实际开动的滑移系为具有最高 SF 的 (0001)$[\bar{2}110]$ 滑移系。

孪晶变形作为钛合金的微观变形机制之一，对其精确表征是钛合金变形机制研究的重要部分。在相关的研究中，EBSD 技术被广泛应用于对孪晶的标定与统计中。图 2.16(a) 为 TC4 合金在经历过保载疲劳变形后产生的孪晶 IPF 图[13]，由此可以清晰地观察到孪晶自 α_p 相晶粒晶界处形成，并贯穿整个 α_p 相晶粒，形成微米级的变形孪晶。另外，通过对孪晶与基体晶界取向关系的标定，也可以判断出所产生的孪晶类型。图 2.16(b) 为纯钛经过单轴压缩变形后的孪晶界分布图[14]，其中不同类型的孪晶界依据其与基体之间的轴角对进行区分。图 2.16 附表中七种不同的孪晶按颜色在图中进行区分，可以看出红色代表的 $\{10\bar{1}2\}\langle10\bar{1}\bar{1}\rangle$ 拉伸孪晶 (extension twins，ET) 和蓝色代表的 $\{10\bar{1}2\}\langle10\bar{2}\bar{3}\rangle$ 压缩孪晶 (contraction twins，CT) 是主导的变形孪晶类型，其他孪晶所占比例则相对较少。

孪晶	标定颜色与孪晶轴角对	
$\{10\bar{1}2\}$ET	——	85°$\langle11\bar{2}0\rangle$
$\{11\bar{2}2\}$CT	——	64°$\langle10\bar{1}0\rangle$
$\{11\bar{2}1\}$ET	——	35°$\langle10\bar{1}0\rangle$
$\{11\bar{2}4\}$CT	——	77°$\langle10\bar{1}0\rangle$
$\{11\bar{2}2\}$-$\{\bar{1}\bar{2}12\}$CT-CT	——	78°$\langle10\bar{1}0\rangle$
$\{11\bar{2}2\}$-$\{10\bar{1}2\}$CT-ET		48.5°$\langle\bar{5}503\rangle$
$\{10\bar{1}2\}$-$\{\bar{1}012\}$ET-ET	——	60°$\langle10\bar{1}0\rangle$

图 2.16　钛合金中典型孪晶的 EBSD 标定示例(扫描章前二维码查看彩图)
(a) TC4 合金保载疲劳变形产生的变形孪晶 IPF 图；(b) 纯钛合金压缩变形后产生的孪晶界分布图
(b)中不同晶界的轴角对与所对应颜色编码见附表

2.3.3　透射电子显微术

透射电子显微术采用透射电子显微镜(transmission electron microscope，TEM)，简称透射电镜，是将经加速和聚集的电子束投射到纳米级样品上，电子与样品中的原子碰撞而改变方向，从而产生立体角散射。由于电子的德布罗意波长非常短，因此 TEM 的分辨率比光学显微镜高很多，为 0.1~0.2nm，放大倍数为几万倍~百万倍。使用 TEM 可以观察样品的精细结构，甚至可以用于观察仅一列原子的结构，比光学显微镜能够观察到的最小结构的放大倍数大数万倍。

典型的 TEM 结构如图 2.17(a)所示，其主要由电子光学系统、真空系统和供电系统三大部分组成。镜筒是透射电子显微镜的主体部分，其内部的电子光学系统自上而下顺序排列着电子枪、聚光镜、样品台、物镜、中间镜、投影镜、荧光屏和记录系统(照相室)等装置。如图 2.17(b)所示，根据功能的不同又可将电子光学系统分为照明系统、样品台、成像系统和图像观察及记录系统。TEM 的工作原理如下[15]：由电子枪发射出来的电子束，在真空通道中沿着镜体光轴穿越聚光镜，通过聚光镜会聚成一束尖细、明亮而又均匀的光斑，照射在样品台的样品上；透过样品后的电子束携带样品内部的结构信息，样品内致密处透过的电子量少，稀疏处透过的电子量多；经过物镜的会聚调焦和初级放大后，电子束进入下级的中间镜和第一投影镜、第二投影镜综合放大成像，最终被放大了的电子影像投射在观察窗口内的荧光屏上，由荧光屏将电子影像转化为可见光影像供使用者观察。

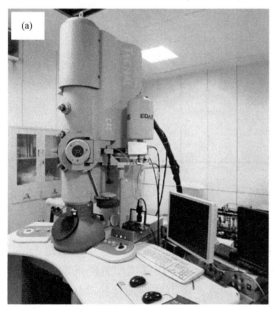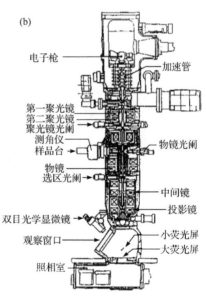

图 2.17　透射电镜示意图及主要系统组成[15]

(a) 透射电子显微镜；(b) 透射电子显微镜主要系统组成

钛合金中的一些微观组织尺寸非常小，其尺度甚至可达纳米级，即便在 SEM 下依然难以进行精确表征。TEM 可以获得材料对应的明场像/暗场像图片，进而获得材料显微组织形貌。图 2.18(a)和(b)为 TC4 合金双态组织明场像下不同放大倍数的组织形貌图[16]。由图 2.18(a)可知，明场像可以表征出等轴 α_p 相晶粒的形貌特征，其中晶粒内的黑色条带主要为透射材料厚度不均匀形成的等厚莫尔条纹。同时，在 β 相转变组织中也可以观察到呈板条状分布的 α_s 相晶粒，对其进行更高倍数下观察可知，α_s 相板条的宽度在 500nm 左右，而在 α_s 相板条之间分布着 100nm 左右厚度的未转变 β 相晶粒。通过对 TEM 照片特征进行分类与统计，可以更加精确地获得各个形貌晶粒的占比。图 2.18(c)展示了 Ti-5Al-3V 合金在经过 930℃ (相变点 945℃)变形水冷后的合金微观组织 TEM 照片[17]，观察发现材料内同时存在着等轴状初生 α 相晶粒、魏氏体 α 相晶粒及马氏体 α' 相[16,17]。

图 2.18　通过透射电镜对 TC4 合金显微组织进行表征

(a) TC4 合金双态组织明场像 TEM 照片；(b) β 相转变组织高倍下 TEM 照片；(c) Ti-5Al-3V 合金 930℃变形水冷后的合金微观组织 TEM 照片

　　对于无法通过 SEM 或者形貌特征判断其种类的相，TEM 还可以通过选区电子衍射(selected area electron diffraction，SAED)功能获得该位置的选取电子衍射斑，通过专业软件对该衍射斑进行标定与计算，即可获得该相的晶体结构信息。这里以 Ti-Al-Sn-Zr-Mo-Nb-Tb-Si 系近 α 型高温钛合金为例，分析 TEM 在硅化物标定中的应用[18]。图 2.19(a)和(c)为合金的暗场像图，可观察到等轴 α 相及少量的晶界处 β 相，同时可观察到大量尺寸在 3μm 左右的棒状硅化物在 α/β 相界面处析出[图 2.19(b)]。对硅化物进行 TEM 能量色散 X 射线分析，发现其化学计量与(Ti, $Zr_{0.3}$)$_6$Si$_3$ 相似，推断其可能为(Ti,Zr)$_6$Si$_3$ 硅化物。为了进一步验证此结果，对图示区域 B 的位置进行 SAED 分析，所获得的电子衍射花样如图 2.19(e)所示，进一步证明了该硅化物为准六方结构的$(Ti,Zr_{0.3})_6Si_3$硅化物。此外，图 2.19(f)为区域 C 进行电子衍射标定，发现了在 α 基体中 α_2 相的析出，该析出相的存在可以显著提升材料的抗蠕变性和热稳定性。

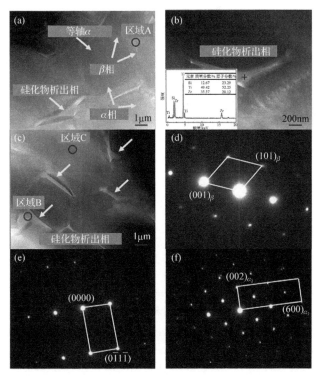

图 2.19　透射电镜对 Ti-Al-Sn-Zr-Mo-Nb-Tb-Si 合金相组成进行标定

(a) α 基体的暗场像；(b) 硅化物的放大显微照片；(c) 在 α 和 β 相界面析出的硅化物；(d) 区域 A 的 SAED 斑点图，标定出 β 相；(e) 区域 B 的 SAED 斑点图，标定出硅化物六方结构；(f) 区域 C 的 SAED 斑点图，标定出 α_2 相

　　钛合金相变通常伴随着元素的扩散和偏聚，SEM 中的 EDS 分析受限于分辨率较低，难以实现微纳尺度下的化学成分分析，而 TEM 中的 EDS 则可以对透射样纳米微区的元素分布进行定量表征。图 2.20 为 TC4 合金发生再结晶后的组织 TEM 照片[19]，可以观察到残余 β 相分布于 α_p 相和 α_s 相界面处。为了探究 $\beta \rightarrow \alpha$ 转变过程中的元素偏析效应，通过对图 2.20(a)中方框所圈位置进行 EDS 面扫描得到 Ti、Al、V 三种元素面扫描分布图，由此可以定性看出 β 相内存在明显的 V 元素富集，而 α 相内则存在 Al 元素的富集。通过对水平划线位置进行扫描，可以获得该位置上的线扫描元素分布图如图 2.20(b)所示，由此也进一步定量证明了 Al 和 V 元素在 α 相和 β 相中的偏析作用。另外，图 2.20(c)展示了不同含量 α_p 相的试样中，对 α_p 相进行点扫描所得到的平均元素含量。可以看出随着 α_p 相含量的增加，Al 元素质量分数呈降低趋势，而 V 元素质量分数则呈上升趋势，这将显著影响材料的固溶强化作用。

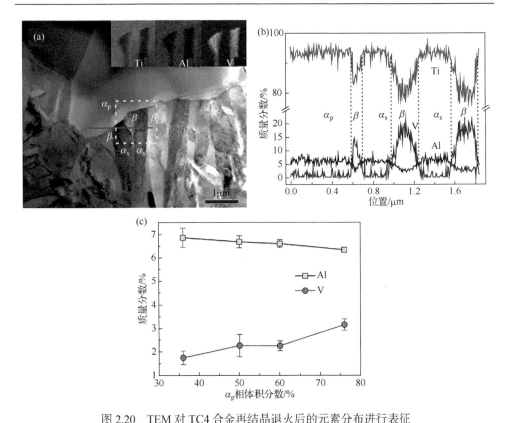

图 2.20　TEM 对 TC4 合金再结晶退火后的元素分布进行表征

(a) 显微组织 TEM 图及框圈位置的 EDS 元素面扫描分布图；(b) 沿划线位置的 EDS 线扫描结果展示了 Ti、Al、
V 元素质量分数的变化趋势；(c) 不同体积分数的 α_p 相的试样中 α_p 相点扫描 Al、V 元素质量分数变化曲线

　　材料在变形、加工、热处理过程中往往会形成大量缺陷，如空位、位错、层错等，其中位错与层错是钛合金晶体缺陷表征的重点关注对象。TEM 凭借其超高的空间分辨率被广泛应用在对位错和层错的表征中。

　　在钛合金位错研究中，TEM 可以用于表征位错形态和位错类型。图 2.21 为 Ti-6242Si 合金疲劳加载后材料标距段组织的 TEM 照片[20]，图 2.21(a)展示了 α_p 相晶粒内的位错形态，可以看出该晶粒内产生了五条滑移带，分别为 SB4、SB5、SB6、SB7 和 SB8。其中，SB8 穿过了晶界，并且穿透到相邻晶粒内；SB4 滑移带在与晶界接触后未穿过晶界，而是在晶界处形成位错堆垛，产生高密度位错结构，其由一系列平行的位错线组成；除了这些平行分布的位错线外，材料内还存在大量弯曲形貌的随机位错。

　　一般在双束条件下材料位错衬度更为明显，根据位错消光规律可计算出伯氏矢量，并由此判断位错类型。图 2.21(c)展示了没有形成位错滑移带，而是相对均匀地发生塑性变形的晶粒 TEM 图。在 $\boldsymbol{B} \approx [01\bar{1}1]$ 时可以显示出该晶粒内存在大量

的 ⟨a⟩ 型位错, 并且通过控制的方向达到不同角度的消光, 可以判断出该晶面上的位错主要为 $(a/3)\left[\bar{2}110\right]$ 和 $(a/3)\left[11\bar{2}0\right]$ 类型。图 2.21(d)则是在 $\boldsymbol{B}\approx\left[11\bar{2}0\right]$ 下改变 $\boldsymbol{g}$ 的方向, 从而可以观察到密度相较于 ⟨a⟩ 型密度较低的 ⟨c+a⟩ 型位错, 其位错的伯氏矢量为 $(a/3)\left[\bar{2}113\right]$。

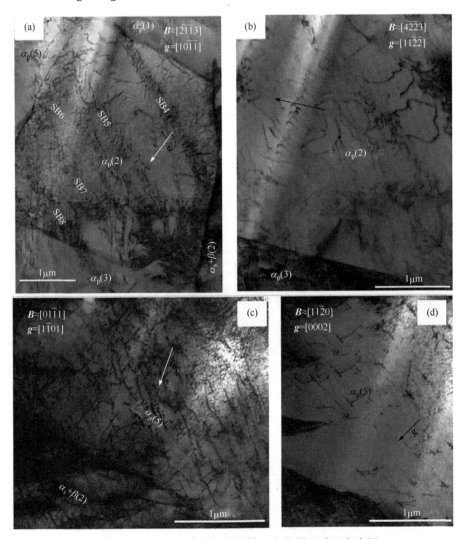

图 2.21　TEM 在双束条件下等轴 α_{p} 相位错运动组态表征

(a)(b) 分别为同一晶粒在 $\boldsymbol{B}\approx\left[2\bar{1}\bar{1}3\right]$ 和 $\boldsymbol{B}\approx\left[4\bar{2}\bar{2}3\right]$ 下的 TEM 照片; (c)(d) 分别为同一晶粒在 $\boldsymbol{B}\approx\left[01\bar{1}1\right]$ 和 $\boldsymbol{B}\approx$ $\left[11\bar{2}0\right]$ 下的 TEM 照片

在钛合金层错研究中, TEM 可以用来判断层错的结构类型。图 2.22(a)和(b)

为 Ti-7Mo 合金在相变点以上加热后水冷形成的马氏体组织明场像 TEM 照片[21]。其中，图 2.22(a)展示了沿 $[110]_{\alpha''}$ 方向产生的 α'' 马氏体，并在其中可观察到大量片层串状结构；图 2.22(b)展示了这一结构沿着的 $[100]_{\alpha''}$ 方向的高分辨照片，可以看出该结构为层错而非孪晶，其沿 $[001]_{\alpha''}$ 方向呈 180° 对称结构分布，其层错面为 $(001)_{\alpha''}$ 面，通过对原子排布的分析可以看出，层错面以下的基体为 A'B'A'B'型排布，而在层错面以上为 A'B'C'B'C''型排布。对于图 2.22(c)中的层错结构进行高分辨观察，其结果如图 2.22(d)所示，可以看出层错主要分布在 $(110)_{\alpha''}$ 面，并且还存在一个 $(010)_{\alpha''}$ 台阶，其白框内所示的原子排布沿层错呈 180° 对称；同时，每两个 $(001)_{\alpha''}$ 面和 $(010)_{\alpha''}$ 面右侧的原子，更接近层错上方的 $(010)_{\alpha''}$ 面，每两个 $(001)_{\alpha''}$ 面和 $(010)_{\alpha''}$ 面左侧的原子更接近层错下方的 $(010)_{\alpha''}$ 面，分别如图(d)中白色和黑色箭头所示。

图 2.22　通过 TEM 成像和高分辨成像对 Ti-7Mo 合金马氏体层错的表征(扫描章前二维码查看彩图)
(a)(c) 低倍下 α'' 马氏体的子结构明场像；(b) α'' 马氏体中的 $(001)_{\alpha''}$ 层错的高分辨图像；(d) α'' 马氏体中的 $(110)_{\alpha''}$ 层错的高分辨图像

　　TEM 的高分辨成像功能也可以应用在有关相界面结构的研究中。图 2.23(a)

和(b)分别为 Ti-20Nb 记忆合金退火后产生的两种马氏体变体(α''_{V2} / α''_{V1} 和 $[001]_{\alpha''_{V2}}$ 马氏体)交界面的高分辨透射电子显微镜(high-resolution transmission electron microscopy，HRTEM)和反快速傅里叶变化后的图像[22]；图 2.23(c)和(d)分别为 Ti-22Nb 和 Ti-24Nb 合金的 β/α'' 相界面的高分辨图像。由这些图像可以看出 α''_{V2} / α''_{V1} 相界面和 β/α'' 相界面是由一系列原子尺度的台阶组成的，其中由图 2.23(a)可知，α''_{V2} / α''_{V1} 界面平行于 $(110)_{\alpha''_{V2}}$ / $(101)_{\alpha''_{V1}}$，而 β/α'' 相界面平行于 $\left[\bar{2}11\right]_{\beta}$。另外，由图 2.23(a)中界面附近可以观察到由应变产生的对比度差异，由图 2.23(b)经过快速反傅里叶变化

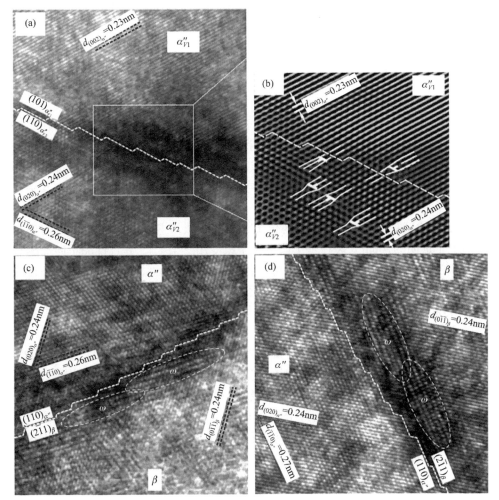

图 2.23　通过透射电镜高分辨成像对 Ti-20Nb 马氏体界面的表征

(a)(b) Ti-20Nb 记忆合金退火后产生的两种马氏体变体($[0\bar{1}0]_{\alpha''_{V1}}$ 和 $[001]_{\alpha''_{V2}}$ 马氏体)交界面的 HRTEM 图像和快速反傅里叶变化后的图像；(c)(d) Ti-22Nb 和 Ti-24Nb 合金的 β/α'' 相界面的高分辨图像

后的图像中则观察到界面两侧位错的存在，一些符号相反的位错产生的应力可以抵消，但仍存在一些残余位错起到了适配两个界面错配产生应变的作用。注意到依然有 $(001)_{\alpha''_{V2}}$ 点阵面穿过了 $(110)_{\alpha''_{V2}}$ / $(101)_{\alpha''_{V1}}$ 台阶面，因此 α''_{V2} / α''_{V1} 界面是半共格界面。对于 β/α'' 相界面而言，$(002)_{\alpha''_{V2}}$ 点阵面连续穿过 β/α'' 相界面，因此 $\left(2\bar{1}\bar{1}\right)_{\beta}$ / $(110)_{\alpha''}$ 面为共格面。β/α'' 相界面周围并没有错配位错的产生，而它周围产生的应力对比度则是与 β 相共格的 ω 相颗粒造成的。

2.4　其他先进分析表征技术及应用

2.4.1　透射菊池衍射

透射菊池衍射(transmission Kikuchi diffraction，TKD)技术也被称为透射电子背散射衍射，与 EBSD 相似，可以在纳米级别上观察材料的晶体结构、晶粒取向及微观组织特征。TKD 与 EBSD 表征的关键区别在于 TKD 表征对样品的薄区厚度要求很高，在测试时电子需要穿透样品。TKD 表征时样品远离 EBSD 探测器，与 EBSD 探测器的上平面持平或高于该平面，以利用探测器的大部分探测面积。这种空间配置使得衍射图案来自样品的底面和较小的衍射源体积，其结果是提高了空间分辨率。

TKD 的试验配置在许多方面与传统 EBSD 相似，主要区别在于 TKD 需要一个对电子透明的样品(安装在一个微型夹子或专用支架上)，并且样品不向探测器倾斜。TKD 样品可以水平放置，也可以背向 EBSD 探测器，两种选择都有各自的优势和劣势。标准 EBSD 处理软件可用于处理衍射图案，对算法稍作修改以优化 TKD 的索引。在这之后，一般会采用降噪程序来推断适当的非索引点，并去除错误的索引点。

近年来，TKD 技术广泛应用在钛合金微区表征的研究中。图 2.24 为 Ti-6242Si 合金透射试样的 TKD 表征结果，对该合金中 $\alpha_s+\beta$ 两相区进行了研究。由图 2.24(a) 可以看出，α_s 相板条和 β 相片层的形貌特征及其分布行为。相应相组成图和 IPF 图(z)分别如图 2.24(b)和(c)所示。图 2.24(d)为 α_s 相板条和 β 相片层的极图，其中 α_{s1} 和 α_{s2} 的(0001)面法线和三个 $\langle a \rangle$ 方向被标记在 α_{s3} 极图中；{110}面法线和 $\langle b_1 \rangle$、$\langle b_2 \rangle$ 方向标记在 β_1 极图中。由此便可以观察到三个 α_s 相板条与 β 相片层之间存在典型的伯格斯取向关系。

2.4.2　聚焦离子束微纳加工

聚焦离子束(focused ion beam，FIB)微纳加工技术的基本原理是在电场和磁场的

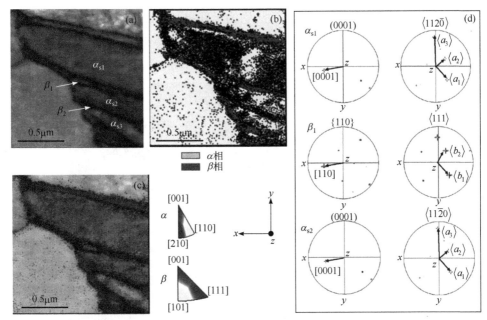

图 2.24　通过 SEM-TKD 手段对 Ti-6242Si 合金的透射试样进行表征

(a) 衍射花样衬度质量图；(b) 相组成图；(c) IPF 图；(d) α_s 相板条和 β 相片层取向关系极图

作用下，将离子束聚焦到亚微米甚至纳米量级，通过偏转和加速系统控制离子束扫描运动，实现微纳图形的监测分析和微纳结构的加工。其中，离子束的样品切割功能是通过离子束碰撞样品表面原子使之溅射而实现的。因为离子束可以通过透镜系统和光阑将直径控制到纳米尺度，所以通过图形发生器可以控制离子束的扫描轨迹，对样品进行精细的微纳加工。目前，最先进的图形发生器采用 16 位控制系统，可以将离子束的最小扫描间隔减少至 0.6nm。本小节主要介绍的是聚焦离子束在透射试样制备、三维表征试验及微纳尺度力学试验中的应用。

在 TEM 中观察材料内部结构需要非常薄的样品，厚度通常在几十纳米到几百纳米。FIB 能够进行纳米尺度的精度加工，制备出超薄的 TEM 样品。同时，FIB 可以对材料特定微区进行加工，制备局部区域的 TEM 样品，有利于对特定结构或区域进行详细分析。常见的双束制备 TEM 样品的方法如下[23]：首先，用 SEM 在样品表面找到要制作 TEM 样品的区域，用电子束或者离子束在该区域沉积出 1μm 厚、2μm 宽的 Pt、C 或 W 的保护层。在保护层上下区域用离子束挖出如图 2.25(a)所示的凹槽，形成薄片。然后再改变样品倾角将底部和一个侧边切开，将纳米操作手插入，用 Pt 沉积方法将纳米操作手和薄片连接起来，再将另一边切断，即可将样品提取出来[图 2.25(b)]。将该薄片用 Pt 连接到铜网上，如图 2.25(c) 和(d)所示，落样完成后进行最终减薄，可根据需要将样品薄片厚度减至数十纳米。图 2.25(e)是针对亚稳 β 型钛合金拉伸变形后的组织，通过背散扫描电子成像结合 EBSD 分析确定出变形带的位置[24]。为了确定变形带的界面结构特征与位错特征，采用 FIB 微纳加工的方式沿着图 2.25(e)最下方所示的区域取 TEM 样品进行分析，其使用离子束加工出的凹槽如图 2.25(f)所示。

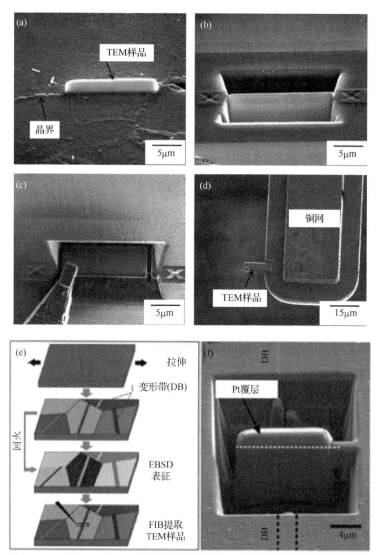

图 2.25　利用 FIB 微纳加工技术制备 TEM 样品的步骤及其在亚稳 β 型钛合金拉伸变形后的

组织研究中的应用

(a) 在样品上找到要加工成 TEM 样品的区域，利用 FIB 粗切加工出凹槽；(b) 利用纳米操作手将切断样品提取出来；(c) 样品高精度移动并传输到 TEM 铜网上；(d) 利用 FIB 最终减薄制备超薄样品，亚稳 β 型钛合金拉伸变形组织中制备 TEM 样品流程；(e) 变形带的表征试验路线；(f) 从变形带切取的 TEM 样品(含凹槽)的示意图

在扫描电子显微镜(SEM)中，研究者可以详细获取样品表面的形貌、化学成

分和晶体取向等关键信息。然而，由于电子束的穿透深度通常仅为几微米，难以探测到样品的深层结构信息。因此，在计算和分析过程中，往往只能使用样品表面的截面信息表示整个样品区域，这种方法在评价样品组织结构时不够全面。此外，对于多组分材料，样品内部不同组分的空间分布及其相互关系对材料科学研究至关重要，而这些信息的全面获取需要三维重构技术的支撑。

三维重构在处理复杂的网络结构时显得尤为重要，如当样品内部具有相互交织的不同相时，聚焦离子束(FIB)结合SEM(FIB-SEM)的三维成像技术能够高精度地揭示这些内部结构，并进一步重构出微小缺陷(<100nm)的三维形态和尺寸。这种技术凭借SEM的高分辨率优势，可以重构出多种结构信息，如通过二次电子像获取形貌信息，利用背散射电子像获取成分信息，甚至通过二次离子像详细重构晶体取向信息。FIB结合SEM的取样范围广泛，从几微米到>100μm不等，与透射电子显微镜(TEM)相比，FIB-SEM的三维成像技术能够覆盖更大的尺度范围，从而提供更具统计意义的数据。

在钛合金的研究领域中，FIB技术在三维形貌和晶体取向分析中的应用极为广泛，其具体方法是利用FIB逐层去除样品材料，获取多个连续截面的SEM成像(二次电子或背散射电子)或EBSD数据，然后通过数据处理软件重构出样品的三维形貌及晶体取向分布。整个FIB切片与SEM/EBSD成像过程可以通过自动化软件进行控制，从而显著减少人为操作误差，提高试验数据的可靠性和一致性。这一技术的应用使得研究者能够深入理解钛合金内部结构的三维特征，为材料性能的深入研究和优化提供了重要的支持。

图2.26(a)、(b)分别为IMI834合金疲劳加载后材料表面形成的穿晶裂纹和沿晶裂纹。一般而言，钛合金疲劳裂纹的萌生与显微晶体取向关系密切相关，然而通过传统EBSD表征只能获得晶粒二维平面上的取向信息，无法分析材料三维空间上的变形行为。因此，如图2.26(c)、(d)所示，通过对这两个晶粒进行三维重构，可获得该晶粒在三维空间上的晶体取向分布信息。另外，如图2.26(e)、(f)所示，结合晶体学分析计算可知，晶粒1中的裂纹面平行于该晶粒的基面，并且与应力轴呈22°夹角；晶粒2中的裂纹则是位于一对(0001)扭转晶粒对之间的晶界上，其裂纹同样平行于该晶粒的基面，并且与应力轴呈48°夹角。

常规宏观力学试验受限于试样尺寸，难以测量材料的特定微区，如单个晶粒、取向或者组织的力学性能，但结合FIB的高精度加工能力和定位能力，便可以解决这一问题。常见的微纳力学试验包括：微柱压缩、微区试样拉伸与悬臂梁测试等。其中，悬臂梁测试是一种常用的微纳级力学测试方法，其悬臂梁结构样品常常使用FIB微纳加工技术加工。这种测试方法主要用于测量材料的力学性能，如弹性模量、硬度和蠕变行为等，特别适用于微小尺寸或薄膜材料的力学性能研究。悬臂梁测试的基本原理是将制备好的微纳米悬臂梁放置在测试平台上，然后通过

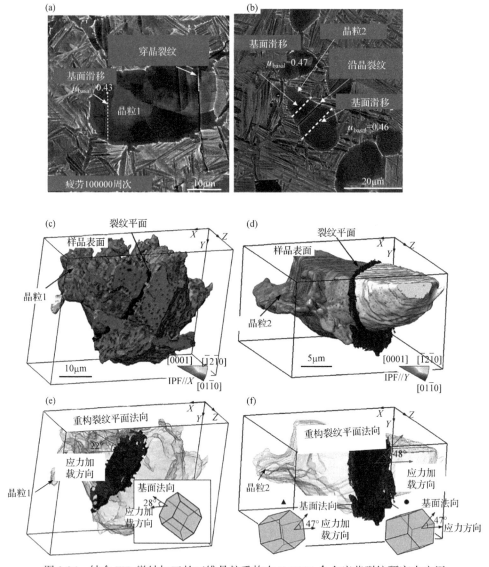

图 2.26　结合 FIB 微纳加工的三维晶粒重构在 IMI834 合金疲劳裂纹研究中应用

(a)(b) 分别为穿晶裂纹与沿晶裂纹的 SEM 二次电子图像；(c)(d) 分别为两个裂纹晶粒通过三维 EBSD 图像数据集重建的三维晶粒取向分布图；(e)(f) 分别为两个裂纹面与晶粒加载方向的结果分割后的拟合结果示意图

μ_{basal}-基面滑移施密特因子

一系列微机械或纳米机械测试设备对其进行力学加载，如施加压力、拉伸力或扭转力。在加载过程中，利用高精度的传感器监测悬臂梁的变形、位移和应力变化，从而得到材料的力学响应曲线和力学参数。

图 2.27 为 Ti-6242Si 合金通过悬臂梁测试研究保载疲劳变形过程中特定取向

晶粒的应力应变响应以及微观力学行为变化。图 2.27(a)为 FIB 微纳加工的悬臂梁试样形貌，通过施加控制纳米压头的下压量可以实现载荷的增加、保持和减小，并通过传感器获得其应力-应变数据如图 2.27(b)所示。经过变形后的样品在扫描电镜下进一步分析，如图 2.27(c)所示，观察不同取向晶粒在变形前后滑移变形的开动情况，并且通过 EBSD 表征获得其变形前后晶粒 KAM 的变化，从而分析保载疲劳变形在微观层面上的分布与演化。

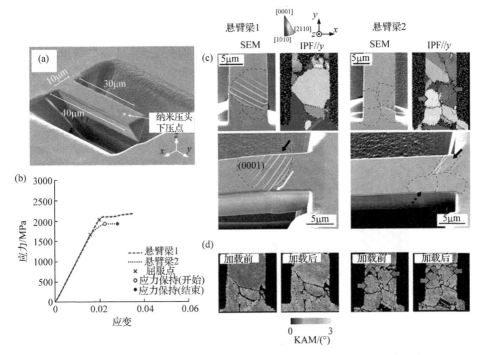

图 2.27　结合 FIB 微纳加工制备的悬臂梁测试在保载疲劳变形研究中的应用
(a) 悬臂梁试样形貌；(b) 通过悬臂梁测试获得的应力-应变曲线；(c) 悬臂梁测试后对变形区域的 SEM 与 IPF 取向分布图；(d) 变形区域的 KAM 图

2.4.3　三维原子探针

三维原子探针(3D atom probe，3DAP)作为在大约 1995 年才推向市场的新型分析仪器，它可以给出纳米尺度样品中不同化学元素原子的空间分布行为，并且能够对化学成分进行定量分析，其化学成分敏感性约为 20ppm(1ppm=10^{-6})。3DAP 可以实现原子探针层析成像(atom probe tomography，APT)，也可以定量分析样品纳米尺度特征结构的化学成分。

在场离子显微镜中，如果场强超过某一临界值，将发生场致蒸发。当极化的气体原子在样品表面跳跃时，其负极端总是朝向阳极，因而在表面附近存在带负电的"电子云"，并对样品原子施加拉扯作用使之电离。因此，样品原子以正离子形式被蒸发，并在电场作用下射向观察屏。由于表面上凸出的原子具有较高的位能，总是比那些不处于台阶边缘的原子更容易蒸发，所以当一个处于台阶边缘的原子被蒸发后，与其相邻的一个或几个原子将凸出表面，随后被逐个蒸发。场致蒸发可以用来对样品进行剥层分析，显示原子排列的三维结构。

三维原子探针由场离子显微镜和飞行时间质谱仪组成，其结构如图 2.28 所示。当触发信号(脉冲电压)施加到样品上，原子从样品尖端表面蒸发，成为离子飞出并击中由微通道板制成的探测器。入射离子进入毛细管后激发产生二次电子。微通道板接受二次电子后，由微通道板后面的位置敏感探头探测后确定其位置，同时通过测定飞行时间确定该离子的质荷比，从而确定是何种离子。原子采用逐层蒸发、逐层探测，数据经过计算机采集处理，再重新构建不同元素的原子在三维空间的分布图形。

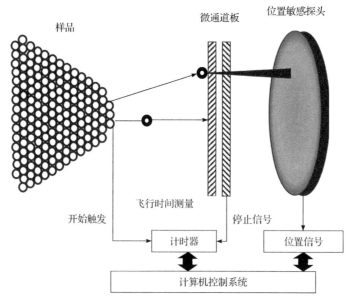

图 2.28　三维原子探针设备组成示意图

三维原子探针在钛合金分析中的应用非常广泛，大体可以分为两种方向的应用：①可视化分析，其中包括内部界面、相界面、晶界、位错和材料缺陷三维可视化分析等；②定量分析，包括相构成和组分标定、界面/晶界处沉淀与偏聚元素分析等。以近 α 型钛合金 IMI834 合金为例，其在高温服役环境下或者时效过程中会析出 α_2(Ti$_3$Al)相，而为了获悉 α_2 相的析出形核机理，可以采用 APT 进行表征。图 2.29(a)和(b)为 IMI834 在经过 700℃ 16 天的时效后通过三维原子探针重构的不同角度 Ti 原子三维分布图[25]，由此可以得出 α_2 相的尺寸及形貌特征。通过比对不同时效时间的样品三维原子探针结果，便能建立时效过程与 α_2 相形核长大规律之间的联系，从而揭示 α_2 相的析出机理。

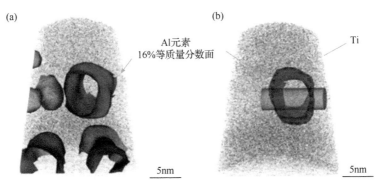

图 2.29　三维原子探针表征在 IMI834 合金相分布标定中的应用

(a)(b) 不同视角下可视化 4%Ti 原子分布的三维原子探针重构图

APT 表征对于样品有着特殊的要求，针尖样品的顶端直径小于 50nm。针尖的形态对于 APT 分析过程中的试验参数调整和优化至关重要。因此，制备出高质量的 APT 样品是成功完成 APT 分析的关键步骤之一。APT 样品的制备方法有电解抛光制样法和 FIB 制样法两种。其中，电解抛光制备针尖样品方法简单，但针尖位置随机；对于导电性差的样品(生物样品、陶瓷及地质样品等)或者需要对特定位置(晶界或特定相等)制样时，需要使用 FIB 制样法。FIB 制样法灵活多样，需要根据样品特征进行选择。

电解抛光制样法：先将样品加工成直径或边长小于 0.5mm 的圆形或方形细丝，然后在密度较大的惰性液体上注入一薄层(一般厚 6~8mm)电解液，将丝状样品垂直放入电解液中进行电解抛光，在样品中部产生颈状区，然后对颈状区进行更缓慢的电解抛光，直至下半部由于受重力作用而与上半部分同宽，这样就得到上下两个针尖样品[图 2.30(a)]。如果从薄膜或薄带上取下极细(微米级)的丝状样

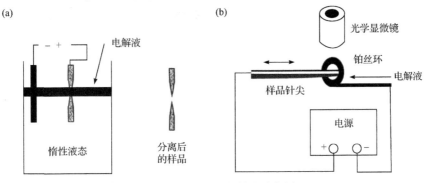

图 2.30　电解抛光制样法示意图

(a) 通过电解抛光分离样品；(b) 使用铂丝环电解法制备样片针尖

品，则应采用显微电解技术；用铂丝弯曲成直径约 2.5mm 的小环作负极，铂丝环中充满电解液，将丝状样品插入铂丝环，在样品和铂丝环间通脉冲电流，进而完成针尖样品的制备过程，操作在光学显微镜下完成[图 2.30(b)]。这种方法还可以用来修整已用过的针尖样品，以便重新利用该样品进行分析。

FIB 制样法：常规的 FIB 制样法如图 2.31 所示[26]。先在目标区域喷一层 Pt 保护层，使用离子束加工出 V 形沟槽以清除其四周材料，使目标区域成为悬臂梁后，用纳米操作手将其提取出来，切割成多个块状样品落于预制硅基座，然后对块状样品进行环切，得到顶端直径小于 50nm 的针尖样品。此外，基座也可采用平头钨针或平头钢针。

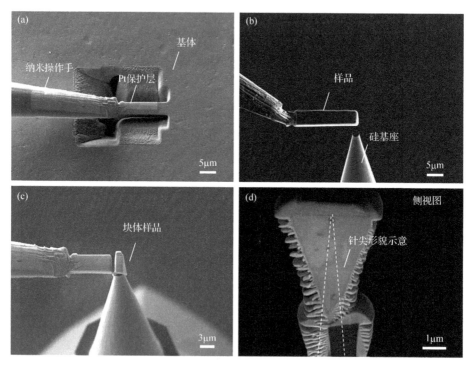

图 2.31　采用 FIB 制备 APT 针尖样品流程示意图
(a) 选定取样位置并沉积 Pt 保护层，切削成楔形槽后使用纳米操作手连接；(b) 转移样品；(c) 分割条状样品为块状与硅基座进行黏接；(d) 切削针尖

2.4.4　数字图像相关技术

数字图像相关(digital image correlation，DIC)技术是一种极具优势的非接触式光学测量方法，凭借其灵活性和高自动化程度，已在材料科学、土木工程、机械工程和生物医疗等众多领域获得了广泛应用。DIC 技术以其简洁的光路设计和卓越的环境适应性，特别适合各种复杂试验环境下的应变测量。其最大的特点在于

能够在全场范围内实时获取试样表面的位移和应变分布，为研究材料的力学行为提供前所未有的细节和准确性。

DIC 技术的核心原理是通过对比物体表面在变形前后的散斑图像，跟踪同一像素点的位置变化，从而计算出该点的位移向量，并获得整个试件表面的全场位移分布。这一过程通常通过一个典型的 DIC 测量系统来实现，该系统通常由电荷耦合元件(CCD)相机、照明光源、图像采集卡及计算机组成。试验开始前，需在试件表面生成能够反映变形信息的随机散斑图，随后在加载过程中对试件表面的图像进行实时采集，并通过软件进行数据处理，以提取表面的位移信息。图 2.32 给出了一种典型 DIC 测量系统的示意图[27]。

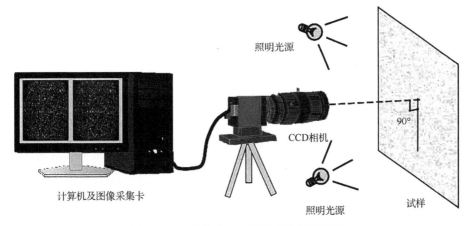

照明光源

90°

CCD相机

计算机及图像采集卡

照明光源

试样

图 2.32　一种典型 DIC 测量系统的示意图

通俗来讲，DIC 技术实际上就是通过捕捉样品表面包含像素特征点的图像，并利用数学算法从基准图像中计算出样品在试验过程中各点的位移信息。有了精确的位移信息，进而可以计算出应变数据，这些应变数据为分析材料在受力过程中的变形行为提供了重要依据。随着材料科学研究的深入，DIC 技术的应用范围不断扩展。除了在拉伸试验中的广泛应用，DIC 还被用于分析复杂材料和结构在动态加载下的行为，如疲劳裂纹扩展、冲击损伤及焊接接头的变形与应变分布。DIC 技术的多功能性和高分辨率使其成为研究材料微观变形机制的强大工具，为新材料的开发和现有材料的改进提供了科学依据。例如，可以通过 DIC 技术代替引伸计来测量样品在拉伸中的实时应变分布。对于传统的拉伸试验，要想获得试验过程中的应变数据，就需要在样品上装一个引伸计来得到应变数据，它测量的是样品的平均应变；DIC 技术可以给出样品中点对点的应变信息，从而可以绘制试验过程中的应变分布云图的变化过程，为分析研究材料的变形行为及失效断裂机理提供了良好的途径。图 2.33 为激光定向能量沉积制造的 TC4、UTM、HTM

合金拉伸过程中的主应变云图分布情况[28]。

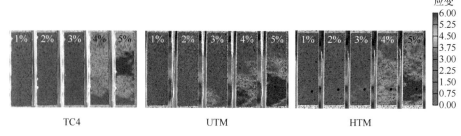

图 2.33　通过激光定向能量沉积制造的 TC4、UTM、HTM 合金拉伸过程中的主应变分布
(扫描章前二维码查看彩图)

　　在 DIC 技术中试样表面的随机灰度值图像，即随机散斑图，是实现准确测量的核心要素。这些随机散斑图充当数字图像信息的主要载体，在 DIC 分析过程中起到至关重要的作用。要获得高质量的散斑图，必须满足以下三个关键条件：高对比度、随机性和各向同性。这些条件共同确保散斑图能够提供足够的信息，以精确追踪变形过程中样品表面不同区域的位移。散斑图的生成可以通过两种途径实现：一是利用试样表面的自然纹理，二是通过人工添加的方法创建散斑。自然纹理适用于某些材料，但对于大多数试验来说，人工生成散斑更为普遍和可控。人工散斑的生成方法多样，如使用喷漆、银粉漆、玻璃微珠等材料通过喷涂或其他工艺在样品表面形成散斑。为了增加人工散斑的对比度，通常会先喷涂一层白色哑光漆，再覆盖一层黑色哑光漆，这种分层方法能够生成具有清晰边界的高对比度散斑。

　　散斑根据其颗粒尺寸可以分为宏观散斑和微观散斑。宏观散斑的颗粒尺寸通常在亚毫米量级，适用于大型试件的宏观变形测量。这类散斑的制作过程相对简单，但因其质量高度依赖于制作者的经验和技能，所以存在一定的变动性和不确定性。此外，由于宏观散斑的颗粒较大，通常无法满足微区变形测量的需求。随着材料科学，尤其是材料微观变形机制领域研究的深入，对微区变形测量精度的需求不断上升，因此对微观散斑的需求日益增加，并对这些微观散斑的分辨率和分布均匀性提出了更高要求。目前，微观散斑的预制技术正在不断发展，以适应微区尺度下的精确变形测量研究需求。

　　微观散斑的制备相较宏观散斑更为复杂。常见的方法如下：网格印刷法、纳米颗粒喷涂法、聚焦离子束刻蚀法与电子束刻蚀法等。图 2.34 为几种不同制样方法散斑的微观形貌图，其中图 2.34(a)为通过聚碳酸酯膜过滤器蒸发 5nm 的 Cr，然后蒸发 500nm 的 Au 产生斑点；图 2.34(b)为通过纳米颗粒喷涂法制备的斑点[29]；图 2.34(c)为采用离子溅射网格印刷法制备的网格斑点[30]；图 2.34(d)为 FIB 刻蚀法制备的网格斑点[31]。

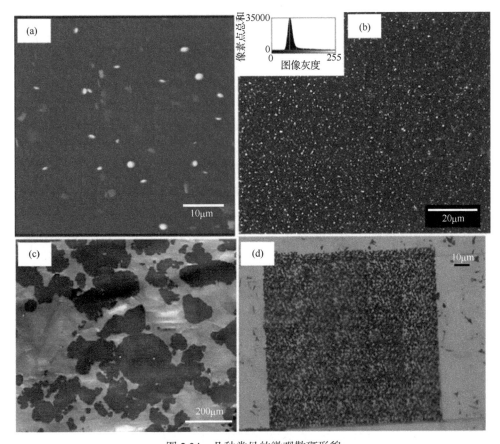

图 2.34　几种常见的微观散斑形貌

(a) Au 斑点；(b) 纳米喷金斑点；(c) 离子溅射网格印刷法制备的网格斑点；(d) FIB 刻蚀网格斑点

　　在散斑图的生成技术中，网格印刷法和纳米颗粒喷涂法因其操作简便、成本低廉，被研究者们广泛采用。网格印刷法的基本步骤包括先将 TEM 网格覆盖在试样表面，然后使用离子溅射仪将金属材料喷涂在试样表面，从而在试样上形成尺寸均匀、间距一致的网格。这种网格的大小可以根据 TEM 网格的规格进行调节，使其适应不同的试验需求。这种方法虽然操作简便，但存在一些局限性。例如，网格与试样表面之间的黏附力不足可能导致网格发生畸变。此外，规则网格结构在散斑图像中可能引入额外的误差，影响测量的精度。

　　纳米颗粒喷涂法则是通过在试样表面均匀涂覆纳米级金、银颗粒，生成微观散斑图。相比之下，这种方法的主要优点在于能够生成纳米尺度的高分辨率散斑，适用于微观区域的精细测量。纳米颗粒喷涂法的基本过程包括：首先，将纳米颗粒的水溶液进行离心处理，以去除部分水分并提高溶液的浓度；其次，将浓缩后的纳米颗粒溶液滴涂在试样表面；最后，通过加热、倾斜试样或旋转等方法去除水分，使纳米颗粒均匀分布并附着在试样表面。这一过程中，纳米颗粒容易发生团聚，甚至形成树突状结构，这将影响散斑的质量和测量的准确性。因此，如何有效减少纳米颗粒团聚现象，优化纳米散斑的制备工艺，仍然是当前研究中的一个亟待解决的问题。

2.4.5　同步辐射

同步辐射是电子在做高速曲线运动时沿轨道切线方向产生的电磁辐射。由于同步辐射是在电子同步加速器上首次被观察到的，因此称这种由接近光速的带电粒子在磁场中运动时产生的电磁辐射为同步辐射(synchrotron radiation，SR)。其原理为电子在圆形轨道上运行时由于能量损失，发出能量连续分布的同步辐射。相较于一般的 X 射线，同步辐射具有如下特性：①高强度(高亮度)；②光谱连续且范围宽；③高度偏振；④具有脉冲时间结构；⑤高度准直；⑥洁净的高真空环境。因此，同步辐射可用以开展许多前沿科学技术研究。

能够产生同步辐射的装置被称为同步辐射光源。现代同步辐射光源的结构主要由同步辐射发生装置、光线束和实验站三大部分组成。同步辐射发生装置又包括直线加速器、电子同步加速器(又称"增强器")和电子储存环。电子束在直线加速器中产生并加速后注入增强器，继续加速到设定能量，再注入电子储存环中做曲线运动，进而在运行轨道的切线方向产生同步辐射。当同步辐射光经过样品时，会发生多种散射和吸收过程，可通过各种专用的探测器观察这些过程，于是诞生了许多同步辐射试验方法，包括应用广泛的 X 射线技术。目前，比较典型的基于同步辐射的 X 射线表征手段有高分辨 X 射线衍射、小角 X 射线散射、X 射线磁圆二色、X 射线荧光分析及 X 射线吸收谱等。

同步辐射原位成像技术在合金结构研究中具有显著的优势，将成为材料科学与工程领域一种强有力的技术手段。该技术在非晶和准晶材料的生长动力学及微裂纹的萌生和扩展研究中得到了很好的应用。特别是同步辐射原位成像技术在三维重建中具有独特的优势，这是传统的电子显微镜分析技术难以实现的。如图 2.35 所示[32]，采用同步辐射原位成像技术可以对选区激光熔化制备的 TC4 合金疲劳试验标距段进行扫描，实现试样缺陷三维重构结果，并且对缺陷尺寸、数量分布进行定量表征，从而评估选取激光熔化技术参数的优劣。

2.4.6　纳米压痕试验

纳米压痕(nanoindentation)试验是一种用于测量材料硬度、弹性模量和其他力学性能的先进表征技术。它是传统压痕试验的高级版本，可以在纳米级别上对材料的力学性质进行定量分析和测试。纳米压痕试验基于扫描探针显微镜(scanning probe microscope，SPM)的工作原理，其基本步骤分为探针压痕、力学测量与数据

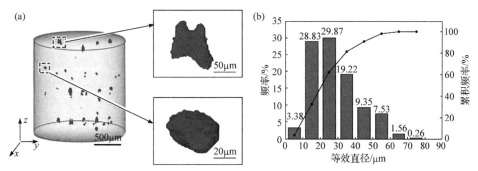

图 2.35　同步辐射原位成像技术在 TC4 合金疲劳缺陷三维重构中的应用

(a) X 射线原位同步辐射成像疲劳试样缺陷三维重构结果; (b) 缺陷等效直径的频率方图及累积频率曲线

分析三个部分, 具体内容如下: 首先, 利用纳米尖端的探针, 施加微小的力(通常在纳牛级别), 将探针压入材料表面形成一个极小的压痕; 其次, 通过测量探针施加的力和探针位移的关系, 可以得到材料的力学响应曲线, 包括压痕深度、加载力、卸载力等信息; 最后, 根据力学响应曲线, 可以计算得到材料的硬度、弹性模量及塑性变形等力学性能参数。

纳米压痕仪的基本组成可以分为控制系统、压头、加载系统及数据采集系统等几个部分。控制系统用于自动化控制加载/卸载过程, 调节加载速率、保载时间等参数, 确保测试条件的高度可重复性和准确性; 压头一般使用金刚石压头, 分为三角锥或四棱锥等类型, 用于施加压痕和测量力学参数; 加载系统用于精确施加并控制载荷, 实现准静态或动态加载; 数据采集系统用于实时采集并记录探针施加的应力和位移等数据, 以生成力学响应曲线。

在钛合金领域, 纳米压痕试验具有广泛的应用, 可以用于评估钛合金材料的力学性能和微观结构特征, 为钛合金材料的研究和应用提供重要的数据支持。其常见的应用领域如下。

(1) 硬度评估: 通过纳米压痕试验, 可以测量钛合金材料的硬度, 包括纳米硬度和深度相关硬度。可有效评估钛合金的抗刮伤性能和耐磨性能, 对钛合金在航空航天等高要求领域的应用发展非常重要。

(2) 弹性模量测定: 纳米压痕试验还可用于测定钛合金材料的弹性模量, 即材料在受力后恢复变形前的应力-应变关系。这对于了解钛合金的变形行为和力学特性具有重要意义。

(3) 塑性变形研究: 通过对纳米压痕试验的力学响应曲线进行分析, 可以揭示钛合金材料的塑性变形特征, 如弹性极限、塑性区间等参数, 有助于优化钛合金的加工工艺和性能设计。

(4) 晶粒取向研究: 利用纳米压痕试验结合 TEM 或其他表征手段, 可以研究钛合金中不同取向晶粒的力学响应差异, 有助于理解晶体结构对材料力学性能的影响。

　　图 2.36 为 Ti-6242 合金的纳米压痕试验[33]，其中图 2.36(a)展示的是纳米压痕压头压入形成的微米级压痕 SEM 照片，其具体压痕尺寸与不同的受测材料和探针下压参数有关。在试验中可以通过控制下压速率和下压位移实现对多点位置显微硬度的测定。图 2.36(b)为对多个位置进行显微硬度测定的结果。根据试验结果，可以看出在高应变速率下，材料的硬度呈现出较显著的加工硬化现象。通过分析压痕周围的位错滑移迹线可以进一步确定在该区域发生的主要滑移变形模式。

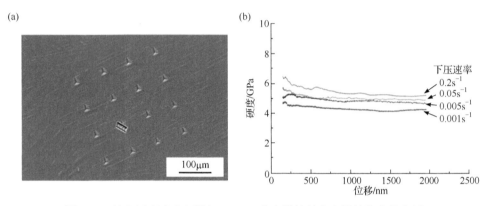

图 2.36　纳米压痕试验在测定 Ti-6242 合金微纳尺度力学性能中的应用

(a) 微米级压痕 SEM 照片；(b) 不同下压速率下硬度-位移响应曲线

参 考 文 献

[1] LI W, CHEN Z, LIU J. Rolling texture and its effect on tensile property of a near-α titanium alloy Ti60 plate[J]. Journal of Materials Science & Technology, 2019, 35(5): 790-798.

[2] WANG Z, XIAO Z, TSE Y. Optimization of processing parameters and establishment of a relationship between microstructure and mechanical properties of SLM titanium alloy[J]. Optics & Laser Technology, 2019, 112: 159-167.

[3] ZHAO Z B, WANG Q J, LIU J R. Effect of heat treatment on the crystallographic orientation evolution in a near-α titanium alloy Ti60[J]. Acta Materialia, 2017, 131: 305-314.

[4] ZHANG Z X, FAN J K, TANG B. Microstructure/texture evolution maps to optimize hot deformation process of near-α titanium alloy[J]. Progress in Natural Science: Materials International, 2020, 30(1): 86-93.

[5] ZHANG Z X, QU S J, FENG A H. Hot deformation behavior of Ti-6Al-4V alloy: Effect of initial microstructure[J]. Journal of Alloys and Compounds, 2017, 718: 170-181.

[6] SHEKHAR S, SARKAR R, KAR S K, et al. Effect of solution treatment and aging on microstructure and tensile properties of high strength β titanium alloy, Ti-5Al-5V-5Mo-3Cr[J]. Materials & Design, 2015, 66: 596-610.

[7] REN L, XIAO W, HAN W. Influence of duplex ageing on secondary α precipitates and mechanical properties of the near β-Ti alloy Ti-55531[J]. Materials Characterization, 2018, 144: 1-8.

[8] GERMAIN L, GEY N, HUMBERT M. Analysis of sharp microtexture heterogeneities in a bimodal IMI834 billet[J]. Acta Materialia, 2005, 53(13): 3535-3543.

[9] VAN BOHEMEN S M C, KAMP A, PETROV R H. Nucleation and variant selection of secondary α plates in a β Ti alloy[J]. Acta Materialia, 2008, 56(20): 5907-5914.

[10] HE D, ZHU J C, LAI Z H. An experimental study of deformation mechanism and microstructure evolution during hot deformation of Ti-6Al-2Zr-1Mo-1V alloy[J]. Materials & Design, 2013, 46: 38-48.

[11] ZHANG Z X, FAN J K, LI R. Orientation dependent behavior of tensile-creep deformation of hot rolled Ti65 titanium alloy sheet[J]. Journal of Materials Science & Technology, 2021, 75: 265-275.

[12] BANTOUNAS I, LINDLEY T C, RUGG D. Effect of microtexture on fatigue cracking in Ti-6Al-4V[J]. Acta Materialia, 2007, 55(16): 5655-5665.

[13] LAVOGIEZ C, HÉMERY S, VILLECHAISE P. Analysis of deformation mechanisms operating under fatigue and dwell-fatigue loadings in an α/β titanium alloy[J]. International Journal of Fatigue, 2020, 131: 105341.

[14] QIN H, JONAS J J, YU H. Initiation and accommodation of primary twins in high-purity titanium[J]. Acta Materialia, 2014, 71: 293-305.

[15] 周玉. 材料分析方法[M]. 4 版. 北京: 机械工业出版社, 2020.

[16] CASTANY P, PETTINARI-STURMEL F, CRESTOU J, et al. Experimental study of dislocation mobility in a Ti-6Al-4V alloy[J]. Acta Materialia, 2007, 55(18): 6284-6291.

[17] JI X, YU H, GUO B. Post-dynamic α to β phase transformation and reverse transformation of Ti-5Al-3V alloy after hot deformation in two phase region[J]. Materials & Design, 2020, 188: 108466.

[18] CAI C, SONG B, XUE P. A novel near α-Ti alloy prepared by hot isostatic pressing: Microstructure evolution mechanism and high temperature tensile properties[J]. Materials & Design, 2016, 106: 371-379.

[19] ZENG L R, CHEN H L, LI X. Influence of alloy element partitioning on strength of primary α phase in Ti-6Al-4V alloy[J]. Journal of Materials Science & Technology, 2018, 34(5): 782-787.

[20] JOSEPH S, LINDLEY T C, DYE D. Dislocation interactions and crack nucleation in a fatigued near-alpha titanium alloy[J]. International Journal of Plasticity, 2018, 110: 38-56.

[21] HU X, QI L, LIU C, et al. Formation mechanism of stacking faults within α'' martensite in Ti-7 wt%Mo alloy[J]. Journal of Alloys and Compounds, 2023, 934: 168039.

[22] CHAI Y W, KIM H Y, HOSODA H. Interfacial defects in Ti-Nb shape memory alloys[J]. Acta Materialia, 2008, 56(13): 3088-3097.

[23] TOMUS D, NG H P. In situ lift-out dedicated techniques using FIB-SEM system for TEM specimen preparation[J]. Micron, 2013, 44: 115-119.

[24] LAI M J, TASAN C, RAABE D. On the mechanism of {332} twinning in metastable β titanium alloys[J]. Acta Materialia, 2016, 111: 173-186.

[25] RADECKA A, COAKLEY J, VORONTSOV V A. Precipitation of the ordered α 2 phase in a near- α titanium alloy[J]. Scripta Materialia, 2016, 117: 81-85.

[26] 焦点. 离子辐照对不同体系锆合金中溶质元素分布的影响研究[D].南京: 南京理工大学, 2024.

[27] 刘小勇. 数字图像相关方法及其在材料力学性能测试中的应用[D]. 长春: 吉林大学, 2012.

[28] SU J, JIANG F, TAN C. Additive manufacturing of fine-grained high-strength titanium alloy via multi-eutectoid elements alloying[J]. Composites Part B: Engineering, 2023, 249: 110399.

[29] KAMMERS A D, DALY S. Small-scale patterning methods for digital image correlation under scanning electron microscopy[J]. Measurement Science and Technology, 2011, 22(12): 125501.

[30] SOPPA E, DOUMALIN P, BINKELE P. Experimental and numerical characterisation of in-plane deformation in two-

phase materials [J]. Computational Materials Science, 2001, 21(3): 261-275.

[31] LITTLEWOOD P D, WILKINSON A J. Local deformation patterns in Ti-6Al-4V under tensile, fatigue and dwell fatigue loading[J]. International Journal of Fatigue, 2012, 43: 111-119.

[32] 吴正凯, 吴圣川, 张杰. 基于同步辐射 X 射线成像的选区激光熔化 Ti-6Al-4V 合金缺陷致疲劳行为[J]. 金属学报, 2019, 55(7): 811-820.

[33] JUN T S, ARMSTRONG D E J, BRITTON T B. A nanoindentation investigation of local strain rate sensitivity in dual-phase Ti alloys[J]. Journal of Alloys and Compounds, 2016, 672: 282-291.

第3章　高性能钛合金构件的服役环境及性能要求

  钛合金因其优异的性能，被广泛应用于航空航天、海洋工程、生物医疗、汽车及轨道交通等多个领域。由于不同应用领域对钛合金的性能需求各异，因此需要根据具体的服役环境，对钛合金及其构件提出相应的性能要求。本章将深入探讨高性能钛合金在航空航天、海洋工程、生物医疗、汽车及轨道交通等不同领域的典型工作条件，详细阐述钛合金在不同应用场景下应满足的性能要求，涵盖强度、塑性、高温抗氧化性、高温抗蠕变性、保载疲劳性能、低温性能、断裂韧性、冲击韧性等方面。通过本章内容，读者将深入了解钛合金在各种服役环境下的性能需求，并掌握其在实际应用中的关键性能指标，为钛合金材料的开发和应用提供重要的参考和指导。

3.1　钛合金及其构件典型服役环境

  高性能钛合金构件的服役环境涉及航空航天、海洋工程、生物医疗、汽车及轨道交通等多个领域。钛合金在航天工业中主要应用于制造火箭发动机壳体、火箭喷嘴导管、导弹的外壳、宇宙飞船的船舱、燃料和氧化剂储存箱及其他高压容器[1]。航空用钛合金根据应用场景分为飞机结构用钛合金和航空发动机用钛合金。飞机结构用钛合金主要应用在飞机骨架、舱门、液压管路及接头、起落架、蒙皮、铆钉、翼梁等部位。航空发动机用钛合金主要应用在压气机叶片、盘和机匣等零件上[1]。航空材料除了经受高应力、惯性力外，还要经受起飞和降落、发动机振动、转动件的高速旋转、机动飞行及突风等导致的冲击载荷和交变载荷[2]。交变载荷导致的疲劳断裂是金属构件断裂的主要形式之一。此外，航空航天材料还要经受交变温度的考验。尽管发动机燃气及太阳辐照的共同作用使得航天器/航空器在高温环境下进行服役，但低温推进剂、发动机燃气、空气动力加热、太阳辐照的共同作用则会导致构件表面温度出现大范围的交变，如航空器在同温层以亚音速飞行时，表面温度会降到-50℃左右。由于低温下金属构件容易产生脆化现象，因此对于航空航天用钛合金来说，除满足强度和塑性的性能要求外，还必须具有优异的耐高温性、耐低温性和疲劳性能等。

  海水中含有氯化物、硫酸盐等大量盐类，长期浸泡在海水中的舰船部件易受到海水腐蚀。此外，在水流、潮汐及上浮下潜等工况下，海水还会对装备产生明显的应力与冲击。海洋多场耦合服役环境不仅要求材料具有高的比强度，还对材料的综合性能提出了严苛的要求，包括耐腐蚀性、疲劳性能、室温抗蠕变性、断裂韧性和焊接性能等。由于钛合金能够充分满足海洋工程材料的性能要求，目前已被广泛应用于海洋工程行业。其主要应用场景包括制造动力潜艇与水面舰艇的一些关键部件，如耐压壳体、螺旋桨和桨轴、通海管路、阀及附件、冷凝器和发动机零部件等。

钛合金常作为人工关节、骨折固定、脊柱内植物、软组织修复、血管支架及口腔修复体等医学构件广泛应用于生物医疗领域。生物医疗用金属材料在应用中主要面临两个问题，包括生理环境的腐蚀造成的金属离子向周围组织扩散和植入材料自身性质的退变，前者可能导致毒副作用，后者常常导致植入的失败[3]。此外，目前人们开始更多地关注植入体与周围骨组织的良性结合和功能性服役的长效性问题，这就要求生物医疗用钛合金材料除拥有生物相容性好这一基本要求外，还应具有包括生物功能性、长期稳定性和良好的生物力学适配性。因此，理想的生物医疗用钛合金材料应当满足以下条件：密度低、屈服强度(yield strength，YS)高、弹性模量低、疲劳寿命长，室温下具有良好的塑性、良好的生物相容性、良好的耐腐蚀性、无毒、易成形及易铸造等[4]。

汽车及轨道交通用钛合金的快速发展起因于美国、日本等国家对燃油利用率、汽车轻质化和二氧化碳的排放量日益严格的要求。行业发展的需要对汽车及轨道交通材料的综合性能提出了更高要求，即在原本性能、抗振能力、抗撞能力及舒适度不会受到任何影响的基础上，尽可能降低材料自身的整体质量，实现汽车及轨道交通轻量化。因此，汽车及轨道交通用钛合金的主要要求是轻质高强，即高的比强度，其主要目的包括两点：第一是减少内燃机往复运动件的质量，这能有效提高燃油利用率；第二是减少汽车总质量，汽车质量每降低10%，燃料消耗可节省8%～10%，废气排放量可减少10%。同时，降低汽车的质量能够减轻悬挂系统的负荷，减少汽车的惯性，从而对车辆提供保护。此外，由于钛合金兼具优异的耐腐蚀性，也被用于回气管、消音器等零部件的制备。

3.2　航空航天用钛合金性能要求

3.2.1　强度和塑性

飞机结构钛合金对抗拉强度有较高的要求。根据抗拉强度的大小，可分为低强钛合金、中强钛合金、高强钛合金和超高强钛合金。抗拉强度低于700MPa的属于低强钛合金，包括TA1(抗拉强度370MPa)、TA2(抗拉强度440MPa)、TA3(抗拉强度540MPa)、TA16(抗拉强度480～667MPa)、TA18(抗拉强度620MPa)、

TA21(抗拉强度 490MPa)、TC1(抗拉强度 590MPa)和 TC2(抗拉强度 685MPa)等合金，其共同特点是低合金化、高塑性和高韧性，主要用来制造各种钣金件、蒙皮和管材零件等。抗拉强度在 700～1000MPa 的属于中强钛合金，包括 TC4、TC6、TA15 等，这类合金的主要特点是具有良好的综合性能，既有较高的强度，又有足够的塑性和良好的焊接性能，多用于制造承力构件和厚板。高强钛合金的抗拉强度在 1000～1250MPa，牌号包括 TB5、TB6、TB8、TC16、TC18 和 TC21 等。高强钛合金主要用于制造强度要求高、可替代钢且可达到高轻质化效果的承力结构件、钣金零件和紧固件等。超高强钛合金的抗拉强度大于 1250MPa，其主要特点是在具有超高强度的同时，合金仍具有较高的断裂韧性、可焊性和成形性能，主要牌号包括 TB8 和 TB19 等[5]。

　　螺栓、螺柱、螺钉等紧固件在飞机上用量极大，一架飞机所用的紧固件及弹性元件少则几十万件，多则几百万件。航空紧固件在服役期间除了经受静载荷的作用外，还要经受由于飞行器起飞和降落、发动机振动、转动件的高速旋转、机动飞行和突风等因素产生的交变载荷作用，因此对材料力学性能要求较高，必须检测的性能包括抗拉强度和双剪切强度等。

　　航空紧固件中大量使用的主要是螺栓。钛合金螺栓要求剪切强度和抗拉强度(UTS)都要达到高强度钢 30CrMnSiA 水平。表 3.1 列出了几种常见航空紧固件用钛合金的性能[2]。TC4、BT16、TB2、TB3、TB5 等制造的钛合金紧固件旨在取代铝合金和合金钢紧固件，抗拉强度在 1000MPa 以上；TB8 合金制造的紧固件已逐渐取代高强钢和 TC4 紧固件，抗拉强度达 1250MPa。

表 3.1　常见航空紧固件用钛合金的性能

合金	成分	直径/mm	状态	抗拉强度/MPa	延伸率/%	剪切强度/MPa
TC4	Ti-6Al-4V	≤51	M	930	10	656
		4.0～14.0	STA	1100	10	660
BT16	Ti-3Al-5Mo-4.5V	4.0～8.5	M	815	14	620
		8～20	STA	1030	12	650
TB2	Ti-5Mo-5V-8Cr-3Al	2.5～10.0	ST	885	20	640
			STA	1100	12	700
TB3	Ti-10Mo-8V-1Fe-3.5Al	2.5～10.0	ST	840	15	650
			STA	1100	10	690
TB5	Ti-15V-3Cr-3Sn-3Al	2.5～6.5	ST	705	15	550
			STA	1110	10	680
TB8	Ti-15Mo-3Al-2.7Nb-0.2Si	4.0～16.0	ST	825	12	—
			STA	1250	8	—

注：M 为退火态，STA 为固溶+时效处理态，ST 为固溶处理态。

飞机先进性的提高和航空材料技术的发展对紧固件及其材料提出了更高的轻质化要求。Ferrero[6]提出了紧固件材料的两阶段发展目标：第一阶段要求紧固件抗拉强度、剪切强度分别达到 1241MPa 和 703MPa 的水平，相应的材料抗拉强度、剪切强度和延伸率(elongation，EL)应分别达到 1379MPa、745MPa 和 10%的水平；第二阶段期望紧固件的抗拉强度、剪切强度分别达到 1517MPa 和 862MPa的水平，对材料的力学性能要求更高。

亚稳 β 型钛合金具有优异的可淬性、剪切性能，较好冷成形能力及达到更高强度的潜力，有望作为高强紧固件用最佳候选材料。其中，俄罗斯的 BT22、美国的 Ti-5553 等合金强度水平均达到 1250MPa，已成功应用于起落架等飞机关键结构，并正在进行扩大应用研究。美国铝业公司近几年利用 Ti-5553 制造航空紧固件，该合金的拉伸极限可在 1179～1496MPa 进行调整，其对应的延伸率调整范围在 4%～13%。Ti-7333 是西北工业大学开发的一种具有自主知识产权的新型亚稳 β 型钛合金，大规格棒材经简单固溶时效(820℃，50min/AC+520～540℃，6h/AC，AC 表示空冷)处理后，其抗拉强度大于 1400MPa，延伸率大于10%，综合力学性能优于 Ti-5553、TB8 等国内外文献报道的同类高强韧钛合金，具有极大的开发和应用潜力。

3.2.2　高温抗氧化性

对于在高温条件下工作的金属或合金，在含氧气氛中能否保持优良的使用性能是判断其高温抗氧化性优劣的重要因素。金属或合金表面能否形成一层均匀、致密且黏附性好的保护性薄膜是高温抗氧化性优劣的关键所在。在实际应用中，这种理想的保护性薄膜是不存在的，绝大多数的薄膜层均会随时间的增长氧化加剧最终剥落。氧化膜内存在温度变化引发的热应力和自身生长作用产生的应力，当任一应力达到临界值时，都将导致氧化膜内或膜与基体界面上产生开裂和剥落，失去对合金基体的保护作用[7]。

航空发动机用传统钛合金材料的长期服役温度通常限定在 600℃以下，随着使用温度的升高，钛合金的表面氧化问题凸显。经过长时高温暴露，钛合金构件表面会生成一层薄的脆性氧化层，在交变循环载荷作用下，容易产生细微的表面裂纹，成为部件疲劳失效的裂纹源。表面氧化是薄壁的高压压气机叶片服役时的关键问题，目前的一种解决方法是降低使用温度，减小脆性氧化层的厚度。到目前为止，航空发动机钛合金叶片的使用温度均限定在 600℃以下。常用的航空发动机钛合金及其高温抗氧化性如下：

(1) TA12 合金添加了稀土元素，阻碍位错的运动，细化晶粒，促进了二氧化锆及二氧化硅的选择性氧化析出和"钉扎"等作用，改善了氧化层与基体的结合能力，提高了合金高温和循环抗氧化性。

(2) TA18 合金抗氧化温度可达 316℃，在 800℃下保持 1h，表面氧化深度不超过 0.05mm。

(3) TC4 钛合金在 430℃以下长时间加热，形成很薄而且具有保护性的氧化膜。随着加热温度的升高，氧化膜增厚，同时其保护性变差。合金在 700℃加热 2h 后，氧化膜厚度达到 25μm。在 800℃以上的温度加热形成疏松的氧化层。在 1000℃加热 1h 后，氧化层的厚度达到 0.65mm[8]。

(4) TC6 钛合金在 400℃下长时间热暴露后，表面生成很薄的金黄色氧化膜，能对金属起保护作用。温度高于 550℃后氧化严重，氧向金属内部扩散使表面形成脆性氧化层。

(5) ZTC4 钛合金的氧化开始于 480℃。在 540℃以下长期暴露形成的轻度氧化对钛合金性能有一定的影响，540℃以上将导致严重的表面氧化和氧的扩散，形成硬而脆的表面层。

(6) TB8 抗氧化性是工业纯钛的 10 倍，抗热油腐蚀，可在 550℃下长期工作。

(7) TA5、TA7、TA11、TA19、TA15、Ti75、TC11、TC16、TC17、Ti451、TB2、TB6、TB10 抗氧化性与 TC4 钛合金相近。

(8) TA9、TA10、TA16、TA21、TC1、TC2 抗氧化性与工业纯钛相近。

另一种解决方法为在叶片表面涂覆抗氧化涂层。到目前为止，航空发动机压气机钛合金零部件均未采用抗氧化涂层。多数的陶瓷涂层、金属间化合物涂层具有本质的低塑性，在高频疲劳载荷作用下，有降低叶片疲劳性能的隐患。

3.2.3　高温抗蠕变性

钛合金盘件在-60～600℃不同温度、高转速的严苛条件下工作，受到的典型载荷包括叶片及盘件质量引起的离心力、温度梯度产生的热应力和相关零件非协调变形的附加应力。钛合金盘件在温度和外力持续作用下发生蠕变变形导致的外径伸长、辐板屈曲变形等是常见的失效模式。

蠕变速度和蠕变量取决于材料性能、服役温度及应力水平。蠕变的应变速率很小（10^{-10}～10^{-8}s^{-1}），多数蠕变在 0.3～0.7 倍熔化温度下发生。温度越高，蠕变越快，蠕变量越大；当应力超过某一极限值时，随着时间延长，蠕变不断发展，最终导致材料破坏，称为蠕变断裂。蠕变断裂不是因为载荷过大，而是因为温度和时间对塑性变形产生了影响。即使应力小于屈服强度，材料也会发生蠕变。

表 3.2 列举了几种典型高温钛合金的性能特点[9]。在钛合金中添加硅元素可以显著提高高温下的抗蠕变性。常见的 Ti-1100、IMI834 和 Ti60 都含有硅。在 Ti-4Fe-(0.5～2)Si 合金中，Ti-4Fe-2Si 合金的抗蠕变性最强。高硅元素钛合金的蠕变机理与原始结构有关，但固溶态硅和硅化物对抗蠕变性的贡献仍存在争议。一些

学者认为，当硅元素保持在固溶体中而不是以硅化物的形式沉淀时，抗蠕变性将得到优化。其强化机理为固溶体硅更有可能在位错附近形成团簇，从而形成柯氏气团并抑制位错攀移以提高抗蠕变性。这些学者认为硅化物的析出降低了基体硅元素的含量，不利于抗蠕变性的改善。因此，钛合金应尽可能提高硅元素的固溶度，或利用其他合金元素促进硅化物弥散分布。然而，也有研究发现[10]，硅化物在蠕变过程中对位错滑移起固定作用。Deng 等[11]发现基体固溶的 Si 元素和硅化物虽然都可以阻碍位错的运动，但比较而言，固溶 Si 在提高抗蠕变性方面更有效。此外，W 元素对提高抗蠕变性有良好作用，其作用机理在于提高了合金的蠕变变形激活能[12]。

表 3.2　　几种典型高温钛合金的性能特点

钛合金牌号	Al 质量分数/%	Mo 质量分数/%	相变温度/℃	性能特点
Ti-6242Si	6	2	995±10	热稳定性和蠕变强度的良好结合
Ti-1100	6	0.4	1015	良好的高温抗蠕变性
IMI834	5.5	0.3	1045±10	较宽的两相区热加工工艺窗口；良好的抗疲劳性能和抗蠕变性匹配
BT36	6.2	0.7	1000～1025	良好的高温抗蠕变性；非常细小的显微组织
Ti60	5.8	1	1025	良好的热稳定性和高温抗氧化性

表 3.3 列举了服役温度在 550℃的高温钛合金的主要性能[13]。典型牌号包括 Ti55、Ti-633G 和 Ti-53311S 等。其中，Ti55 的名义成分为 Ti-5Al-4Sn-2Zr-1Mo-0.25Si-1Nd，是根据电子浓度规律设计的一种近 α 型高温钛合金。少量稀土元素钕的加入抑制了 Ti₃X 相的析出，使 Ti55 合金在 550℃下具有强塑性和热稳定性的良好匹配。Ti55 合金制成的发动机高压压气机盘鼓筒和叶片已顺利通过了超转与破裂的低循环疲劳和振动疲劳试验[13]。此外，表 3.4 列举了 600℃高温钛合金的主要性能[9]。

表 3.3　　550℃高温钛合金的主要性能

合金	室温拉伸性能				550℃拉伸性能				热稳定性			550℃抗蠕变性			
	σ_b/MPa	σ_s/MPa	δ/%	φ/%	T/℃	σ_b/MPa	δ/%	φ/%	σ_b/MPa	δ/%	φ/%	σ/MPa	t/h	T/℃	ε/%
IMI829	980	870	10	20	540	640	13	34	950	7	12	300	100	540	0.22
Ti55	1013	950	16	35	550	658	21	48	1080	13	33	300	100	550	0.2
Ti-633G	1020	—	12	22	550	630	16	33	1020	12	18	300	100	550	0.2
Ti-53311S	1060	950	10	18	550	730	16	50	1090	7	12	300	100	550	0.17

注：σ_b表示抗拉强度，σ_s表示屈服强度，δ表示延伸率，φ表示断面收缩率，T表示温度，t表示时间，ε表示应变。

表 3.4 600℃高温钛合金的主要性能

合金	室温拉伸性能				600℃拉伸性能				600℃抗蠕变性		
	σ_b/MPa	σ_s/MPa	δ/%	φ/%	σ_b/MPa	σ_s/MPa	δ/%	φ/%	σ/MPa	t/h	ε/%
Ti600	1068	1050	11	13	745	615	16	31	150	100	0.03
Ti60	1100	1030	11	18	700	580	14	27	150	100	0.1
IMI834	1070	960	14	20	680	550	15	50	150	100	0.1
Ti-1100	960	860	11	18	630	530	14	30	150	100	0.1
BT36	1080	—	10	15	640	—	—	—	150	100	0.2

3.2.4 保载疲劳性能

低周保载疲劳的加载方式是发动机盘件实际服役中典型的受力状态。在应用史上，有不少钛合金盘件发生提前疲劳断裂故障和保载疲劳有关。保载疲劳断裂是发动机钛合金部件，特别是盘件应用的潜在风险之一。研究表明，大部分钛合金材料在传统低周疲劳加载方式的最大拉应力处保持一段时间[14](图 3.1)，材料的疲劳寿命会严重降低，特别是在室温～200℃。钛合金材料会表现出不同程度的保载疲劳敏感性，通常导致保载疲劳最坏情况对应的温度约为 120℃。在低周疲劳保载条件下，一旦产生裂纹，裂纹以准解理面扩展方式的长大速率比非保载条件快 10 倍以上。

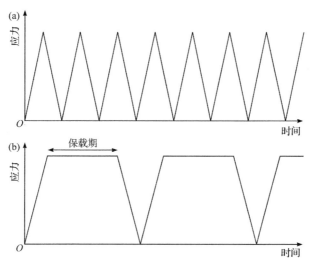

图 3.1 低周疲劳和保载疲劳的加载方式
(a) 低周疲劳；(b) 低周保载疲劳

与 $\alpha+\beta$ 型(如 TC4 和 Ti-6246)和亚稳 β 型钛合金(如 Ti17)相比，近 α 型钛合金(如 IMI685、IMI834)具有更高的保载敏感性。相对而言，片层组织的保载敏感性显著大于双态组织。局部粗大的显微组织、微织构、近表面的残余应力、加载应变速率、试样或部件的外形和体积、氢元素引发氢脆等均会影响钛合金的保载敏感性程度，如大尺寸的微织构/显微组织会导致低温保载疲劳寿命的急剧下降[15] (表3.5)。此外，保载疲劳测试得到的性能数据分散性也要相对大于常规的低周疲劳测试，这给航空发动机盘件的寿命预测与使用可靠性评估带来了很大难度。

表 3.5 加载应力为 0.95 倍屈服强度时显微组织对不同钛合金保载疲劳敏感性的影响

合金	热加工区间	显微组织	测试条件	疲劳寿命/保载疲劳寿命
Ti-6242	$\alpha+\beta$	65%～70%初生 α 相+强织构	保载：2min 循环：30 周次/min	15～18
Ti-6242	$\alpha+\beta$	20%～25%初生 α 相+弱织构	保载：2min 循环：30 周次/ min	4～6
Ti-6242	β	魏氏组织+网篮组织	保载：80s 循环：30 周次/min	2.55
Ti-6242	β	网篮组织	保载：80s 循环：30 周次/min	3.33
Ti600	$\alpha+\beta$	22%～24%初生 α 相+强织构	保载：2min 循环：30 周次/min	4.2～4.5
Ti600	$\alpha+\beta$	22%～24%初生 α 相+弱织构	保载：2min 循环：30 周次/min	2.2～2.4

3.2.5 低温性能

液体火箭发动机使用液氧(约−180℃)和液氢(约−250℃)作为推进剂,多数金属材料在该低温环境都会变脆[16]。β 型钛合金的韧脆转变温度较高，一般不能在低温下使用。α 型钛合金和近 α 型钛合金的韧脆转变温度通常较低，在低温下也具有很好的塑性，因此目前低温钛合金基本都属于 α 型钛合金和近 α 型钛合金。一些含 β 相较少的 $\alpha+\beta$ 型钛合金，如 Ti-6Al-4V ELI 在液氢温度中也能够很好地应用。纯钛和 Ti-5Al-2.5Sn ELI 等 α 型钛合金在液氦温度(−268.8℃)中是一种理想的低温结构材料，但必须控制合金成分以外的杂质，特别是氧和铁的含量。铁、氧的含量增加使得钛材低温脆性增加，另外，铁、锰等 β 稳定元素含量的增加，易使材料产生缺口脆化[17]。

通过严格控制杂质元素质量分数(碳质量分数≤0.08%，氧质量分数≤0.10%，氮质量分数≤0.03%，氢质量分数≤0.008%)可提高钛合金的低温性能，使其能在−253℃温度环境下长期使用。我国常用的低温钛合金 TC4 ELI 和 TA7 ELI 就是降低了氢、氧等间隙元素的含量，其中，TC4 ELI 合金被用于制造低温高压气瓶及低温导管等零件；TA7 ELI 在低温下具有更高的强度、更好的塑性和韧性，被用于制造液氢储藏箱等部件，在液氢环境下使用的 TA7 ELI 钛合金气瓶已应用于长征系列运载火箭。针对新一代运载火箭对大容积低温液氧、液氢高压气瓶的需求，我国制备出了直径 300mm×厚度 120mm 规格的 TC4 ELI、TA7 ELI 钛合金锻饼，但是 TC4 ELI 和 TA7 ELI 超低间隙合金的工艺性能和冷成形性能较差，严重制约了其使用范围[18]。

　　俄罗斯在低温钛合金的研制及应用方面曾居世界领先水平，其早期研制的 α 型钛合金 OT4、BT5-1、BT14 等合金已在航天火箭装备中获得大量应用(表 3.6)[19]。这些合金在−196℃下强度高达 1400MPa，而延伸率仍保持在 10% 及以上。美国研制和应用的低温钛合金主要包括 Ti-5Al-2.5Sn、Ti-8Al-1Mo-1V、Ti-6A1-3Nb-2Zr 等低温 α 型钛合金[17]。表 3.7 为我国研制的低温钛合金的典型力学性能[17]。我国在低温钛合金研制与应用方面比美国及俄罗斯起步要晚一些，我国早期主要开展了 TA7 ELI(Ti-5Al-2.5Sn ELI)、TC1(Ti-2Al-1.5Mn)、TA18(Ti-3Al-2.5V) 等钛合金的低温性能研究，3 种合金在 20℃ 的抗拉强度分别为 835MPa、630MPa、700MPa，延伸率分别为 15%、15%、15%；在−196℃的抗拉强度分别为 1260MPa、1150MPa、1179MPa，延伸率分别为 15%、25%、20%；在−253℃的抗拉强度分别为 1420MPa、1380MPa、1510MPa，延伸率分别为 13%、15.4%、2%。

表 3.6　常见低温钛合金的典型力学性能

温度/℃	性能指标	BT1-0	OT4	BT5-1	BT6C	BT14	BT16
	抗拉强度/MPa	470	830	820	860	980	870
20	屈服强度/MPa	400	770	800	810	890	780
	延伸率/%	30	24	21	17	15	20
	抗拉强度/MPa	920	1430	1320	1310	1440	1380
−196	屈服强度/MPa	700	1400	1310	1270	1380	1310
	延伸率/%	48	13	16	16	10	15
	抗拉强度/MPa	1310	1560	1580	—	—	—
−253	屈服强度/MPa	920	1410	1400	—	—	—
	延伸率/%	24	16	15	—	—	—

表 3.7　我国研制的低温钛合金的典型力学性能

合金	温度/℃	抗拉强度/MPa	屈服强度/MPa	延伸率/%
	20	835	760	15
Ti-5Al-2.5Sn ELI	−196	1260	1100	15
	−253	1420	1280	13

续表

合金	温度/℃	抗拉强度/MPa	屈服强度/MPa	延伸率/%
Ti-6Al-4V ELI	20	970	915	14
	−196	1570	1480	11
	−253	1650	1570	11
Ti-2Al-1.5Mn	20	630	600	15
	−196	1150	1090	25
	−253	1380	949	15.4
Ti-3Al-2.5V	20	700	500	15
	−196	1179	986	20
	−253	1510	1386	2
Ti-2Al-2.5Zr	20	530	430	≥20
	−253	923.5	795.8	≥38
Ti-3Al-2.5Zr	20	580	480	34
	−253	1190	—	13
Ti-2Al-4.5Zr	20	620	535	33
	−253	1225	—	13.9
Ti-3Al-2.5Sn-1Mo	20	760	590	29
	−253	1370	—	13.5
Ti-3Al-2.5Zr-1Mo	20	725	605	24
	−253	1425	—	10.8
Ti-2.5Al-1.5Zr-2.5Sn-1Mo	20	640	560	36
	−253	1250	—	6.8
CT20	20	≥670	≥550	≥33
	−253	≥1300	—	≥13

3.2.6　断裂韧性

在任何的服役条件下，都需要所用材料和部件具有良好的损伤容限能力，即高的断裂韧性和低的疲劳裂纹扩展速率，其中断裂韧性体现了材料阻止裂纹扩展的能力。表 3.8 列出多种高强韧钛合金的力学性能。

表 3.8　高强韧钛合金的力学性能

合金	抗拉强度/MPa	屈服强度/MPa	延伸率/%	断裂韧性/(MPa·m$^{1/2}$)
TC18	1050	980	8	55
TB8	1250	1105	8	50
TC21	1100	1000	10	70

续表

合金	抗拉强度/MPa	屈服强度/MPa	延伸率/%	断裂韧性 /(MPa·m$^{1/2}$)
Ti-B19	1250	1100	8	70
Ti-B20	1300	—	12	—
Ti-B18	1250	—	12	—
BTi-6554	1270	1230	10	77.8
Ti-63	1200	—	—	77
Ti-1300	≥1350	—	≥8	≥55

我国 20 世纪 60 年代开始自主开发了 TB6、TB10 和 TC21 等高强韧钛合金，其中 TB10 和 TC21 最为典型。TB10 比强度高、断裂韧性好且淬透性高，已在我国航空领域获得了实际应用。TC21 钛合金是由我国西北有色金属研究院研制的一种新型高强度、高韧性损伤容限型钛合金，是在 Ti-6Al-4V 基钛合金的基础上对 Ti-62222S 合金进行仿制，通过运用晶体结构理论和钛合金的少量多元设计准则，加入多种 β 稳定元素和中性元素。TC21 钛合金通过一定的热处理制度得到的网篮组织，比其他组织形态具有更好的强度、塑性、韧性和裂纹扩展速率，其断裂韧性裂纹扩展抗力热稳定性在不低于 TC4 合金的条件下，强度比 TC4 合金高，与美国的 Ti-62222S 合金相当[20]。同时，这种 TC21 钛合金的各种性能都非常稳定，抗拉强度可达 1100MPa，抗剪强度可达 700MPa，断裂韧性高达 70MPa。TC21 钛合金室温下的力学性能见表 3.9。目前，TC21 钛合金是我国高强韧钛合金中综合力学性能匹配较好的钛合金之一，可用于航空飞机的机翼接头结构件、机身与起落架、吊挂发动机接头，以及对强度及耐久性要求高的关键承力部件。

表 3.9　TC21 钛合金室温力学性能

抗拉强度/MPa	屈服强度/MPa	延伸率/%	断面收缩率/%
1110	1060	15.67	20.67

3.2.7　冲击韧性

压气机转子叶片从前向后分别在低温、中温、高温及复杂环境介质下高速转动，这对所用材料的冲击韧性(抵抗外物冲击损伤的能力)提出了极其苛刻的要求。冲击韧性反映了材料在冲击载荷作用下吸收塑性变形功和断裂功的能力，是工程上重要的力学性能指标[21]。

冲击韧性对材料显微组织结构和形态比较敏感，在绝大多数情况下，钛合金片层组织的冲击韧性较其他组织类型有一定程度的降低[21]。研究证实[16]，由于片层组织中存在平直晶界 α 相，裂纹会优先在晶界处萌生并沿晶界快速扩展，这将明显降低材料在冲击载荷下抵抗裂纹萌生和扩展的能力。中国航发北京航空材料研究院研究了 β 相热处理时炉冷、空冷、强风冷和水冷 4 种冷却方式对新型低成本高性能 TC32 钛合金显微组织和室温冲击韧性的影响[21]。结果表明：从炉冷到水冷，随着冷却速率增加，冲击韧性逐渐降低；在炉冷条件下，冲击韧性均值为 $69.3J/cm^2$；在空冷条件下，冲击韧性均值为 $65.8J/cm^2$；在强风冷条件下，冲击韧性均值为 $46.2J/cm^2$；在水冷条件下，冲击韧性均值仅为 $10.6J/cm^2$。随着冷却速率增加，α 相片层集束（简称"α 集束"）尺寸，以及集束中的片层 α 相、晶界 α 相和残余 β 相尺寸均呈减小趋势；经炉冷和空冷后，组织由不同位向的 α 集束组成，但经强风冷和水冷后，组织中的 α 相以网篮结构为主。

　　航空航天的服役环境还要求钛合金具有高的低温冲击韧性。一般而言，纯钛、α 型钛合金和近 α 型钛合金的韧脆转变温度低，低温韧性良好，在低温结构中应用最广（使用温度 $-253℃$）。如美国在阿波罗计划中利用其研制的 α 型 Ti-5Al-2.5Sn ELI 钛合金制造火箭液氢贮箱，我国西北有色金属研究院研制的 CT20 近 α 型低温钛合金则成功应用于某发动机液氢管路系统[22]。

　　有学者对 TC11 合金的低温冲击韧性进行了研究[22]，结果表明：组织中初生 α 相体积分数通过影响塑性变形功及裂纹扩展撕裂功，进而影响 TC11 钛合金低温冲击韧性。如图 3.2 和表 3.10 所示，当初生 α 相体积分数小于 50%时，低温冲击韧性符合正弦函数变化规律；大于 50%时，则维持在 $25J/cm^2$ 左右。初生 α 相体积分数为 30%～35%时，合金的塑性变形功及裂纹扩展撕裂功均取得极大值，此时低温冲击韧性达到峰值。相较于裂纹扩展路径曲折程度对低温冲击韧性所带来的影响，试样在冲击过程中所吸收的塑性变形功起到更为关键的作用。

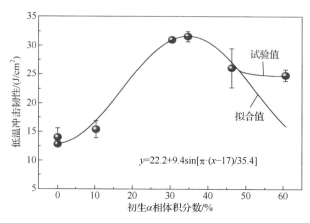

图 3.2　TC11 钛合金低温冲击韧性与初生 α 相体积分数关系图

表 3.10　各组织形态下初生 α 相体积分数及所对应的低温冲击韧性

退火温度/℃	未退火	940	960	980	1000	1020	1040
初生 α 相体积分数/%	60.7	46.3	34.7	30.5	10.3	0	0
低温冲击韧性/(J/cm²)	24.8±1.0	26.1±3.4	31.6±0.9	31.0±0.5	15.4±1.5	12.8±0.4	14.0±1.6

3.3　海洋工程用钛合金性能要求

3.3.1　耐腐蚀性

海水是一种成分复杂的腐蚀性电解质溶液,不仅包含氯化钠为主的多类无机盐,同时含有溶解氧、颗粒有机物和腐殖物质等。浅层海水受其与空气进行对流及植物的光合作用影响,pH 在 8.2 左右。随着深度增加,深海有机物和生物活动都会影响海水的 pH,并使 pH 呈先下降后升高趋势直至稳定。处于海洋环境中的各种工程设备会受到腐蚀性海水介质的影响,相互运动的材料表面会同时发生腐蚀和磨损[23]。

钛合金的海洋腐蚀是一种在海洋物理、海洋化学和海洋生物三方面综合作用下产生的腐蚀破坏。根据钛合金种类、外加载荷、腐蚀介质和服役环境等因素差异,钛合金将发生不同的腐蚀行为。在海洋环境中,常见的钛合金腐蚀行为包括应力腐蚀、缝隙腐蚀和氢脆腐蚀等。

应力腐蚀是指金属材料在环境和应力的共同作用下产生的失效现象,是危害最大的腐蚀形态之一,常导致如飞机失事、油罐爆炸和管道泄漏等一系列重大安全事故。其本质是表面钝化膜在拉应力作用下产生局部破裂,进而导致局部腐蚀发生(图 3.3)[24]。研究表明,钛合金的应力腐蚀机制分为阳极溶解型和氢致开裂型,两者在腐蚀的不同阶段分别占据主导作用[25]。通常,钛合金的钝化膜性质相对稳定,不易被破坏。但是,在海洋环境下,受卤离子、pH 和温度等因素影响,钝化膜可能被破坏,破损部分发生局部酸化而产生氢吸附,导致裂纹尖端脆化而发生应力腐蚀开裂[26]。尽管如此,应力腐蚀通常仅发生在含合金元素铝和锡的近 α 型钛合金上。有研究表明,钛合金应力腐蚀开裂主要发生在 α 相内[27]。因此,稳定元素的添加可有效降低其应力腐蚀敏感性,如 TC4、TC18 和 TC21 钛合金都在 3.5%质量分数的氯化钠溶液中表现出低的应力腐蚀开裂敏感性[28],证明其安全可靠性。应力腐蚀敏感性的强弱主要通过应力腐蚀断裂韧性及其与断裂韧性的比值来断定。表 3.11 给出部分海洋用钛合金的断裂韧性与应力腐蚀断裂韧性[29]。

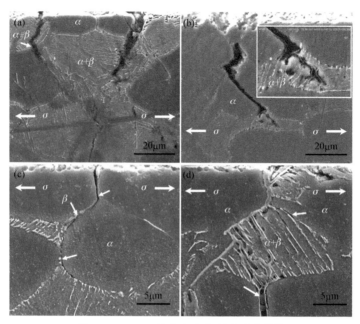

图 3.3　IMI834 钛合金应力腐蚀开裂形貌

(a) 裂纹沿 α/β 相界面起始；(b) 当裂纹前沿垂直于 β 相片层时，裂纹通过转变 β 相扩展；(c)、(d)裂纹沿 α/β 相界面起始和扩展(如白色箭头所示)

σ-应力

表 3.11　海洋用钛合金的断裂韧性与应力腐蚀断裂韧性

合金	屈服强度/MPa	断裂韧性/$(MPa \cdot m^{1/2})$	应力腐蚀断裂韧性/$(MPa \cdot m^{1/2})$	应力腐蚀断裂韧性/断裂韧性
Ti-6Al-2Zr-3Nb-1Mo	740	120	98.4	0.820
Ti-6Al-4V	797	66	39.0	0.591
Ti-5Al-2.5Sn	785	107	33.0	0.308
Ti-6Al-4V-1Sn	902	123	46.2	0.376
Ti-6Al-6V-2Sn	1080	66	22.0	0.333
Ti-6Al-2Mo	868	128	83.7	0.654
Ti-7Al-2Co-1Ta	721~755	110	38.5	0.350
Ti-8Al-1Mo-1V	742	123	31.0	0.252
Ti-4Al-0.005B	650	114	86.4	0.760
Ti-3.5Al-2Zr-2Mo	678	125	103.0	0.824
Ti-0.8Al-1.2Fe	—	82	66.0	0.805
Ti-3Al-1Zr-0.8Mo-0.6Ni	578	104	83.2	0.800
Ti-13V-11Cr-3Al	860	110	39.0	0.350
Ti-8Mo-8V-3Al-2Fe	1035	67	42.0	0.630
Ti-3Al-5V-5Mo-4Cr-2Zr	1307	69	57.7	0.830

缝隙腐蚀常产生在阀门和管道接头等紧固件上。金属材料表面存在狭缝或间隙，缝隙内腐蚀介质的扩散受到明显限制，由此导致缝隙内金属腐蚀加速。钛合金缝隙腐蚀后宏观形貌如图 3.4 所示[30]。由于缝隙腐蚀诱发的前提条件是缝隙内金属表面钝化膜破损及活性腐蚀环境的建立，其发生同样受到卤离子、pH 和温度等因素影响。例如，TA2 钛合金在温度低于 70℃时，任何氯离子浓度和 pH 条件下都不会发生缝隙腐蚀。当 pH 大于 10 时，任何温度下都不会发生缝隙腐蚀[31]。在钛合金中加入钯或钌元素是降低或者消除缝隙腐蚀威胁的有效手段。尽管温度大于 70℃后钝化膜会发生破裂，但实际当温度超过 200℃后，含钯或钌元素的近 α 型和 $\alpha+\beta$ 型钛合金在 10%氯化铁溶液和 20%氯化钠溶液中也未发生明显的缝隙腐蚀[32]。

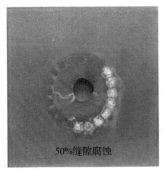 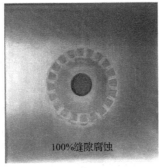 

50%缝隙腐蚀　　　　　　　100%缝隙腐蚀　　　　　　　无缝隙腐蚀

图 3.4　钛合金缝隙腐蚀后宏观形貌

氢脆腐蚀是指钛合金吸氢后形成钛氢化物，产生氢致开裂的现象。研究表明，钛与氢具有较强的亲和力。通常，纯钛内部的氢质量分数超过 0.015%时，就会诱发化物的产生[25]。若存在析氢的源头，钛合金将不断析氢产生氢化物[33]。如果钛氢化物的量达到一定程度，钛基体的塑性就会显著降低，并在外加应力作用下发生塑性变形，从氢化物的富集区开始发生脆性断裂[34](图 3.5)，严重影响钛合金的使用。表 3.12 为几种常用钛合金发生氢致延迟开裂的最低氢质量分数[35]。析氢源头主要包含如下两方面：①钛合金发生局部腐蚀产生氢化物，如应力腐蚀和缝隙腐蚀。因此，凡能抑制腐蚀的办法都能同时抑制氢脆腐蚀现象的产生，如前文

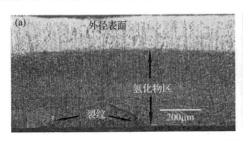 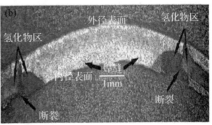

图 3.5　Gr.2 钛管的氢脆开裂

(a) 表面形成氢化物；(b) 氢化物区产生裂纹

提到的添加钯或钌元素等。②钛合金阴极过保护时产生氢气，因此需避免组成腐蚀电偶，防止阴极过保护。

表 3.12　常用钛合金发生氢致延迟开裂的最低氢质量分数

合金	氢质量分数/ppm
Ti-6Al-4V	8
Ti-8Al-1Mo-1V	5
Ti-2Fe-2Cr-2Mo	10
Ti-4Mo	20
Ti-4Al-3Mo-1V	26
Ti-6Al-6Mo-2Sn	38
Ti-4Al-1.5Mo-5V	30

　　钛合金摩擦系数较高且难以有效润滑，其在腐蚀环境中会发生腐蚀磨损。腐蚀磨损通常是指腐蚀环境中摩擦表面出现的材料流失现象，本质是一种腐蚀磨损协同损伤，两者的协同作用加速了材料的破坏和失效。图 3.6 给出了 TC4 钛合金在纯水和 3.5%质量分数的氯化钠溶液中磨损后的表面形貌对比[36]。有研究通过微弧氧化、氮离子注入以及类金刚石薄膜多层膜等表面改性方法提高钛合金的表面性能，发现材料的摩擦系数呈不同程度的下降，磨损量也明显降低，同时具有更优的耐腐蚀性[37]。

图 3.6　TC4 钛合金在纯水和 3.5%质量分数的 NaCl 溶液中的磨损表面形貌
(a$_1$)～(a$_3$) 纯水；(b$_1$)～(b$_3$) 3.5%质量分数的 NaCl 溶液

3.3.2　低周疲劳性能

为了实现对深海资源的探测、开发及利用，载人潜水器、深海油气工作站和深海空间站等高技术装备群是走进深海、探测深海和开发深海的重要运载工具。其中，载人深潜器是依靠技术人员驾驶操作，将科学技术人员和精密电子仪器等快速精确送至深海环境，并完成考察、勘探和开发工作的一项重要技术手段。耐压壳体结构作为载人深潜器的关键组成部分，承受着外部深海环境巨大的静水压力，为科研人员和仪器设备提供可靠的安全保证。随着载人深潜器工作深度不断增加的发展趋势，对耐压结构综合性能的要求也不断提高[38]。

深海区别于浅层海洋的最大特点在于其巨大的静水压力。水下结构物的作业环境艰苦，为了能够承受深海的高静水压力，并可以对各种突发状况及时采取有效的措施来保护壳体安全，需要采用高比强度的金属材料减轻结构的整体质量，因此轻质高强的钛合金是理想壳体材料。然而，随着金属材料的强度提高，其塑性和断裂韧性会下降[39]。载人深潜器在作业期间需要频繁地上浮和下潜，一次循环内的载荷历程可简化为加载和卸载的过程。耐压壳体结构在焊接组装过程中，由于壳板厚、壳体大、焊缝长和焊接热循环次数多等，在焊缝区存在不可避免的气孔、夹杂和凹坑等焊接缺陷，而这些细小缺陷往往是结构应力集中的隐患部位。当结构受到交变循环载荷及焊接残余应力共同作用时，其应力集中区域易产生高度的局部塑性变形，从而导致疲劳裂纹的萌生、扩展，进而破坏结构[38]。区别于一般机械结构的疲劳(低应力水平，循环周次高达 10^6 以上)，由于深海环境的高静水压力，耐压壳体结构在服役时局部区域应力接近屈服极限，循环周次通常只有 $10^4 \sim 10^5$，一般将具有该特点的疲劳称为低周疲劳。

低周疲劳是评估结构材料安全性的重要依据，因此国内外开展了大量关于钛合金低周疲劳的研究。在对 TC4 ELI 钛合金的低周疲劳性能研究中发现，在最大的应力水平下不同组织形貌的 TC4 ELI 合金均表现出显著的循环软化现象，但双态组织相较片层组织具有更加优异的疲劳性能(图 3.7)[40]。对比断口形貌发现，具有双态组织的试样疲劳断口平整光滑，而片层组织的试样断口则出现了与原始粗大的 β 晶粒相关的几何形刻面(图 3.8)[40]。这主要是因为双态组织中的位错有效滑移距离远小于片层组织，并且等轴 α 相中的高密度位错也能有效阻碍疲劳裂纹的萌生和扩展[41]。

目前，常用的低周疲劳分析方法主要包括基于经验与数理统计相结合的应变-寿命曲线法、基于断裂力学理论的裂纹扩展分析方法和近年来新发展的连续损伤力学法。应变-寿命曲线法的优点在于直观、便于应用，但预测精度较差，只能预测低周疲劳裂纹从成核到断裂的笼统寿命，无法确定整体结构的剩余寿命。断裂

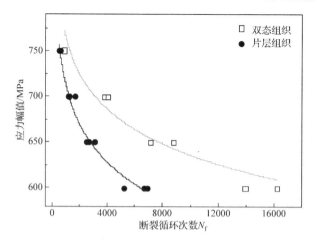

图 3.7　TC4 ELI 钛合金的疲劳寿命曲线

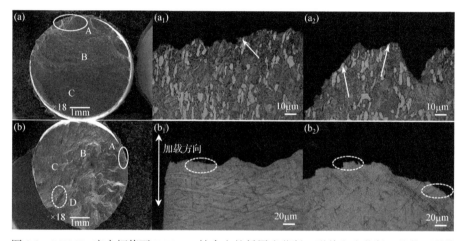

图 3.8　750MPa 应力幅值下 TC4 ELI 钛合金的低周疲劳断口形貌和疲劳断口的截面形貌
(a) 双态组织低周疲劳断口形貌；(a₁)(a₂) 双态组织疲劳断口的截面形貌；(b) 片层组织低周疲劳断口形貌；
(b₁)(b₂) 片层组织疲劳断口的截面形貌
A-裂纹源；B-裂纹扩展区；C-瞬断区；D-呈树叶状或者块状的几何刻面；(a₁)(a₂)中箭头表示裂纹沿等轴 α 相和 β 相变组织之间扩展；(b₁)(b₂)中虚线圈表示裂纹沿着片层 α 相和穿过片层 α 相的形式断裂

力学法相对成熟，主要用于预测低周疲劳裂纹扩展寿命，但是无法描述结构的疲劳裂纹萌生阶段。损伤力学法可以用于描述构件破坏的完整过程，包括微裂纹的演化、宏观裂纹的形成及结构断裂破坏，因此能够将裂纹萌生和扩展统一在同一理论框架下进行分析和描述，可以更好地预测疲劳寿命[38]。在此给出一些钛合金的低周疲劳性能，见表 3.13[42]。

表 3.13　一些钛合金的低周疲劳性能

合金	试验条件	载荷循环次数/周	应变/%
TA22	波形：三角波 应变速率：0.004/s 冷却方式：炉冷	556	1.26
	波形：三角波 应变速率：0.004/s 冷却方式：空冷	758	1.12
TC4	波形：三角波 试验频率：0.167~0.333Hz 试验温度：20℃	765	1.295
	波形：三角波 试验频率：0.167~0.333Hz 试验温度：350℃	830	1.221
Ti80	—	1034	1.75

3.3.3　室温保载疲劳性能

对钛合金中室温保载疲劳的问题最早源于 1972 年末到 1973 年初，英国航空发动机制造商罗·罗公司向美国洛克希德公司 L-1011 客机提供的 RB211 发动机的两个近 α 型钛合金 IMI685 制造的风扇盘提前失效。该风扇盘在使用前满足了当时所有已知的疲劳准则，但实际结果中的提前失效让研究人员意识到采用的三角波疲劳波形并不符合飞机发动机工作时产生的接近梯形波的载荷谱[43]。相似地，潜艇和潜水器的耐压壳体在服役期间承受的也是梯形载荷：在下潜过程中载荷增加，下潜到一定深度进行工作时载荷保持不变，工作结束后上浮时载荷降低。载荷保持不变的这段时间被称为保载时间。尽管应力可在任何水平保载，但基于实际服役需求，通常选择在最大应力下保载。疲劳载荷谱中，这种每次循环过程中在最大应力保载一段时间的疲劳被称为保载疲劳，其疲劳寿命显著低于普通三角波疲劳。

研究发现，海洋钛合金保载失效模式分为三种：疲劳失效、延性失效、疲劳与延性混合失效(图 3.9)[44]。保载与疲劳载荷的相互作用加速了试样的失效，并导致不同失效模式间的竞争。保载系数(普通三角波疲劳寿命/保载疲劳寿命)用于量化相同应力水平下保载疲劳寿命相较普通三角波疲劳寿命的降低程度，其通常受到内在的材料因素和外在的测试因素影响。内在因素包括合金成分(如置换固溶元素及间隙固溶元素含量)、显微组织(如相的形貌、尺寸、比例及分布)和晶体取向(宏观及微观织构)等[43]。例如，魏氏组织的保载敏感性较等轴组织更弱，而双态组织的保载疲劳敏感性较片层组织更强；α_p 相体积分数降低会降低保载疲劳敏感性，而氧元素质量分数的增大可以增大保载效应[45,46]。外在因素包括最大应力、应力比、应力状态、保载时间及预应变等。例如，应力比越高，保载系数越高；

随最大应力和保载时间的增加，保载疲劳寿命呈明显下降趋势[47]。表 3.14 中给出钛合金 Ti-6Al-4V ELI 的室温保载疲劳性能变化作为参考[44]。

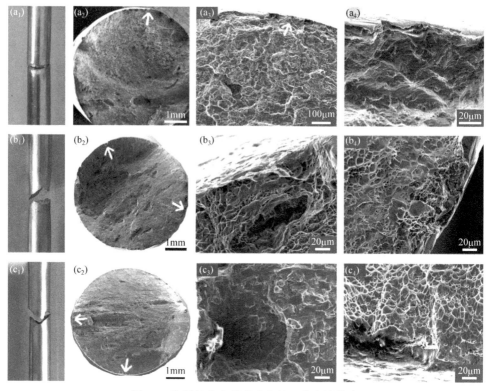

图 3.9　海洋钛合金保载疲劳的三种失效模式

(a₁)~(a₄) 疲劳失效；(b₁)~(b₄) 延性失效；(c₁)~(c₄) 疲劳与延性混合失效

表 3.14　Ti-6Al-4V ELI 钛合金的室温保载疲劳性能

最大应力/MPa	保载时间/s	最小应力/MPa	间歇加载时间/s	疲劳寿命/h
815	0	0	0	18317~19585
815	0	0	12	15920~17098
815	120	0	0	1028~2384
815	120	0	2	2099~3669
815	120	0	12	2198~5096
815	120	0	60	1714~1844

钛合金室温保载疲劳效应的机制主要有 Evans 与 Bache 改进的 Stroh 模型[48]、Hasija 建模解释的二元模型[49]两种。在 HCP 结构中，根据晶粒取向和应力轴方向的差异，材料内部的晶粒可以分为软取向和硬取向晶粒，其中硬取向晶粒的 c 轴与应力轴的方向接近平行，而软取向晶粒的 c 轴与应力轴方向呈较大的夹角。Stroh

模型认为软取向晶粒易发生塑性变形，并且在与硬取向晶粒的交界处形成位错塞积，位错塞积引起应力集中，从而导致硬取向晶粒发生基面开裂，形成解理面。二元模型则认为相同应力下，软硬取向晶粒发生的变形不一致，但材料内部要发生应变协调，达到相同的等效应变情况。此时硬取向晶粒要承担更大的应力，即发生应力重分配。在 Stroh 模型位错塞积导致的应力集中和二元模型应变协调导致的应力重分配的双重作用下，硬取向晶粒优先发生基面开裂，形成解理面，而保载会加剧应力集中和应力重分配，引发保载效应[43]。

3.3.4　室温抗蠕变性

深海环境中下潜的深海装备不仅会受到来自海洋介质的腐蚀作用，还会受到越来越高的静水压力作用[39]。此时，材料长期处于接近屈服强度的压应力下，导致材料内部发生局部应力集中和结构体宏观应力分配不均等现象[41]。相较于传统钢铁材料，钛合金由于轻质高强、耐腐蚀性优异等特性可以作为理想的耐压结构材料使用。虽然钛合金具有一系列鲜明的优点，但包括纯钛在内的 α 型和 $\alpha+\beta$ 型钛合金会发生较为明显室温蠕变现象，即室温下载荷保持导致塑性应变随时间不断积累的现象(图 3.10)[50]，这可能使装备结构出现室温损坏的现象，从而影响深海装备的安全性和使用寿命。

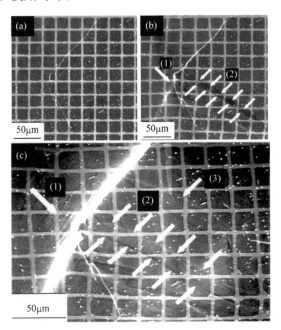

图 3.10　Ti-1.6V 钛合金在 95%YS 的室温蠕变过程
(a) 3min；(b) 10h；(c) 200h
(1)-滑移迹线的粗化；(2)-孪晶的生长；(3)-新孪晶

高温蠕变曲线的三个阶段包括初始蠕变阶段、稳态蠕变阶段和加速蠕变阶段(图 3.11)[51]。在室温下扩散行为缺少足够的能量，这使得位错攀移无法进行，因而室温下的蠕变曲线通常只包含初始蠕变阶段和稳态蠕变阶段。位错滑移及孪晶变形被认为是控制室温蠕变发生的主导机制[39]。室温蠕变同时与应力水平密切相关，在对 Ti80 和 TC4 两种钛合金的室温高压压缩蠕变试验中发现，两种钛合金在室温蠕变过程中均存在较大的应力阈值[52]。当外加应力低于应力阈值时，蠕变曲线存在蠕变饱和现象；若外加应力高于应力阈值，蠕变曲线将出现稳态蠕变阶段。蠕变速率对外加应力有着很强的敏感性，随外加应力增加，蠕变速率和蠕变变形量都有明显地增加[41]。

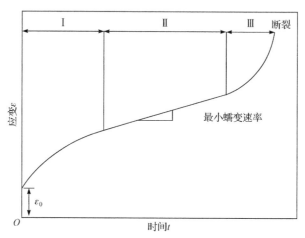

图 3.11　典型蠕变曲线图

Ⅰ-初始蠕变阶段；Ⅱ-稳态蠕变阶段；Ⅲ-加速蠕变阶段

钛合金室温蠕变的影响因素还包括合金成分、显微组织、预塑性应变和表面状态等。合金成分对于钛合金的相组成有重要影响，有研究证明，立方晶体结构的合金在所有应力范围内的室温蠕变效应都可以被忽略，且立方晶体结构的纯金属仅能产生微弱的室温蠕变；HCP 晶体结构的金属材料，无论是合金还是纯金属，均可以产生显著的室温蠕变效应[53]，因此添加 β 稳定元素调控组织形貌是改善室温抗蠕变性的有效手段。对显微组织的研究表明，晶粒尺寸越小，钛合金的室温抗蠕变性越好，这是因为室温蠕变时晶界成为位错滑移及孪晶变形的障碍[54]。此外，晶粒取向对室温抗蠕变性也存在显著影响。例如，魏氏组织集束结构中的 α 相取向一致，位错滑移可以在整个集束结构中进行，有效滑移距离更长，导致魏氏组织具有较高的室温蠕变速率和蠕变变形量[55]。对预塑性应变和表面状态，研究认为，预塑性应变可以抑制蠕变效应，而粗糙的表面状态则会导致室温蠕变效应增强[56]。表 3.15 给出部分钛合金的室温抗蠕变性。

表 3.15　部分钛合金的室温(25℃)抗蠕变性

合金	应力	应变/%	时间/h
UCG-CP-Ti[57]	640MPa(0.8σ_s)	1.1	174
	680MPa(0.85σ_s)	1.84	190
	720MPa(0.9σ_s)	8.09	110
	760MPa(0.95σ_s)	6.50	6
TA31[58]	650MPa(0.85σ_s)	0.674	200
	688MPa(0.90σ_s)	1.05	500
	726MPa(0.93σ_s)	1.36	500
Ti-6321[59]	0.80σ_s	0.73	200
	0.90σ_s	1.83	200
	0.95σ_s	4.08	200
Ti-834[60]	0.95σ_s	2.5	15

3.3.5　冲击韧性

　　船舶在运行时承受航行中持续的动载和瞬间风浪冲击，船用钛合金必须具备足够的冲击韧性，才能为船舶的抗冲击性能提供材料基础。美国海军坚持首制舰必须进行实船水下爆炸试验，确保船舶的安全性。船用钛合金采用比 U 形缺口更苛刻的 V 形缺口进行测试，对冲击韧性指标有较高要求[61]。

　　冲击韧性指标的实际意义在于揭示材料的变脆倾向，是反映金属材料对外来冲击负荷的抵抗能力，一般由冲击韧性和冲击韧性表示。冲击韧性试验根据试验温度不同而分为常温、低温和高温冲击试验三种。由于常规金属材料在低温下存在韧脆转变问题，为防止低温下船体等设备发生脆性断裂，在实际中常根据船用材料冲击韧性随温度降低而发生韧脆转变的曲线特性，评价其抵抗低温脆断的能力，并相应规定船用结构材料的最低使用温度[62]。影响钛合金冲击韧性的因素包括材料的化学成分、组织形貌、内在缺陷、加工工艺和环境温度等[63]。例如，织构会导致冲击韧性的各向异性[64]；网篮组织和片层组织都具有更高的冲击韧性[65,66]；晶粒尺寸也是冲击韧性的决定因素[67]。表 3.16 中给出部分海洋钛合金的冲击韧性作为参考。

表 3.16　部分海洋钛合金的冲击韧性

合金	状态	试验温度/℃	冲击韧性/(kJ/m²)
TA16	棒材	RT	60～100
		350	120～160

续表

合金	状态	试验温度/℃	冲击韧性/(kJ/m²)
TA2	棒材	−253	58.8
		−196	78.4
		RT	98.1
TA18	板材	RT	1245
	棒材	RT	814
TC4	棒材	−70	432
		−40	484
		−20	477
		RT	460
		150	668
		250	1090
		350	1390
ZTC4	铸件(热等静压)	RT	407
	铸件(真空退火)	RT	549

注：RT 表示室温。

深海耐压结构对钛合金的断裂韧性提出了更高的要求。对钛合金断裂韧性优化的过程通常伴随对钛合金强度的优化，即钛合金的强韧化。从机理上来看，钛合金的强韧化可分为物理强韧化、化学强韧化和机械强韧化[68]。物理强韧化是金属内部晶体缺陷及缺陷间的作用造成的；化学强韧化是元素本质(决定因素)，即元素的种类、含量不同造成的；机械强韧化则主要是界面作用造成的。通常，钛合金的强韧化是上述一种或几种机理综合作用的结果[69]。从手段上来看，钛合金的强韧化通常包括合金成分设计、调控两相塑性变形行为和调控显微结构[70]。合金成分设计的目的包括调控相比例、提高变形协调性、抑制钛合金的脆性相析出和完成基于元素再分配的微区元素浓度调控。调控两相塑性变形行为的方式主要包括孪晶诱发塑性(twinning induced plasticity，TWIP)效应和相变诱发塑性(phase transformation induced plasticity，TRIP)效应。调控显微结构的目的主要在于通过 β 相热处理获得损伤容限型片层组织或者建立多尺度的复合显微组织结构。总结来看，钛合金的强韧化在于对多组元、多相和多尺度结构的复杂组合优化。

3.3.6 焊接性能

在海洋工程材料到具体装备的制造过程中，焊接工艺制备的装备占总装备制造量的 30%～40%。焊接工艺不仅是海洋工程装备制造安装的关键加工工艺，同时也是装备改造和维修的常规方法。因此，焊接质量是评价海洋工程装备质量优劣的重要指标，选用合理的焊接方法，保证焊接产品的质量可靠性可以有效提高装备制造整体水平[71]。

海洋工程装备水下作业时，焊接处很难被保护，因此焊缝的质量问题十分关键。然而，钛合金虽然因为轻质高强、高耐腐蚀性等优点被广泛应用在海洋工程领域，其焊接性能却存在以下几方面问题[72]：①熔点高、导热性差。纯钛的熔点达到1720℃，并且热导率小，焊接过程中极易发生过热现象导致组织粗化。②接头易脆化。钛在高温下活性强，极易发生吸气反应或是被油污、水分污染，导致接头的塑性和韧性降低，造成接头脆化。③冷裂纹倾向大。当接头中氢、氧、氮等元素含量较多时，会导致接头变脆，易在焊接过程中产生的内应力作用下开裂。④气孔率大。钛在高温下易发生吸气反应产生气孔。⑤焊接变形大。钛的弹性模量小，焊接残余变形大。⑥钛合金中的杂质元素，包括铁、碳、硅等，都可在焊接过程中与钛元素反应形成化合物[73](图 3.12)，导致焊缝的塑性急剧下降。

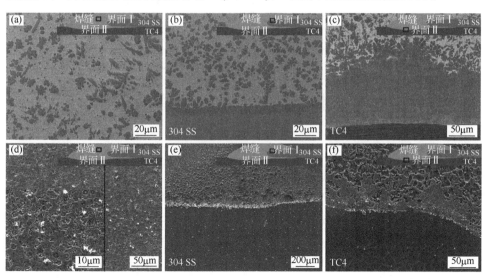

图 3.12　纯水和人工海水溶液浸泡 30 天后 TC4/304 SS 搭接焊接头的显微组织
(a) 纯水环境+焊缝金属；(b) 纯水环境+界面Ⅰ；(c) 纯水环境+界面Ⅱ；(d) 人工海水环境+焊缝金属；(e) 人工海水环境+界面Ⅰ；(f) 人工海水环境+界面Ⅱ

为了提高钛合金的焊接性能，有研究通过优化成分设计改善其可焊性。例如，西北有色金属院开发出一种海洋工程用 Ti-Al-Zr-Mo-Cr-Nb 系可焊高强韧钛合金[74]，其经电弧焊或电子束焊后焊接接头系数≥0.9。此外，针对不同的合金类型选取合适的焊接方法也可以完成焊缝质量的提高。基于焊接方法的差异，所得的焊缝组织也不同。目前，针对 α 型钛合金，国内主要采取等离子弧焊和钨极氩弧焊，焊缝组织通常为 α′型且形态随合金成分存在差异；针对近 α 型钛合金，国内外主要采取激光焊和电子束焊,焊缝组织为针状马氏体 α' 相,通常形成魏氏组织或网篮组织;针对 $\alpha+\beta$ 型钛合金,国内外主要采取激光焊、电子束焊和惰性气体保护钨极电弧焊,焊缝通常为网篮组织;针对亚稳 β 型和 β 型钛合金的研究较少,主要集中在电子束焊,焊缝组织多含 β 相柱状晶[74]。表 3.17 中给出部分钛合金的焊接性能作为参考[50]。

表 3.17　部分钛合金的焊接性能

合金	位置	抗拉强度/MPa	屈服强度/MPa	延伸率/%
TA22	焊缝接头	750	625	17
TA5	焊缝接头	710	630	12
	焊缝	780	690	12
TA17	—	635	586	12
TA18	焊缝	700	—	14
Ti80	焊缝接头	860	—	—
	焊缝	850	760	12
Ti-B19	—	1275	1220	8.25

3.4　生物医疗用钛合金性能要求

3.4.1　生物相容性

凡是与人体接触、介入或植入的各类医疗器械,原则上都存在一定的潜在风险[75]。医疗器械和人体间的相互作用和影响过程十分复杂,会在器械和人体间发生包括组织、血液、免疫和全身反应在内的四种主要生物学反应,其在临床上的并发症包括:①渗出物反应;②感染;③钙化;④血栓栓塞;⑤肿瘤等[76]。因此,生物医用材料质量的优劣直接关系到患者的生命安危,在临床应用前必须保证材料的生物相容性和安全性。

生物相容性是指材料与生物体之间相互作用后产生的生物、物理、化学等反应或耐受能力,即材料植入人体后与人体的相容程度,表征生物材料对人体组织造成毒害作用的程度[75]。医用钛合金材料的主要应用领域是骨替代材料和牙科材料,如人工膝关节、股关节、齿科植入体、牙根及义齿支架等[77],因此除生物毒性外,其骨整合性能也可作为评价生物相容性的重要指标。关于医用钛合金材料的生物毒性研究中,已有学者报道了纯金属的细胞毒性、外科植入材料的极化电阻和生物相容性的关系[78]。研究认为,铝、钒、铁这三种元素是高度细胞毒性元素;钒元素因化学性质不稳定易引起生物学上的炎性反应和纤维包囊;铝元素被证实会引起骨软化、贫血和神经紊乱等症状；铁元素除对细胞具有较强的接触毒性外，还会由于自身的磁性对射线产生阻碍，不利于患者术后进行检查。总体来说，钒、镉、钴、汞、铬、镍等元素对细胞的接触毒性较强，铝、铁元素次之[79]。在医用钛合金材料的骨整合性能研究中，通常认为植入体表面与周围组织在分子甚至细胞水平的相互作用相关。钛合金在植入骨组织后很快就会吸附周围血液、组织液中的生物大分子，如纤维粘连蛋白、骨粘连蛋白、纤维蛋白原及各种细胞因子等形成生物大分子层，并引起一系列细胞学变化[76]。研究表明，表面组织特性可以决定细胞黏附、生长和分化等过程，影响蛋白质的吸收，直接影响界面的骨愈合速度、骨结合率和骨结合强度[80]。此外，植入体表面的理化性质也会影响生物大分子层的结构、组成和空间构象，进而导致不同的细胞学表现[76,81]。

为改善医用钛合金的生物毒性，研究人员在进行合金成分设计时优先采用钛、锆、钼、锡、钽、铌、钯和铪等对于机体有益或毒副作用较小的合金添加元素。世界各国先后研究和开发了近百种新型医用钛合金材料，涵盖了二元到六元各个合金系列[75]，包括二元的 Ti-Nb、Ti-Zr、Ti-Fe、Ti-Mo、Ti-Sn 等体系、三元的 Ti-Nb-Zr、Ti-Nb-Ta 等体系、四元的 Ti-Nb-Ta-Zr、Ti-Nb-Ta-Sn、Ti-Nb-Ta-Mo 等体系。综合来看，含有钛、铌、锆、钽的钛合金是最具发展前景的新型医用钛合金[82]。为了改善医用钛合金的骨整合性能，研究人员主要采用以下三种策略：物理改性、化学改性和生物化学改性[80]。物理改性主要指的是材料表面超微结构的改变，包括钛浆喷覆、激光处理等；化学改性是通过改变材料表面的化学特性，使之与细胞表面分子之间产生特异相互作用，包括阳极氧化、溶胶凝胶、化学气相沉积及酸碱处理等；生物化学改性是通过将特定的蛋白、酶或肽固定于材料表面，诱导骨细胞增殖分化，促进骨整合，主要包括物理吸附法、化学固定法、层层自组装法及涂层载体法[83]。

3.4.2　生物力学相容性

金属材料的弹性模量一般远高于人体骨骼的弹性模量，这导致用于植入体的医用金属材料在承受应变时将与骨骼产生不同的应变，在金属与骨骼的接触界面会出现相对位移，造成界面处松动。同时，应力不能完全由人体关节传递到相近的自然骨组织，会造成生活中人体骨骼和肌肉长时间缺乏锻炼，最后导致肌肉发生萎缩甚至肌肉细胞消失，即出现"应力遮挡"现象。因此，通常希望医用金属材料的弹性模量尽量接近或是稍高于人体骨骼的弹性模量，改善应力传导效果并避免"应力遮挡"现象，以促进骨折愈合[84]。

弹性模量可视为衡量材料产生弹性变形难易程度的指标，越大的弹性模量表示在一定应力作用下发生的弹性变形越小。常用的弹性常数包括弹性模量、切变模量、体积模量和泊松比[85]。弹性模量表征原子间结合力的大小，因此凡是影响金属间结合力的因素都会影响弹性模量，主要包括：①温度；②相变；③合金元素；④冷变形；⑤组织[85,86]。

表 3.18 中给出骨组织及部分生物钛合金的力学性能，相较于常作为生物材料的不锈钢和钴合金，钛合金的弹性模量较低，但仍远高于人体骨骼[87]。国内外在降低钛合金的弹性模量方面开展了大量研究工作。优化合金元素组成并调控 β 稳定元素的含量，控制合金的组织及 β 相稳定性是降低弹性模量的有效方式之一[88]。研究证明，添加适当的中性及 β 稳定元素，如锆、铌、钽、钼、铪、锡等，能够有效控制相变，在有效降低合金弹性模量的同时减少对塑性和韧性的不利影响[88]。例如，在 Ti-Nb 系合金中添加中性元素锡，使得 Ti-Nb-8Sn 合金相组织主要为低模量 β 相[89]；在 Ti-15Mo 合金中添加钽及少量硅，有效抑制了非热 ω 相的形成，使其具有较低弹性模量和腐蚀速率[90]。

表 3.18　生物医用钛合金及骨组织的力学性能

钛合金或骨组织	抗拉强度/MPa	屈服强度/MPa	弹性模量/GPa	延伸率/%
致密骨[91]	50～100	—	4～30	1～3
海绵状骨[91]	10～20	—	0.01～2	5～7
TZNT[92]	698	652	100	—
Ti-6Al-4V[93]	900	800	115	—
Ti-13Nb-13Zr[93]	937～1037	836～908	79～84	10～16
Ti-2Mo-2Zr-3Al[93]	800	650	105	—
Ti-Nb-Mo-Zr-Sn[93]	620～760	310～360	58～73	—
Ti-15Nb-5Zr-4Sn-1Fe[94]	972	912	61	18.4
Ti-35Nb-5Ta-7Zr[95]	590	530	55	19
Ti-12Mo-6Z-12Fe[95]	1060～1100	1000～1060	74～85	18～22
TLM[95]	620～1060	310～1020	58～84	21～39
TLE[95]	645～1080	635～950	64～93	13～39
Ti2448[95]	645～1080	800～1000	50～60	13～39

适当的热处理工艺同样可以通过改变合金的微观组织进而改善钛合金的弹性模量[88]。西北有色金属研究院研究证明，一定马氏体 α'' 相的存在降低了合金的弹性模量，使合金达到了高强度、低模量和高塑性的最佳匹配[96,97]；在对亚稳 β 型钛合金 Ti-20.6Nb-13.6Zr-0.5V 进行不同热机械处理后，发现淬火后的合金弹性模量最低，此时合金组织由马氏体和残留 β 相组成[98]。此外，通过形成织构降低材料的弹性模量也是有效方法之一。钛合金的 α 相中 $\langle 1\bar{1}00 \rangle$ 方向是 HCP 晶格弹性模量最小的方向，$\langle 0001 \rangle$ 方向是弹性模量最大的方向[99]。通过一定的塑性变形使钛合金晶粒形成织构，造成弹性模量的各向异性，可以有效减小变形方向的弹性模量。

制成多孔状结构可以有效降低钛合金弹性模量。由于孔隙的引入降低了钛合金的弹性模量,使其能在保持一定强度的条件下实现材料与骨骼弹性模量的匹配。同时, 多孔状钛合金粗糙的表面几何结构可以促进新骨组织长入孔隙,不仅加强了植入体与骨骼的生物固定,还可以使应力沿植入体向周围骨传递。多孔金属材料的制备工艺种类繁多,包括熔铸法、粉末冶金法等,通过控制制备工艺可以控制多孔钛的孔隙度、孔隙尺寸、粗糙度、微观结构和压缩性能,从而控制多孔钛的弹性模量和其他性能[87]。

3.4.3　腐蚀疲劳性能

金属材料表面通常会形成一层稳定致密的钝化膜,阻碍侵袭性离子对内层金属进一步腐蚀。但是,在金属器械的局部区域,由于腐蚀介质的破坏作用,钝化膜会发生溶解并形成点蚀区,促使疲劳裂纹源的产生。以医用口腔金属材料为例,其服役环境是一个复杂的、含微生物种类繁多的酸性电解质开放性环境[100]。在微生物和力学的交互作用下,口腔金属材料会发生疲劳并在酸性介质的影响下加速表面缺陷的形成。上述过程的明显特征是材料在交变载荷和腐蚀性介质交互作用下形成疲劳裂纹及扩展,并最终导致材料的失效(图 3.13)[101],这一过程被称为腐

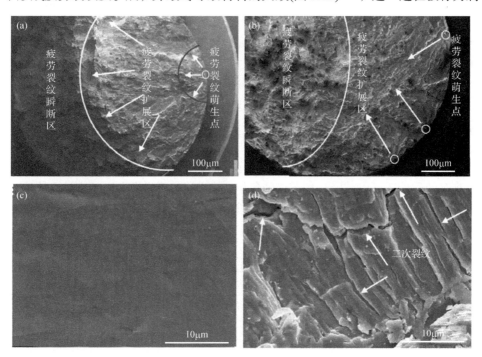

图 3.13　不同环境下 TC4-DT 试件的疲劳断口形貌
(a) 空气环境; (b) 腐蚀环境; (c) 实验室环境裂纹扩展区域; (d) 腐蚀环境裂纹扩展区域

蚀疲劳。医疗金属材料发生腐蚀疲劳会导致植入体突然失效断裂，并因此产生严重后果，如使植入体周围组织产生疼痛刺激或炎症，而取出失败的植入体也会对患者产生二次伤害。

表面处理可以有效改善钛合金的腐蚀疲劳性能。通常情况下，腐蚀疲劳裂纹起源于材料表面高应力或高应变的局部缺陷区域，如材料表面的划痕、凹凸面等，随后在循环载荷作用下扩展，而表面处理可以改变金属材料的表面状态。例如，不进行表面处理的 TC4 合金的腐蚀疲劳极限为 210MPa，远低于经过表面抛光处理的 500MPa[102]。此外，调控钛合金元素组成是控制腐蚀疲劳的另外一种有效办法。通过在钛合金中添加锆、铌、氮等元素，可以改善合金结构、细化晶粒或形成强化相，有效提升其抗点蚀能力和耐疲劳能力，进而延长腐蚀疲劳寿命[100]。

3.5　汽车及轨道交通用钛合金性能要求

汽车采用钛材料可极大地减轻车身质量，降低燃料消耗，提高发动机的工作效率，减少环境污染和降低噪声，因此近年来钛合金材料在汽车行业受到了很多关注。但是，钛合金价格昂贵，使其在汽车工业中仅应用于豪华车型和跑车，而在普通家用汽车上应用较少。因此，研究与开发适应市场需要的低成本钛合金是推动其应用于普通家用汽车的关键[103]。

大量的研究证明，汽车轻量化对于降低燃油汽车油耗、满足节能环保要求有很重要的作用。研究证明，汽车质量每减轻 0.1t，最多可节约燃油 0.6L/100km[104]。徐建全等[105]对纯电动汽车的轻量化效果进行分析，证明了轻量化不仅可以节约能源，还可以在电池容量相同的条件下增加汽车的续航里程，延长电池寿命。由此可见，电动汽车的轻量化在提高电动汽车性能方面也有很重要的作用。此外，减少汽车的质量还可以减轻悬挂系统的负担，减小汽车惯性[106]，对车辆起到保护作用。表 3.19 列出了钛合金材料的性能与典型应用举例[107]；表 3.20 为钛合金和其他材料的性能比较[107]；表 3.21 为钛合金和其他材料的成本比较[107]。

表 3.19　钛合金材料的性能与典型应用举例

合金	应保证最小室温强度		工艺性能			典型用途
	抗拉强度/MPa	屈服强度/MPa	锻造时抗裂纹能力	薄板成形性评价	焊接性能评价	
纯钛	350	280	极好	极好	极好	液压控制阀，陀螺仪转子结构，接头、附托架，对半焊接管道，复杂管状型材，热泵通槽，蒙皮粘胶结构
	455	385				
	560	490				

续表

合金	应保证最小室温强度		工艺性能			典型用途
	抗拉强度 /MPa	屈服强度 /MPa	锻造时抗裂 纹能力	薄板成形性 评价	焊接性能 评价	
Ti-5Al- 2.5Sn	840	805	好	可用	极好	传动齿轮箱外壳，喷气发动机压缩机外壳装置及导向叶片罩，附面层控制系统中的下倾前缘及管道结构
Ti-8Al- 1Mo-1V	960～945	840～875	可用	可用	好	喷气发动机压气机叶片，叶轮和外壳，陀螺仪万向接头罩，喷气发动机喷管装置的内蒙皮和框架，试验板状桁条结构，隔框锻件
Ti-6Al-4V	910 1190	840 1180	好	好	好	喷气发动机压缩机叶片、叶轮等，起落架轮和结构件，紧固件，支架，飞机附件，高压气瓶，一级和二级板状桁条结构，框架，防火壁支柱条，角板和管道
Ti-6Al-6V- 2Sn	1050 1190	980 1060	好	—	差	紧固件和入风口控制导向装置，试验结构锻件
Ti-13V- 11Cr-3Al	875～1225	840～875	可用	极好	差	结构锻件，一级和二级板状桁条件结构，蒙皮，框架，支架，飞机附件，紧固件，拉扭旋翼搭接头板及其他特殊用途
Ti-2.25Al- 11Sn-5Zr- 1Mo-0.2Si	1015 1260	910 1120	好	—	—	喷气发动机压气机叶片，叶轮，起落架滚轮，隔圈，飞机骨架，紧固件
Ti-6Al- 2Sn-4Zr- 2Mo	910	840	好	好	好	喷气发动机压气机叶片，叶轮，起落架滚轮，隔圈，压气机箱组合件，飞机骨架，紧固件
Ti-4Al- 3Mo-1V	875 1260	805 1085	好	好	差	飞机骨架构件

表 3.20　钛合金和其他材料的性能比较

材料种类	屈服强度/MPa	弹性模量/MPa	密度/(g/cm³)	比屈服强度	比弹性模量
低碳钢	207	203	7.83	26.4	25.9
高强度钢板	552	203	7.83	70.5	25.9
铝合金(2036-T4)	193	71	2.74	70.4	25.9
钛合金(Ti-6Al-4V)	1070	114	4.41	242.6	25.9
钛合金(Ti-3Al-8V-6Cr-4Mo-4Zr)	1620	103	4.80	337.5	21.5
石墨纤维复合材料	620	69	1.58	392.4	43.7
玻璃纤维复合材料	552	24	2.08	265.4	11.5

表 3.21　钛合金和其他材料的成本比较

材料种类	比屈服强度	粗略成本/(美元/kg)	以低碳钢为基准的成本比
低碳钢	26.4	0.55	1.00
高强度钢板	70.5	0.66	0.45
铝合金(2036-T4)	70.4	2.50	1.71
钛合金(Ti-6Al-4V)	242.6	16.0	3.17
钛合金(Ti-3Al-8V-6Cr-4Mo-4Zr)	337.5	33.0	4.70
石墨纤维复合材料	392.4	—	3.18
玻璃纤维复合材料	265.4	3.00	0.54

　　轨道交通装备在新材料、新技术和新工艺方面，尤其是在装备的轻量化、谱系化、高速重载化和绿色智能化等方向上发展需求迫切。在轨道交通装备安全轻量化目标的指导下，使用轻量化材料是轨道交通车辆轻量化的关键技术之一[108]。在轨道交通车辆中，钛合金主要被应用于转向架构架、制动夹钳、过渡车钩、牵引拉杆和轮对提吊等构件。

　　研究表明，钛合金有效满足了轨道交通车辆的轻质化需求。才鹤等[109]在某转向架构架焊接中采用了 TA2 和 TA18 钛合金，在满足现有构架强度的基础上，其总质量降低 40%左右；吕斐等[110]使用钛合金制备三点式制动夹钳，将 TC4 钛合金应用于吊挂、闸片托、吊座、缸盖、活塞管、缸盖导管、轭和杠杆等主要受载部件，质量降低 17.6kg。薛白鸽[111]设计了一种轻量化钛合金过渡车钩，基于变密度法利用 ANSYS Workbench 中的 Shape Optimization 模块对过渡车钩进行拓扑优化，根据拓扑优化结果对钛合金过渡车钩进行轻量化结构设计，得到的轻量化钛合金过渡车钩质量为 42.15kg，相较于原始 E 级钢过渡车钩质量降低 58.15kg，质量降低高达 57.98%。此外，钛合金轮对提吊相较于传统轮对提吊，不仅性能满足使用要求，还可将整体质量从 4.2kg 降低至 2.4kg，质量降低约 43%[108]。

参 考 文 献

[1] 刘世锋, 宋玺, 薛彤, 等. 钛合金及钛基复合材料在航空航天的应用和发展[J]. 航空材料学报, 2020, 40(3): 77-94.

[2] 董瑞峰, 李金山, 唐斌, 等. 航空紧固件用钛合金材料发展现状[J]. 航空制造技术, 2018, 61(4): 86-91.

[3] 梁新杰, 杨俊英. 生物医用材料的研究现状与发展趋势[J]. 新材料产业, 2016(2): 2-5.

[4] NIINOMI M. Mechanical biocompatibilities of titanium alloys for biomedical applications[J]. Journal of the Mechanical Behavior of Biomedical Materials, 2008, 1(1): 30-42.

[5] 黄旭. 航空用钛合金发展概述[J]. 军民两用技术与产品, 2012(7): 12-14, 8.

[6] FERRERO J G. Candidate materials for high-strength fastener applications in both the aerospace and automotive

industries[J]. Journal of Materials Engineering and Performance, 2005, 14(6): 691-696.

[7] 韩杰阁, 陈蒉泽, 张浩, 等. 钛合金表面耐磨性能及抗氧化性能的研究现状[J]. 电焊机, 2017, 47(3): 73-78.

[8] 付强. 置氢 TC4 钛合金切削加工性试验研究[D]. 南京: 南京航空航天大学, 2008.

[9] 杨海涛, 包春玲, 姚谦, 等. 国内外高温钛合金材料的应用与发展[C]//中国机械工程学会. 2013 中国铸造活动周论文集. 沈阳: 沈阳铸造研究所, 2013.

[10] ES-SOUNI M. Creep behaviour and creep microstructures of a high-temperature titanium alloy Ti-5.8Al-4.0Sn-3.5Zr-0.7Nb- 0.35Si-0.06C (Timetal 834): Part I. Primary and steady-state creep[J]. Materials Characterization, 2001, 46(5): 365-379.

[11] DENG T, LI S, LIANG Y, et al. Effects of scandium and silicon addition on the microstructure and mechanical properties of Ti-6Al-4V alloy[J]. Journal of Materials Research and Technology, 2020, 9(3): 5676-5688.

[12] 张喜燕, 赵永庆, 白晨光. 钛合金及应用[M]. 北京: 化学工业出版社, 2005.

[13] 赵永庆. 高温钛合金研究[J]. 钛工业进展, 2001(1): 33-39.

[14] 蔡建明, 曹春晓. 航空发动机钛合金材料与应用技术[M]. 北京: 冶金工业出版社, 2021.

[15] 史栋刚, 徐小严, 吴雨, 等. 钛合金保载疲劳的影响因素与研究进展[J]. 中国材料进展, 2019, 38(7): 722-728.

[16] YAN Z, WANG K, ZHOU Y, et al. Crystallographic orientation dependent crack nucleation during the compression of a widmannstätten-structure α/β titanium alloy[J]. Scripta Materialia, 2018, 156: 110-114.

[17] 张英明, 韩明臣, 倪沛彤, 等. 航空、航天用钛合金的发展与应用[C]. 北京: 第三届空间材料及其应用技术学术交流会, 2011.

[18] 张绪虎, 单群, 陈永来, 等. 钛合金在航天飞行器上的应用和发展[J]. 中国材料进展, 2011, 30(6): 28-32,63.

[19] 朱知寿. 新型航空高性能钛合金材料技术研究与发展[M]. 北京: 航空工业出版社, 2013.

[20] 陈伟. TC21 钛合金损伤容限性能研究[D]. 南京: 南京航空航天大学, 2008.

[21] 李明兵, 王新南, 商国强, 等. β 热处理冷却方式对 TC32 钛合金组织和冲击韧性的影响[J]. 热加工工艺, 2022, 51(24): 107-111.

[22] 曹祖涵, 石晓辉, 范智渊, 等. TC11 钛合金低温冲击韧性及其组织相关性[J]. 材料热处理学报, 2020, 41(11): 53-60.

[23] 杜琼昊, 白秀琴. 海洋环境下典型金属材料腐蚀与磨损研究进展[J]. 润滑与密封, 2021, 46(2): 121-133.

[24] PUSTODE M D, RAJA V S, PAULOSE N. The stress-corrosion cracking susceptibility of near-α titanium alloy IMI 834 in presence of hot salt[J]. Corrosion Science, 2014, 82: 191-196.

[25] 王硕. 钛合金在 NaCl 溶液中的失效行为与机理[D]. 镇江: 江苏科技大学, 2018.

[26] HOLLIS A C, SCULLY J C. The stress corrosion cracking and hydrogen embrittlement of titanium in methanol-hydrochloric acid solutions[J]. Corrosion Science, 1993, 34(5): 821-835.

[27] BECK T R, BLACKBURN M J. Stress corrosion cracking of titanium alloys[J]. AIAA Journal, 1968, 6(2): 326-332.

[28] 王海杰, 王佳, 彭欣, 等. 钛合金在 3.5%NaCl 溶液中的腐蚀行为[J]. 中国腐蚀与防护学报, 2015, 35(1): 75-80.

[29] 孙志杰, 王洋. 钛合金应力腐蚀研究现状及展望[J]. 材料开发与应用, 2020, 35(2): 94-100.

[30] PANG J, BLACKWOOD D J. Corrosion of titanium alloys in high temperature near anaerobic seawater[J]. Corrosion Science, 2016, 105: 17-24.

[31] DYER C K, LEACH J S L. Breakdown and efficiency of anodic oxide growth on titanium[J]. Journal of the Electrochemical Society, 1978, 125(7): 1032.

[32] BERGMAN D D. The Detection of Crevice Corrosion in Titanium and Its Alloys Through the Use of Potential Monitoring[M]. Las Vegas: University of Nevada, 1992.

[33] SHIH D S, BIRNBAUM H K. Evidence of FCC titanium hydride formation in β titanium alloy: An X-ray diffraction study[J]. Scripta Metallurgica, 1986, 20(9): 1261-1264.

[34] KUMAR G R, RAJYALAKSHMI G, SWAROOP S. A critical appraisal of laser peening and its impact on hydrogen embrittlement of titanium alloys[J]. Proceedings of the Institution of Mechanical Engineers, Part B: Journal of Engineering Manufacture, 2019, 233(13): 2371-2398.

[35] 郭敏. 工业纯钛在海水中阴极极化条件下的氢脆研究[D]. 大连: 大连理工大学, 2001.

[36] 郑超, 魏世丞, 梁义, 等. TC4 钛合金在 3.5%NaCl 溶液中的微动腐蚀特性[J]. 稀有金属, 2018, 42(10): 1018-1023.

[37] 邓凯, 于敏, 戴振东, 等. TC11 及表面改性膜层在海水中的微动磨损研究[J]. 稀有金属材料与工程, 2014, 43(5): 1099-1104.

[38] 莫秀珍. 基于损伤力学的深潜耐压壳低周疲劳寿命预测[D]. 大连: 大连理工大学, 2021.

[39] 林俊辉, 淡振华, 陆嘉飞, 等. 深海腐蚀环境下钛合金海洋腐蚀的发展现状及展望[J]. 稀有金属材料与工程, 2020, 49(3): 1090-1099.

[40] 孙洋洋, 常辉, 方志刚, 等. TC4 ELI 钛合金显微组织对低周疲劳性能的影响[J]. 稀有金属材料与工程, 2020, 49(5): 1623-1628.

[41] 常辉, 董月成, 淡振华, 等. 我国海洋工程用钛合金现状和发展趋势[J]. 中国材料进展, 2020, 39(Z1): 557-558,585-590.

[42] 常辉, 廖志谦, 王向东. 海洋工程钛金属材料[M]. 北京: 化学工业出版社, 2017.

[43] 席国强. 海洋工程用钛合金室温蠕变及保载疲劳性能研究[D]. 合肥: 中国科学技术大学, 2021.

[44] SUN C, LI Y, XU K, et al. Effects of intermittent loading time and stress ratio on dwell fatigue behavior of titanium alloy Ti-6Al-4V ELI used in deep-sea submersibles[J]. Journal of Materials Science & Technology, 2021, 77: 223-236.

[45] QIU J, MA Y, LEI J, et al. A comparative study on dwell fatigue of Ti-6Al-2Sn-4Zr-x Mo (x=2 to 6) alloys on a microstructure-normalized basis[J]. Metallurgical and Materials Transactions A, 2014, 45: 6075-6087.

[46] 刘石双, 仇平, 蔡建明, 等. Ti60 钛合金室温保载疲劳性能及断裂行为[J]. 材料工程, 2019, 47(7): 112-120.

[47] LEFRANC P, SARRAZIN-BAUDOUX C, DOQUET V, et al. Investigation of the dwell period's influence on the fatigue crack growth of a titanium alloy[J]. Scripta Materialia, 2009, 60(5): 281-284.

[48] BACHE M R. A review of dwell sensitive fatigue in titanium alloys: The role of microstructure, texture and operating conditions[J]. International Journal of Fatigue, 2003, 25(9-11): 1079-1087.

[49] HASIJA V, GHOSH S, MILLS M J, et al. Deformation and creep modeling in polycrystalline Ti-6Al alloys[J]. Acta Materialia, 2003, 51(15): 4533-4549.

[50] OBERSON P G, WYATT Z W, ANKEM S. Modeling interstitial diffusion controlled twinning in alpha titanium during low-temperature creep[J]. Scripta Materialia, 2011, 65(7): 638-641.

[51] 王珂, 高龙乾, 张世鑫, 等. 新型钛合金材料室温拉伸蠕变试验研究[J]. 船舶力学, 2022, 26(4): 557-565.

[52] 陈博文. Ti80 和 TC4-ELI 钛合金的室温高压压缩蠕变行为研究[D]. 南京: 南京工业大学, 2024.

[53] KAMEYAMA T, MATSUNAGA T, SATO E, et al. Suppression of ambient-temperature creep in CP-Ti by cold-rolling[J]. Materials Science and Engineering: A, 2009, 510: 364-367.

[54] DORAISWAMY D, ANKEM S. The effect of grain size and stability on ambient temperature tensile and creep deformation in metastable beta titanium alloys[J]. Acta Materialia, 2003, 51(6): 1607-1619.

[55] MILLER W H, CHEN R T, STARKE E A. Microstructure, creep, and tensile deformation in Ti-6Al-2Nb-1Ta-0.8Mo[J]. Metallurgical Transactions A, 1987, 18: 1451-1468.

[56] ODEGARD B C, THOMPSON A W. Low temperature creep of Ti-6Al-4V[J]. Metallurgical and Materials

Transactions B, 1974, 5: 1207-1213.

[57] 陈小龙. 复合细化超细晶纯钛室温蠕变行为研究[D]. 西安: 西安建筑科技大学, 2017.

[58] YU W, HOU S, YANG Z, et al. Characterization and modeling of room-temperature compressive creep behavior of a near α TA31 titanium alloy[J]. Metals, 2020, 10(9): 1190.

[59] ZHANG W, FAN J, HUANG H, et al. Creep anisotropy characteristics and microstructural crystallography of marine engineering titanium alloy Ti6321 plate at room temperature[J]. Materials Science and Engineering: A, 2022, 854: 143728.

[60] WHITTAKER M, JONES P, PLEYDELL-PEARCE C, et al. The effect of prestrain on low and high temperature creep in Ti834[J]. Materials Science and Engineering: A, 2010, 527(24-25): 6683-6689.

[61] 程德彬. 船用钛合金与航空钛合金的使用性能差异[J]. 材料开发与应用, 2012, 3: 60-63.

[62] 张智鑫, 李瑞锋, 王俭, 等. 试验温度对船用 Ti-70 钛合金板材冲击韧性的影响[J]. 世界有色金属, 2017, 42(8): 1-3.

[63] 薄鑫涛. 冲击韧度影响因素[J]. 热处理, 2021, 36(3):63.

[64] 李少强, 陈威, 查友, 等. TC18 合金大型锻棒冲击韧性的横纵向差异研究[J]. 稀有金属材料与工程, 2021, 50(3): 911-917.

[65] 刘莹莹, 张君彦, 王梦婷, 等. TC18 钛合金棒材和锻件的冲击性能及断口分析[J]. 稀有金属, 2019, 43(8): 891-896.

[66] WU C, ZHAO Y, HUANG S, et al. Microstructure tailoring and impact toughness of a newly developed high strength Ti-5Al-3Mo-3V-2Cr-2Zr-1Nb-1Fe alloy[J]. Materials Characterization, 2021, 175: 111103.

[67] MOHANDAS T, BANERJEE D, RAO V V K. Observations on impact toughness of electron beam welds of an α+β titanium alloy[J]. Materials Science and Engineering: A, 1998, 254(1-2): 147-154.

[68] 那顺桑, 姚青芳. 金属强韧化原理与应用[M]. 北京: 化学工业出版社, 2006.

[69] 韩明臣, 王成长, 倪沛彤. 钛合金的强韧化技术研究进展[J]. 钛工业进展, 2011, 28(6): 13-17.

[70] 杨锐, 马英杰, 雷家峰, 等. 高强韧钛合金组成相成分和形态的精细调控[J]. 金属学报, 2021, 57(11): 1455-1470.

[71] 陈和兴, 易江龙. 海洋工程焊接技术现状与分析[J]. 中国材料进展, 2015, 34(12): 938-943.

[72] 李兴宇, 李芳, 牟刚, 等. 钛及钛合金的焊接[J]. 电焊机, 2017, 47(4): 67-70.

[73] 常敬欢, 曹睿, 闫英杰. 钛合金/不锈钢冷金属过渡焊接头组织及性能[J]. 焊接学报, 2021, 42(6): 44-51,99.

[74] 尹雁飞, 赵永庆, 贾蔚菊, 等. 一种海洋工程用高强高韧可焊接钛合金: CN201910454178.6[P]. 2019-08-09.

[75] 于振涛, 韩建业, 麻西群, 等. 生物医用钛合金材料的生物及力学相容性[J]. 中国组织工程研究, 2013, 17(25): 4707.

[76] 于振涛, 余森, 程军, 等. 新型医用钛合金材料的研发和应用现状[J]. 金属学报, 2017, 53(10): 1238-1264.

[77] 朱明康. Ti-Ta-Ag 合金的制备与性能研究[D]. 昆明: 昆明理工大学, 2017.

[78] OKAZAKI Y, ITO Y, KYO K, et al. Corrosion resistance and corrosion fatigue strength of new titanium alloys for medical implants without V and Al[J]. Materials Science and Engineering: A, 1996, 213(1-2): 138-147.

[79] LI Y, YANG C, ZHAO H, et al. New developments of Ti-based alloys for biomedical applications[J]. Materials, 2014, 7(3): 1709-1800.

[80] 李莺, 李长义. 钛种植体表面改性策略及对骨整合的影响[J]. 中国组织工程研究, 2013, 17(29): 5395.

[81] KIRMANIDOU Y, SIDIRA M, DROSOU M E, et al. New Ti‐alloys and surface modifications to improve the mechanical properties and the biological response to orthopedic and dental implants: A review[J]. BioMed Research International, 2016, 2016(1): 2908570.

[82] 王运锋, 何蕾, 郭薇. 医用钛合金的研究及应用现状[J]. 钛工业进展, 2015, 32(1): 1-6.

[83] 韩建业, 罗锦华, 袁思波, 等. 口腔用钛及钛合金材料的研究现状[J]. 钛工业进展, 2016, 33(3): 1-7.

[84] 谢辉, 张玉勤, 孟增东, 等. β 钛合金特性及其在骨科领域的应用现状和研究进展[J]. 生物骨科材料与临床研

究, 2013, 10(6): 29-32.

[85] 郝静燕. 生物医用低弹钛合金弹性性能超声无损评价[D]. 大连: 大连理工大学, 2010.

[86] 王吉会, 郑俊萍, 刘家臣, 等. 材料力学性能原理与实验教程[M]. 天津: 天津大学出版社, 2018.

[87] 王蓉莉, 李卫. 降低医用钛合金弹性模量的方法[J]. 材料导报, 2010, 24(5): 128-131.

[88] 孙纯纯, 郭志君, 张金勇. 亚稳 β 钛合金在生物医学领域的研究进展[J]. 稀有金属材料与工程, 2022, 51(3): 1111.

[89] HSU H C, WU S C, HSU S K, et al. The structure and mechanical properties of as-cast Ti-25Nb-xSn alloys for biomedical applications[J]. Materials Science and Engineering: A, 2013, 568: 1-7.

[90] GABRIEL S B, PANAINO J V P, SANTOS I D, et al. Characterization of a new beta titanium alloy, Ti-12Mo-3Nb, for biomedical applications[J]. Journal of Alloys and Compounds, 2012, 536: S208-S210.

[91] 杨坤. 粉床电子束增材制造生物医用钛合金的组织与性能研究[D]. 长春: 吉林大学, 2020.

[92] 李佐臣, 周廉, 李军, 等. 外科植入物用第三代新型医用钛合金研究[J]. 钛工业进展, 2003 (4): 46-48.

[93] 许艳飞. 新型医用 β 钛合金的设计、制备及其固溶时效行为[D]. 长沙: 中南大学, 2012.

[94] FU Y, XIAO W, WANG J, et al. A novel strategy for developing α+β dual-phase titanium alloys with low Young's modulus and high yield strength[J]. Journal of Materials Science & Technology, 2021, 76: 122-128.

[95] 李岳. 医用钛合金 Ti13Nb13Zr 力学性能的研究[D]. 太原: 太原理工大学, 2019.

[96] 麻西群, 于振涛, 牛金龙, 等. Ti-3Zr-Mo-15Nb 医用钛合金的显微组织及力学性能[J]. 稀有金属材料与工程, 2010 (11): 1956-1959.

[97] 孙纯纯. 生物医用亚稳 β 型 Ti-Mo-Zr 系合金的组织与性能研究[D]. 北京: 中国矿业大学, 2022.

[98] MOHAMMED M T, KHAN Z A, MANIVASAGAM G, et al. Influence of thermomechanical processing on biomechanical compatibility and electrochemical behavior of new near beta alloy, Ti-20.6Nb-13.6Zr-0.5V[J]. International Journal of Nanomedicine, 2015, 10(2): 223-235.

[99] 张志辉, 王希哲, 商顺利, 等. 加工工艺对高弹高强钛合金弹性模量的影响[J]. 稀有金属, 2001, 25(1): 19-22.

[100] 王强, 季洋, 徐大可. 医用金属材料腐蚀疲劳性能研究进展[J]. 表面技术, 2019, 48(7): 193-199.

[101] 许良, 赵晴, 回丽, 等. 腐蚀环境对预腐蚀 TC4-DT 钛合金疲劳性能的影响[J]. 热加工工艺, 2019, 48(20): 37-41.

[102] WYCISK E, SOLBACH A, SIDDIQUE S, et al. Effects of defects in laser additive manufactured Ti-6Al-4V on fatigue properties[J]. Physics Procedia, 2014, 56: 371-378.

[103] 王明建, 夏申琳, 李雪峰. 钛合金用于制造汽车零部件[J]. 现代零部件, 2014(4):48-50.

[104] 纪宏超, 李轶明, 龙海洋, 等. 镁合金在汽车零部件中的应用与发展[J]. 铸造技术, 2019, 40(1): 122-128.

[105] 徐建全, 杨沿平, 唐杰, 等. 纯电动汽车与燃油汽车轻量化效果的对比分析[J]. 汽车工程, 2012 (6): 540-543.

[106] HOVORUN T P, BERLADIR K V, PERERVA V I, et al. Modern materials for automotive industry[J]. Journal of Engineering Sciences, 2017, 4(2): F8-F18.

[107] 刘静安. 钛合金的特性与用途及其在汽车上的应用潜力[J]. 轻金属, 2003, 3: 51-58.

[108] 蒉利宏, 王婷, 于承雪, 等. 钛合金在轨道交通车辆中的应用现状[J]. 科技创新与应用, 2023, 13(5): 164-168.

[109] 才鹤, 李维哲, 王泽飞, 等. 钛合金高速列车转向架侧梁组成焊接工艺[J]. 电焊机, 2020, 50(8): 52-56.

[110] 吕斐, 曾梁彬, 王贤龙. 钛合金在轻量化制动夹钳单元开发中的应用研究[J]. 轨道交通装备与技术, 2022(1): 3.

[111] 薛白鸽. 过渡车钩轻量化结构设计及分析[D]. 西安: 西安理工大学, 2024.

第4章 钛合金热处理及其相变规律

热处理在钛合金加工中扮演着至关重要的角色，通过精确控制热处理工艺，可以显著改善钛合金的微观组织，进而优化其机械性能。不同的热处理方法和参数会影响钛合金的服役性能，因此合理的热处理工艺对于提高钛合金的综合性能具有重要意义。本章将系统梳理钛合金的热处理方法，如固溶、时效、升温和冷却工艺等，并深入探讨不同工艺下的钛合金固态相变规律，旨在揭示热处理对钛合金微观组织演变的影响机制，为深入挖掘钛合金性能潜力，提高钛合金性能提供理论基础和工艺支撑。

4.1 固溶热处理

固溶热处理是钛合金及其构件进行组织性能调控的基本操作，是实现综合力学性能匹配的基础。钛合金往往选择在温度较高的 $\alpha+\beta$ 两相区进行固溶热处理，特殊情况下也可在 β 相变温度以上加热后淬火。固溶热处理的目的主要是获得高比例亚稳 β 相，为后续时效析出 α 相做准备。β 型钛合金在相变点以上进行固溶处理并快速冷却可以保留全 β 相组织[1]，在随后的时效处理过程中，通过控制 α 析出相的体积分数和形态可以调整合金的强度。合金的塑性将由 β 相晶粒尺寸及 α 相共同决定。对近 α 型和 $\alpha+\beta$ 型钛合金，固溶组织演变主要包括：$\alpha \rightarrow \beta$ 转变、初生 α 相长大及冷却过程 β 相分解等。研究固溶热处理的相变过程对于调控钛合金的性能具有重要的指导意义。

4.1.1 β 相基体特征

亚稳 β 型钛合金中 β 相作为母相(基体)，其组织特征对后续析出相的形成具有重要的意义[2]。通过对热轧 Ti-7333 合金进行固溶处理(β 相变温度约为 850℃)，研究固溶过程中 β 相基体组织形貌与再结晶行为的关系，并对再结晶动力学进行分析。图 4.1 展示了热轧 Ti-7333 合金在 820℃保温不同时间后的背散射衍射衬度图，图中粗线为大角度晶界(>15°)，细线为小角度晶界(2°~15°)。保温 3min 后[图 4.1(a)]，大部分晶粒仍呈变形状态，即沿轧制方向拉长，晶粒内分布着小角度晶界；在变形基体中等轴再结晶晶粒不均匀分布，其内部小角度晶界比例较小[2]，此时热轧合金主要发生的是变形组织的回复。当保温时间增长到 5min 后[图 4.1(b)]，基体主要分布着等轴 β 相晶粒，其中小角度晶界的密度显著降低，仅分布在部分的变形晶粒内部，在该保温过程中主要发生的是变形组织的再结晶。继续延长保温时间至 15min[图 4.1(c)]和 30min[图 4.1(d)]，可以看到基体中小角度晶界的比例进一步减小，平均晶粒尺寸明显增加，在该保温过程中主要发生的是晶粒的长大。

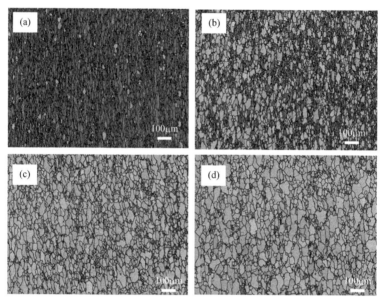

图 4.1　热轧 Ti-7333 合金在 820℃保温不同时间后的背散射衍射衬度图
(a) 3min；(b) 5min；(c) 15min；(d) 30min

图 4.2 为热轧 Ti-7333 合金在 900℃保温不同时间后的背散射衍射衬度图。保温 3min 后[图 4.2(a)]，基体由等轴 β 相晶粒构成，在部分晶粒内分布有少量的小角度晶界，这说明热轧 Ti-7333 合金在 900℃下保温很短时间即可基本完成变形基体的再结晶过程。将保温时间依次增加至 5min[图 4.2(b)]、15min[图 4.2(c)]和 30min[图 4.2(d)]，可以看到基体微观组织均由等轴 β 相晶粒组成，随保温时间的增加，基体中小角度晶界的比例逐渐降低，平均晶粒尺寸和最大晶粒尺寸逐渐增加，这表明热轧 Ti-7333 合金在保温时间大于 3min 后，基体中主要发生的是再结晶晶粒的长大。

采用上述试验数据对热轧 Ti-7333 合金的再结晶行为进行动力学分析[图 4.3(a)]。在 820℃保温条件下，前 3min 保温过程中合金的再结晶行为滞后，这是因为在该阶段主要发生的是变形基体回复。在 900℃条件下，合金经保温 3min 后，再结晶晶粒体积分数已达到 72%，经 30min 保温后合金再结晶过程已基本完成。图 4.3(b)为不同固溶温度下保温获得的阿弗拉密曲线，通过分析阿弗拉密曲线特征可知，固溶时间与固溶温度密切相关，且其相互关系符合阿伦尼乌斯方程。经计算获得

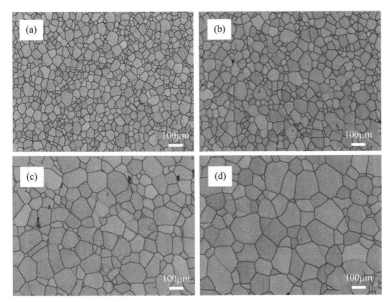

图 4.2　热轧 Ti-7333 合金在 900℃保温不同时间后的背散射衍射衬度图

(a) 3min；(b) 5min；(c) 15min；(d) 30min

热轧 Ti-7333 合金的再结晶激活能为 255.74kJ/mol。随后利用基体中最大再结晶晶粒尺寸来研究固溶过程中晶界的平均移动速率。由于热轧 Ti-7333 合金在固溶过程中再结晶晶核的形成方式为饱和形核，晶粒长大速率与晶界迁移驱动力密切相关，该驱动力来源于热轧变形引入的位错等缺陷。可以看到，在再结晶的过程中，基体的回复与再结晶过程存在竞争关系。随着回复的进行，可分配到再结晶过程中晶界迁移的驱动力将逐步减少，再结晶晶粒长大速率逐渐降低。换而言之，随着保温时间的延长，晶粒长大速率和晶界迁移速率均减少，再结晶速率降低(图 4.4)。

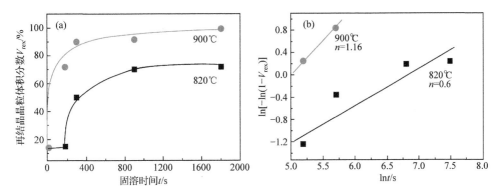

图 4.3　热轧 Ti-7333 合金在不同固溶温度下的再结晶动力学分析

(a) 再结晶晶粒体积分数随保温时间的变化曲线；(b) 阿弗拉密曲线

n-阿弗拉密常数

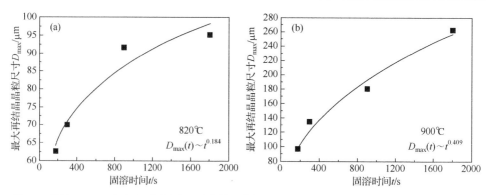

图 4.4　热轧 Ti-7333 合金在不同固溶温度条件下获得的最大再结晶晶粒尺寸与固溶时间的关系曲线
(a) 820℃；(b) 900℃

　　固溶热处理也是实现近 α 型钛合金力学性能综合匹配的基础[3]。将 Ti60 合金加热至 β 单相区后保温 30min，获得完全再结晶的全 β 相组织，随后分别以淬火、空冷和炉冷三种典型冷却方式冷却至室温，获取不同的转变 β 相基体的组织形貌，以研究冷却方式对 β 相分解行为的影响。图 4.5 为 Ti60 钛合金不同冷却方式对应

图 4.5　Ti60 钛合金不同冷却方式对应的显微组织
(a) 淬火；(b) 空冷；(c) 炉冷

的显微组织。这些组织全部由大块多边形 β 相晶粒组成。淬火和空冷获得的组织都是由细长的针状片层马氏体 α' 相组成。这些细片层在晶内交错排列，夹角约为 60° 或 90°。相比之下，炉冷组织由晶界 α(grain boundary α, α_{GB})相和从晶界向晶内生长的 α 相片层组成，长度可贯穿整个晶粒。总结来说，近 α 型钛合金从 β 相区采用淬火或空冷时获得全 α' 马氏体组织；采用炉冷时获得粗大 α 相片层组织，片层间几乎没有残余 β 相。

4.1.2　晶粒长大动力学

固溶热处理过程中，基于钛合金种类不同，晶粒长大分为以下多种情况：对 β 型钛合金而言，高温保温过程中 β 相发生长大，冷却过程中发生 α 相的析出和长大；对近 α 型钛合金和 $\alpha+\beta$ 型钛合金而言，其高温保温和冷却过程都会发生 α 相的长大。

以新型高强度 Ti-7.5Mo-4.8Nb-3.8Ta-3.6Zr-4Cr-2Al 钛合金为例，对 β 型钛合金在不同固溶参数下 β 相晶粒长大动力学进行分析[4]，其中晶粒长大指数用于表征晶粒长大速率。试验结果表明，该合金在 830℃、880℃、930℃ 进行固溶处理后，β 相晶粒长大指数分别为 0.394、0.403、0.406。纯钛在 β 相区的晶粒长大指数通常为 0.5，该合金 β 相晶粒长大指数小于 0.5 是因为合金中的溶质原子与晶界产生交互作用[5]，并且在晶界区域相互吸附，形成了一种阻碍晶界迁移的"气团"，从而降低了晶界的迁移速度，使晶粒长大速度减慢。该合金在相变点以上固溶时 β 相晶粒长大激活能仅为 156.35kJ/mol。β 相晶粒长大激活能不仅与合金成分有关，还与合金的微观组织有关。两方面原因使该合金 β 相晶粒长大激活能较小：一方面是合金中存在织构，另一方面是该合金的晶粒度较小。

对亚稳 β 型钛合金 Ti-7333 中 α 相形核及长大机制进行探讨，进而给出亚稳 β 型钛合金中 α 相的析出机制[6]。亚稳 β 型钛合金经历 β 相区固溶后，当温度低于 β 相转变点时，α 相首先倾向于在晶界处析出，并沿着晶界生长；随着温度的降低，α 相析出驱动力逐渐增大，当 α_{GB} 相占据整条晶界时，晶界附近的晶界魏氏 α(grain boundary Widmanstätten α, α_{WGB})相沿 α_{GB} 相形核，并向晶内生长。晶界附近的 α_{WGB} 相形核与生长机制有两种情况，分别为感生形核与生长机制与界面不稳定性形核与生长机制。图 4.6 为感生形核与生长机制。当 α_{GB} 相占满整个晶界后，随着温度的进一步降低，形核驱动力进一步增加，进而会有新的 α 相变体在 α_{GB} 相附近形核，其取向与 α_{GB} 相变体取向不同，随后这些新的 α 相变体会向晶内生长。图 4.7 为界面不稳定性形核与生长机制。当 α_{GB} 相变体占满整条晶界后，随着驱动力的增加，会导致 α_{GB} 相与相邻满足伯格斯取向关系的 β 相晶粒之间的界面发生不稳定性形核，会在相界处形成一些凸起，随后这些凸起会向晶内生长，导致这些 α_{WGB} 相的取向与 α_{GB} 相变体一致。

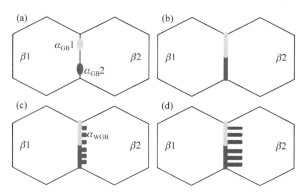

图 4.6　Ti-7333 合金缓冷过程中 α_{GB} 相及 α_{WGB} 相的感生形核与生长机制示意图

(a)～(d) 为随时间推移的形核长大过程

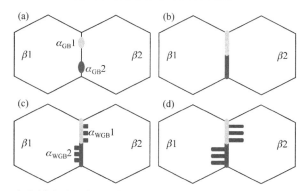

图 4.7　Ti-7333 合金缓冷过程中 α_{GB} 相及 α_{WGB} 相的界面不稳定性形核与生长机制示意图

(a)～(d) 为随时间推移的形核长大过程

在两相钛合金和近 α 型钛合金中等轴 α 相的长大包括两种方式：一种是在保温过程中等轴 α 相发生奥斯特瓦尔德熟化而长大，另一种是 β→α 转变引起的等轴 α 相通过消耗 β 相基体发生的长大。通过研究冷却过程中 Ti60 合金等轴 α 相的长大行为[7]，确定了连续冷却过程中等轴 α 相是由溶质元素扩散控制的相变引起的外延长大行为，并可以通过扩散模型来描述。基于控制元素铝和钼的扩散建立了连续冷却过程中等轴 α 相的长大模型，可以计算不同冷却速率下连续冷却后等轴 α 相的尺寸。通过对晶粒长大动力学的研究，可以有效调控钛合金组织，获得理想的合金性能。

4.1.3　无热 ω 相析出行为

钛合金中根据 ω 相形成条件的不同，一般将其分为无热 ω 相(ω_{ath})、等温 ω 相(ω_{iso})和应力诱发 ω 相。无热 ω 相在极短的时间形成并且其形成不依赖原子扩散。亚稳 β 型钛合金中的钼、钒、铌等成分的含量达到一定范围内时，从高温 β 相区固溶淬火后可在其基体中形成大量的无热 ω 相[2]。

普遍被接受的无热 ω 相的形成机制为位移控制形成机制[8]，即通过 β 相基体 $\{111\}_{\beta}$ 面上原子的坍塌而形成，形成过程时间极短且不发生元素的扩散。经研究发现，不同条件下形成的 ω 相晶体结构均相同，且与 β 相基体保持一定的取向关系，即 $\{111\}_{\beta}//\{0001\}_{\omega}$；$\left[1\bar{1}0\right]_{\beta}//\langle11\bar{2}0\rangle_{\omega}$。根据 BCC 结构 β 相和 HCP 结构 ω 相晶体结构的对称性，可知一个 β 相晶粒可以形成四种不同取向的 ω 相变体，它们之间的取向关系如表 4.1 所示。此外，ω 相的形貌也与合金错配度有关，即与合金成分密切相关(图 4.8)[2]。在低错配的合金，如 Ti-Mo、Ti-Nb 和 Ti-Ta 合金中，ω 相呈椭球形。例如，Ti-V、Ti-Fe 和 Ti-Ni 合金，ω 相呈正方形形貌。此外，β 相到 ω 相的相变过程中产生的相变应力也会对 ω 相的形貌特征产生影响。

表 4.1　ω 相变体与 β 相晶粒的取向关系

序号	取向关系
V_1	$(111)_{\beta}//(0001)_{\omega}$；$\left[1\bar{1}0\right]_{\beta}//\langle11\bar{2}0\rangle_{\omega}$
V_2	$\left(11\bar{1}\right)_{\beta}//(0001)_{\omega}$；$[011]_{\beta}//\langle11\bar{2}0\rangle_{\omega}$
V_3	$\left(\bar{1}11\right)_{\beta}//(0001)_{\omega}$；$[110]_{\beta}//\langle11\bar{2}0\rangle_{\omega}$
V_4	$\left(1\bar{1}1\right)_{\beta}//(0001)_{\omega}$；$[110]_{\beta}//\langle11\bar{2}0\rangle_{\omega}$

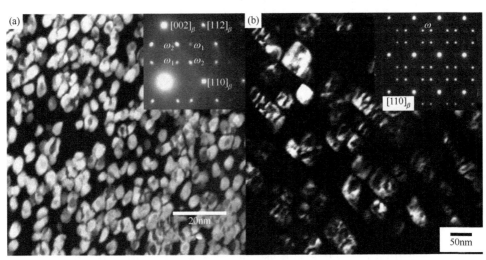

图 4.8　不同合金体系中形成的不同形态的 ω 相
(a) Ti-6.8Mo-4.5Fe-1.5Al 合金中形成的椭球形的 ω 相；(b) Ti-20V 合金中形成的立方体形态的 ω 相

4.2　等温时效热处理

等温时效过程通常在温度较低的 $\alpha+\beta$ 两相区进行，亚稳 β 相会发生分解，析出细小、弥散的 α 相。等温时效过程中产生的等温 ω 相是 $\beta \rightarrow \alpha$ 转变的一种不稳定的中间产物。提高时效温度或延长时效时间会导致等温 ω 相分解转变直至消失，时效温度和时效时间可以根据时效硬化曲线确定。因此，研究等温时效热处理的相变过程对于全面理解钛合金的相变过程具有重要的意义。

4.2.1 次生 α 相形核析出规律及晶体学特征

钛合金的力学性能通常由尺寸较大的初生 α 相(α_p 相)和纳米尺度次生 α 相(α_s 相)综合作用决定，如 β 型钛合金在等温时效过程中，通过 β 相的分解可以形成细小的 α_s 相，并对合金力学性能有重要影响。在对 Ti-15V-3Al 合金研究时发现[9]，当时效温度为 300℃时，合金中的 α 相呈团聚状，由细小的 α 板条组成，内部有孪晶，并且 β 晶界存在无析出区；当时效温度高于 450℃时，α 相首先从 β 相晶界处析出，然后从晶内析出，并且 α 相呈板条状。该合金在不同时效温度下 α 析出相形貌和晶体学位向关系如图 4.9 所示。

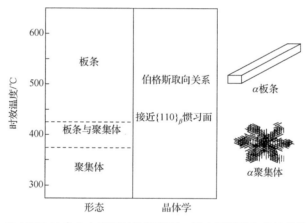

图 4.9　Ti-15V-3Al 合金在不同时效温度下 α 析出相形貌和晶体学位向关系

在低温、中温、高温时效过程中，β 型钛合金的 α_s 相形核特征和组织演变规律存在差异。将 900℃/30min 固溶处理的 Ti-7333 合金在 350℃、550℃、700℃及 800℃下分别等温时效不同时间[10]。350℃低温时效 4h 时(图 4.10)，在 β 相基体中均匀析出纳米尺寸的颗粒状 ω 相[11]。时效 8h 时，出现 α_s 相衍射产生微弱的衍射斑点。暗场像中除了颗粒状的 ω 相外，可以看到针状的 α 相。350℃低温时效时，依次发生的相变是：$\beta \rightarrow \omega$、$\beta + \omega \rightarrow \alpha$、$\beta \rightarrow \alpha$。先析出的等温 ω 相可为 α_s 相提供均匀的形核质点，使合金最终获得弥散、细小的 α_s 相组织。

550℃中温时效 5min 后(图 4.11)，α 相从 β 相晶粒内和晶界同时析出，α_s 相呈细小的针状，互相呈 60°夹角；550℃时效 30min 后(图 4.12)，互相交织排列的 α_s 相已在整个 β 相晶粒内均匀析出，α_s 相呈细长的针状，互相交织排列。随着时效

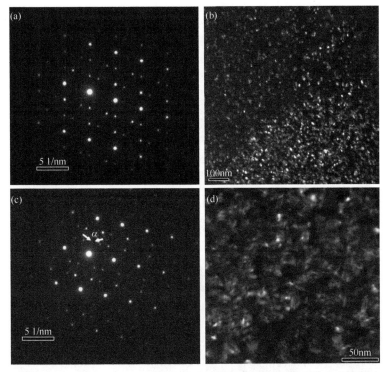

图 4.10　Ti-7333 合金 350℃时效 4h 和 8h 的 TEM 衍射花样和暗场像
(a) 4h 的 TEM 衍射花样；(b) 4h 的暗场像；(c) 8h 的 TEM 衍射花样；(d) 8h 的暗场像

时间延长，针状 α_s 相逐渐粗化。

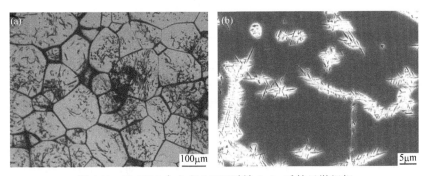

图 4.11　Ti-7333 合金在 550℃时效 5min 后的显微组织
(a) 光学显微镜照片；(b) SEM 照片

观察 Ti-7333 合金高温时效处理后显微组织(图 4.13)可知，在 700℃时效 5min 时析出的 α 相呈短针状，800℃时效时析出的 α 相呈短棒状。过冷度随着时效温度的升高而降低，相比 550℃时效，700℃、800℃时效时 α_s 相的形核驱动力较小。因此，700℃时效时在晶界上析出了彼此平行排列的 α_s 相向晶内长大；800℃时效

图 4.12　Ti-7333 合金在 550℃时效 30min 后的显微组织

(a) 光学显微镜照片；(b) SEM 照片

时更多的 α_s 相在晶界形核。由于晶内 α 相的形核驱动力比晶界 α 相的形核驱动力更小，晶内 α 相倾向在空位、位错等缺陷处形核，排列成鱼骨状(线状)。高温时效中不均匀形核的现象相比中低温时效时更加明显。

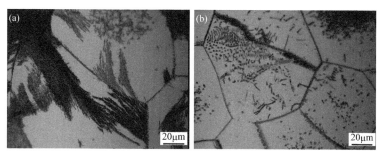

图 4.13　Ti-7333 合金在 700℃和 800℃时效 5min 后的显微组织

(a) 700℃；(b) 800℃

4.2.2　等温 ω 相析出行为

亚稳 β 型钛合金淬火过程中保留的亚稳 β 相在较低温度等温时效过程中经常析出 ω 相，这类 ω 相被称为等温 ω 相。等温 ω 相变主要有以下三种特征：①等温 ω 相随着时效时间的延长体积增大，数量增多，并且其长大由溶质原子的扩散控制；②等温 ω 相形貌与合金的错配度有关，当错配度较大时，形成椭球形 ω 相，当错配度较小时，形成正方形 ω 相；③等温 ω 相变机制为扩散分离机制和晶格塌陷机制。其中，扩散分离机制是指在形成等温 ω 相之前，发生 β 相的分离，形成元素富集区和元素贫瘠区，在元素富集区易于形成 HCP 结构的 ω 相，在元素贫瘠区易于形成三角结构 ω 相。该机制也说明等温 ω 相的元素成分不同于 β 相基体的元素成分。晶格塌陷机制是指等温 ω 相在形核过程中发生{111}晶面坍塌，坍塌过程的示意图如图 4.14 所示。β 相基体是体心立方结构，原子层堆垛次序为 ABCABCABC 型，当 BC 原子层向内坍塌，则原子层堆垛次序将发生改变，若 BC 层上的原子坍塌到一个原子层上，则形成理想 ω 相，呈 HCP 结构，此时 $a_\omega = a_\beta$，

$c_\omega = \sqrt{3}\,a_\beta$，$c/a = (\sqrt{3}/2)a_\beta/(\sqrt{2}\,a_\beta) = 0.613$；若 BC 层上的原子没有坍塌到同一个原子层上，则形成三角结构 ω 相。

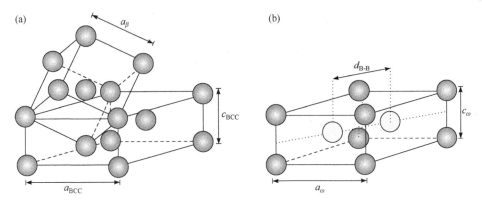

图 4.14　{111}$_\beta$ 晶面坍塌过程示意图
(a) BCC 结构；(b) ω 相

以 Ti-Al-Mo-V-Cr 系多元扩散结在 300℃/8h 时效状态下的 ω 相变为例进行讨论[12]。Ti-Mo 组扩散结中基体经过 300℃/8h 低温时效处理后的显微组织如图 4.15 所示。对 β 相基体沿[113]方向进行选区电子衍射，发现在 β 相 $(21\bar{1})$ 面的 1/3 和 2/3 处均出现了非常明显的 ω 相斑点，其晶格常数为 $a = 0.4589\text{nm}$，$c = 0.2850\text{nm}$，$c/a = 0.621$。同时，基体 β 相和等温 ω 相满足如下位向关系：$(0001)_\omega // (111)_\beta$；$[11\bar{2}0]_\omega // [1\bar{1}0]_\beta$。通过对 ω 相斑点进行套暗场操作，发现在 β 基体中析出了大量细小弥散的等温 ω 相颗粒，尺寸在 10nm 左右，即在 300℃/8h 的低温时效状态下等温 ω 相大量析出。

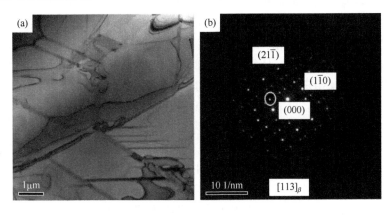

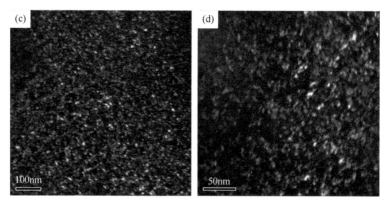

图 4.15　Ti-Mo 基体经过 300℃/8h 的时效处理后水淬至室温的基体组织形貌

(a) Ti-Mo 基体时效后 β 相的 TEM 明场像；(b) β 相基体沿[113]方向选区电子衍射图；(c)(d) 对 ω 相斑点套暗场操作

4.2.3　双重时效热处理

在实际的热处理工艺中，对于沉淀动力学转变速度较慢的钛合金来说，得到所需的性能将需要更长的时间。采用低温-高温双重时效工艺可以得到与以较慢的加热速率进行等温时效工艺相同的时效强化效果。

以 Ti-10V-2Fe-3Al 合金为例，对其进行 845℃固溶处理后采取 300℃/8h 时效[13]。其组织[图 4.16(a)和(b)]呈粗大的 β 相晶粒，并在原始 β 相晶界两侧及晶内处同时析出了细针状 α″马氏体。此时，合金出现了亚稳 ω 相的衍射峰及较弱的 α 相衍射峰(图 4.17)，说明合金不仅发生了 β→ω 转变过程，还发生了 ω→α 转变过程。ω 相的尺寸非常细小，无法用光学显微镜观察到。与此同时，马氏体 α″相的衍射峰经 300℃/8h 时效后明显减弱，说明淬火马氏体在低温时效后部分发生了分解，只是因为温度较低或时效时间较短没有完全分解。Ti-10V-2Fe-3Al 合金在 300℃等温时效过程中，从 β 相基体中首先析出 ω 相，这些 ω 相可以为 α_s 相的形核提供最有利的形核位置。当 ω 相颗粒与 β 相基体失去共格关系时，α_s 相就开始在 ω 相和 β 相基体的界面上形核，从而获得更加均匀细小的 α_s 相，只是因为低温时效时间相对比较短，ω 相来不及以 ω→α 均匀形核的机制全部转变为 α_s 相，使得 α_s 相的衍射峰强度相对比较低。由此可以得出，Ti-10V-2Fe-3Al 合金在上述条件下进行低温时效时，其亚稳 β 相的分解方式为 β→ω+β→ω+α+β→α+β。

Ti-10V-2Fe-3Al 合金经 300℃/8h+500℃/16h 双重时效后的显微组织如图 4.16(c)和(d)所示。通过观察可知，在时效过程中析出的 α_s 相呈片层状，且于 β 相晶内呈交织状分布，在晶界处平行排列或相互交织[1]。低温时效阶段 β 相基体中析出的 ω 过渡相，为 α_s 相的沉淀析出提供均匀的形核位置。500℃高温时效时加快了 α_s 相的析出[14]，从而快速地获得更为均匀的 α+β 相显微组织。片层状的 α_s 相粗化是高温时效时间较长所致。

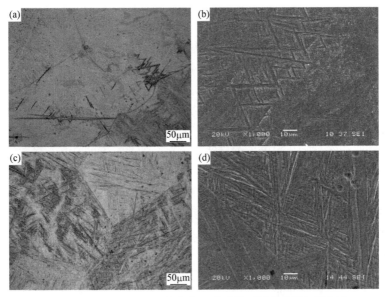

图 4.16　Ti-10V-2Fe-3Al 合金在双重时效不同阶段的显微组织
(a)(b) 300℃/8h；(c)(d) 300℃/8h+500℃/16h

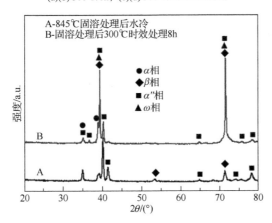

图 4.17　Ti-10V-2Fe-3Al 合金经 845℃固溶处理后未时效与低温时效的 XRD 图谱

4.3　缓慢升温热处理

缓慢升温热处理对亚稳 β 型钛合金影响更大，因为弥散分布的纳米尺度无热 ω 相或等温 ω 相在升温过程中逐渐分解，辅助 α 相形核。随着温度的逐渐升高和作用时间的延长，ω 相消失殆尽，α 相形核长大。大量的研究表明，ω 相对于后续 α 相的形核析出及形貌演变具有重要的影响[2]。因此，研究缓慢升温热处理的相变过程对于全面理解亚稳 β 型钛合金的相变过程具有重要的意义。

4.3.1 升温热膨胀曲线

由于钛合金中 α 相和 β 相的点阵结构不同,若连续加热过程中发生 α↔β 相变,则必然会带来试样体积和长度的变化,因此采用热膨胀法研究钛合金中 α↔β 之间的相变是一种很有效的方法[5]。采用热膨胀法结合金相观察研究了 TC21 合金在缓慢升温热处理过程中 α→β 转变的相变动力学及其组织演变规律[15]。随着温度的升高,合金的热膨胀曲线有 5 个特征温度点(图 4.18):在连续加热的开始阶段(<590℃),合金的热膨胀曲线与加热温度近似呈线性关系;随着温度的升高,在 590~735℃,合金的膨胀率缓慢增大;当温度超过 735℃时,合金的膨胀率缓慢减小;当温度升至 830℃后,合金的膨胀率迅速增大;直至合金的 β 相变点(935℃)时,合金的膨胀率和膨胀系数达到最大值;随后合金的膨胀率迅速降低,当达到 1002℃后,合金的膨胀率基本不再发生变化,热膨胀曲线与加热温度再次呈线性关系。

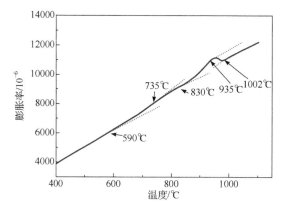

图 4.18 TC21 合金以 5℃/min 加热速率加热时的热膨胀曲线

TC21 合金在连续加热过程中,首先发生的是 β→α 转变,残留 β 相转变为片层状 α 相。相对于等轴 α 相而言,TC21 合金中的片层 α 相是亚稳的,其主要在合金连续冷却过程中形成,含有较多的 β 稳定元素,其成分最接近于 β 相,因此 β 相首先转变为片层 α 相。此时,β 相的含量减少,β 相中的 β 稳定元素含量增加,使得 β 相的晶格常数变小,α 相和 β 相晶格常数差别变大,因此此阶段试样的相对长度增加,随加热温度的升高,α 相的含量(体积分数)一直增大,直到 735℃时,α 相的含量达到最大值。

在 735℃时,TC21 合金中 α 相的含量达到最大值,这表明此时 α 相和 β 相处于平衡态,当温度超过 735℃后,α 相和 β 相的平衡态被打破,由于片层 α 相中 β 稳定元素含量较高,因此片层 α 相开始转变为 β 相,当温度达到 830℃时,片层 α 相全部转变为 β 相。在此阶段,α→β 转变是短程扩散过程,β 相的成分改变主要在接近片层 α 相的区域,因此合金的热膨胀曲线有一较小的收缩。由于等轴 α

相含有较少的 β 稳定元素(钼、铬、铌),而 α 稳定元素(铝、锡)含量较多,因此温度低于 830℃时,等轴 α 相是稳定的,其一直不发生转变。

当 TC21 合金升温至 830℃时,随着片层 α 相全部转变为 β 相,等轴 α 相开始向 β 相转变。由于等轴 α 相和 β 相中的 β 稳定元素含量差别较大,β 稳定元素通过长程扩散逐渐向等轴 α 相扩散,使得 β 相中的 β 稳定元素浓度迅速降低,晶格常数快速增大,β 相的体积迅速增大,其增加速率大于由 $\alpha \rightarrow \beta$ 转变引起的合金体积收缩,因此从热膨胀曲线观察到试样的长度逐渐增加。当加热温度超过 β 相变点(935℃)后,TC21 合金中仅有单一 β 相,β 相中不再发生 β 稳定元素的贫化,β 相中的合金元素逐渐均匀化。在此均匀化过程中,β 相的晶格常数仅受单一热效应影响,由 β 稳定元素贫化引起的 β 相体积变化迅速消失,因此合金的膨胀率下降。此时 β 相晶粒尺寸迅速增大,晶界能快速减小,这也加剧了合金体积的收缩。当加热温度超过 1002℃后,β 相晶粒生长速度减小,其对合金体积的影响也迅速减小,合金的热膨胀曲线再次接近线性膨胀。总结来说,TC21 合金以 5℃/min 加热时,首先发生 $\beta \rightarrow \alpha$ 转变,735℃时,合金中 α 相的含量达到最大;其次 α 相含量开始减少,合金发生 $\alpha+\beta \rightarrow \beta$ 转变。$\alpha+\beta \rightarrow \beta$ 转变分两步进行,先发生片层 $\alpha \rightarrow \beta$ 转变,然后进行等轴 $\alpha \rightarrow \beta$ 转变。

用热膨胀曲线可以实现 $\alpha \rightarrow \beta$ 转变的定量计算,α 相的体积分数采用杠杆法确定。在给定温度时的 α 相的转变量正比于该温度的膨胀量。图 4.19 是以 5℃/min 加热速率加热时,采用热膨胀法和金相法得到的合金 α 相含量变化规律图。TC21 合金连续加热条件下,采用热膨胀法得到的 α 相体积分数变化规律与金相法得到的规律相似,表明采用热膨胀法得到 α 相演变规律真实可信;另外,基于不同加热速率时的热膨胀试验结果,可以得到 $\alpha+\beta \rightarrow \beta$ 转变时的相变激活能。通过相变激活能与合金相变温度和加热速率之间的关系分析获得 TC21 合金发生 $\alpha+\beta \rightarrow \beta$ 转变时的相变激活能为 488.22kJ/mol。

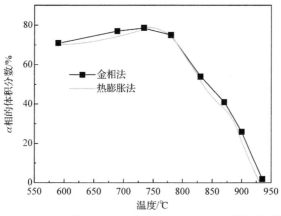

图 4.19 5℃/min 加热速率加热时 TC21 合金中 α 相的体积分数变化

4.3.2　升温过程中的相变行为

　　通过热膨胀曲线研究缓慢升温热处理过程中的相变行为虽然直观有效，但无法有效表征 ω 相的析出行为。亚稳 β 型钛合金在缓慢升温过程中会先发生 ω 相的析出，温度继续升高后 ω 相将辅助 α 相形核。因此，研究 ω 相的析出特征及其对后续 α 相析出的影响规律对于全面理解钛合金的相变过程具有重要的意义。通过对全 β 相组织的 Ti-7333 合金连续升温至 350℃并进行水淬处理[2]，发现水淬后除 β 相基体的衍射斑点外还存在明显的衍射斑点(图 4.20)，该斑点属于 ω 相的两个变体。β 相基体中析出的 ω 相与 β 相符合一定的取向关系，即 $\langle 110 \rangle_\beta // \langle 11\bar{2}0 \rangle_\omega$，$\{111\}_\beta // \{0001\}_\omega$。根据暗场像可见，基体中弥散析出的 ω 相的形貌呈椭球形。

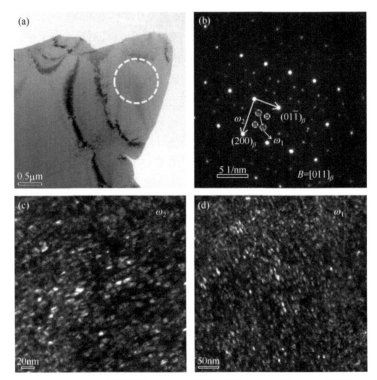

图 4.20　全 β 相组织的 Ti-7333 连续升温至 350℃的 TEM 分析

(a) TEM 明场像；(b) 沿[011]$_\beta$ 方向的选区电子衍射图；(c)(d) 对应图(b)中的两个 ω 相变体的暗场像

　　对 ω/β 相界面特征进行研究(图 4.21)，可以看到除 β 相基体的衍射斑点外，在 β 相 $1/3\{112\}_\beta$ 和 $2/3\{112\}_\beta$ 处的衍射斑点分别对应着两个 ω 相变体，标记为 ω_1 和 ω_2。经测量，β 相的晶格常数 $a_\beta = 0.2195$nm。ω 相的晶格常数分别为 $a_\omega = 0.449$nm，$c_\omega = 0.279$nm。ω 相和 β 相的晶格常数基本符合 $a_\omega \approx 2a_\beta$。同时，经计算 ω/β 相界面的错配度 $\delta \approx 2.824\%$，表明该界面接近共格界面[2]。

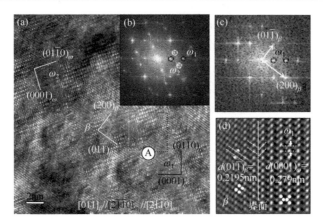

图 4.21　全 β 相组织 Ti-7333 连续升温至 350℃的 HRTEM 分析

(a) [011]$_\beta$ 衍射方向下的 HRTEM 图；(b) 对应图(a)快速傅里叶变换后的衍射花样；(c) 图(a)中虚线框 A 对应的傅里叶变换；(d)图(a)中虚线框 A 对应的逆傅里叶变换

通过观察可知，β 相基体中同时包含 ω 相和 α 相(图 4.22)，且 β 相基体内的 α 相易在 ω/β 相界面附近形核生长。α 相与 ω 相符合一定的位向关系：$\left[2\bar{1}\bar{1}0\right]_\omega$ //[0001]$_\alpha$，$(10\bar{1}0)_\alpha$ //$(01\bar{1}0)_\omega$；α 相与 β 相符合伯格斯取向关系：{110}$_\beta$//{0001}$_\alpha$、$\langle111\rangle_\beta$//$\langle11\bar{2}0\rangle_\alpha$。ω 相呈椭球形，细板条状的 α 相聚集于 β 相和 ω 相界面附近。这是因为 ω/β 相界面存在一定的缺陷。一方面，界面附近有利于一些 α 稳定元素向该处扩散，从而使得 α 相易于在该界面附近形核；另一方面，β→ω 转变产生的相变应变也对 α 相的形核和生长具有重要的影响[2]。

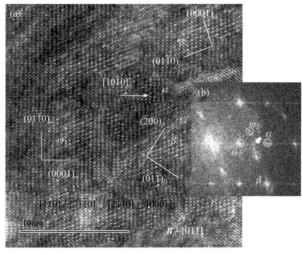

图 4.22　全 β 相组织 Ti-7333 连续升温至 450℃的高分辨分析

(a) [110]$_\beta$ 衍射轴下的 HRTEM 图像；(b) 对应的逆快速傅里叶变换衍射图谱

为了研究 ω 相对 α 相的细化效果,在连续升温试验过程中,选取 600℃进行淬火试验,与直接时效处理对比,发现连续升温处理后基体中的 α 相尺寸更加细小。相比于直接时效处理,在连续升温过程中除原有 α 相的形核点外,在初始升温过程中形成的大量的 ω 相附近也会成为 α 相理想的形核点,最终导致连续升温过程中 α 相的形核点远大于直接时效过程中 α 相的形核点(图 4.23)。因此,在最后 α 相析出总量相同的情况下,连续升温过程中形成 α 相尺寸必将更加细小。

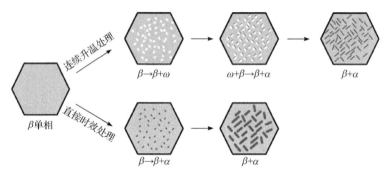

图 4.23 不同热处理条件下 α 相的形核过程示意图

为预测 ω 相的析出过程,采用杠杆法处理新型高强度钛合金 Ti-7.5Mo-4.8Nb-3.8Ta-3.6Zr-4Cr-2Al 的热膨胀曲线研究 ω 相变动力学[4]。如图 4.24 所示,不同升温速率条件下合金的动力学曲线呈标准的 S 形曲线,且升温速率对新型高强度钛合金的相变动力学有很大影响。随升温速率的增加,S 形曲线逐渐向右偏移,且 S 形曲线中部的斜率逐渐增大,说明随着升温速率的升高,ω 相变逐渐加快。通过 Kissinger-Akahira-Sunose 方法得到 ω 相变激活能。随着转变量的增加,新型高强度钛合金 ω 相变激活能逐渐增大。这可能是因为合金中 ω 粒子间距随着其含

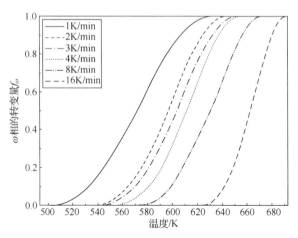

图 4.24 合金不同升温速率时的相变动力学曲线

量的升高而逐渐减小，粒子间产生较大的弹性交互作用，从而阻碍 ω 相变。对新型高强度钛合金而言，ω 相变平均激活能为 91.7kJ/mol。

4.4　冷却工艺过程

钛合金材料及其构件热加工后需要进行特定条件的冷却，选择不同冷却介质或冷却速率对微观组织特征具有重要影响。

4.4.1　冷却速率对微观组织的影响

为了系统深入地研究钛合金在不同冷却速率下的组织演变规律，尤其是马氏体转变及其组织特征，选取近 α 型钛合金 Ti60 进行试验[3]。试验冷却速率最高为 120℃/s，最低至 1℃/s。在快冷条件下，仅观察到 α-Ti 对应衍射峰，没有发现 β-Ti 对应衍射峰(图 4.25)。此时原始 β 相已经完全转变为细密的针状 α' 马氏体，晶粒内部是由大量的细长针状 α' 马氏体组成的，在晶界处没有发现连续的晶界 α 相片层。$\beta \rightarrow \alpha'$ 马氏体转变同时在晶界处和晶内发生，并具有相同的长大方式。晶界处形核的 α' 马氏体向晶内延伸，晶内马氏体向周围任意方向延伸，但都与 β 基体保持伯格斯关系。

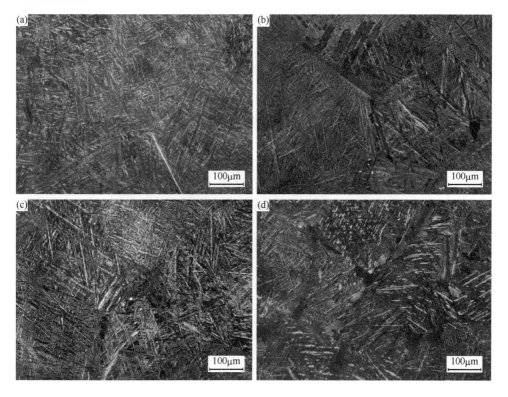

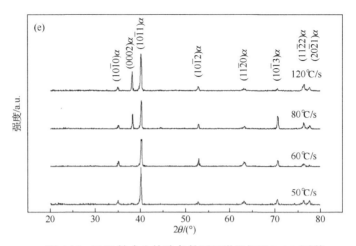

图 4.25　Ti60 钛合金快冷条件下显微组织及 XRD 图谱

(a) 冷却速率 120℃/s；(b) 冷却速率 80℃/s；(c) 冷却速率 60℃/s；(d) 冷却速率 50℃/s；(e)不同快冷条件下的 XRD 图谱

在冷却速率为 5～20℃/s 条件下(图 4.26)，随着冷却速率降低，β 相在冷却过程中不仅发生 $\beta \to \alpha'$ 转变，也发生 $\beta \to \alpha$ 转变。冷却过程中，当温度在马氏体相变起始温度以上时，局部过饱和的 β 相在较快的溶质元素扩散作用下优先发生转变。晶界附近形成较快的溶质扩散通道，α/β 相界面在溶质扩散控制下沿晶界迁移，形成薄的晶界 α 相片层。随着冷却速率降低，更多 α 相沿晶界析出，并且溶质元素开始向晶界扩散，α 相片层也开始从晶界向晶内生长。当温度继续降低至马氏体相变起始温度以下，剩余的未转变 β 相将全部转变为 α' 马氏体。当冷却速率达到 5℃/s 时，晶粒内几乎没有细密交错的马氏体组织。

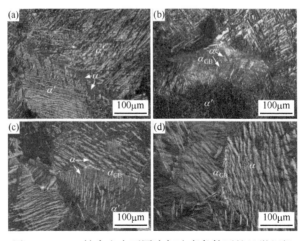

图 4.26　Ti60 钛合金中不同冷却速率条件下的显微组织

(a) 冷却速率 20℃/s；(b) 冷却速率 15℃/s；(c) 冷却速率 10℃/s；(d) 冷却速率 5℃/s

在冷却速率为 1～3℃/s 条件下，组织中 β 相全部转变为 α 相。如图 4.27 所示，可以看出晶界被晶界 α 相占据，晶粒内部全部由大块的 α 集束组成，α 集束则由从晶界向晶内生长的平行 α 相片层组成。缓冷条件下，冷却过程中 α/β 相界面迁移已经完全受溶质元素扩散控制，即发生 β→α 转变。α 相仍然优先在晶界形核，形成晶界 α 相片层或从晶界 α 相片层向晶内长大成大块 α 集束，α 集束的生长方向与晶界 α 相片层有关。当冷却速率为 3℃/s，随着溶质元素向晶内扩散，晶内逐渐具备 α 相形核长大条件，于是 α 相开始在晶内均匀形核并以片层形式长大，形成的 α 相片层存在 12 种生长方向，与晶内 β 相基体保持伯格斯关系。当冷却速率进一步降低至 1℃/s，α 相片层从晶界 α 相片层形核并一直向晶内长大，直至与其他 α 相片层相遇，不再出现晶内形核长大的 α 相片层。α 相片层优先在晶界形核并长大，而且晶界 α 相片层生长速率大于晶内，晶内 α 相片层形核需要孕育期[16]。因此，Ti60 钛合金在 1℃/s 冷却速率下，溶质扩散速率加快，使得晶界 α 相片层生长速率加快，晶内 β 相温度未降低至 α 相片层形核所需过冷度时便发生 β→α 转变。

图 4.27　Ti60 钛合金缓冷条件下显微组织

(a) 冷却速率 3℃/s；(b) 冷却速率 1℃/s

4.4.2　α 相变体选择晶体学机制

钛合金缓冷和等温时效过程中均会析出大量的 α 相。β 相基体中析出的 α 相通常与其保持伯格斯取向关系，即 $\{0001\}_\alpha//\{110\}_\beta$，$\langle11\bar{2}0\rangle_\alpha//\langle111\rangle_\beta$[17]。根据 BCC 结构 β 相和 HCP 结构 α 相晶体结构的对称性，一个 β 相晶粒最多可以形成 12 个不同取向的 α 相，称为 α 相变体。

β→α 转变可产生 12 种变体，但生成的 α 相变体之间的取向差并非随机分布，而是相互呈一定的角度[18]，这种 α 相的择优取向生长被称为变体选择，其实质是相变过程中倾向析出使整体系统的能量降低更多的变体。变体选择的程度受到热处理参数(退火温度和冷却速率)及高温 β 相特征(织构和晶粒尺寸)的影响。

　　针对 α_{GB} 相变体的选择机制已有学者给出经验性规则,如图 4.28 所示[19]。α_{GB} 相变体选择机制可以概括为三点:①α_{GB} 相形核析出时尽可能同时与两边 β 相晶粒保持伯格斯取向关系,这样的 α_{GB} 相与两边 β 相晶粒具有较低的界面能,形核能垒更低;②α 相变体主低能面$\{112\}_\beta//\{\bar{1}100\}_\alpha$ 须与晶界面保持较小的偏差;③α 相变体密排方向$\langle 11\bar{2}0\rangle_\alpha//\langle 111\rangle_\beta$ 须与晶界面保持较小的偏差,也就是说$\langle 11\bar{2}0\rangle_\alpha//\langle 111\rangle_\beta$ 应尽可能地处在晶界面内[20]。

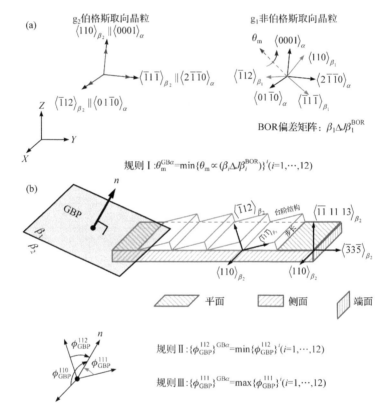

图 4.28　β/β 晶界处的变体选择现象应遵从的三条经验性规则的示意图

(a) 基于取向差的影响提出的经验性规则; (b) 基于晶界面倾角的影响提出的经验性规则

θ_m 是与偏差矩阵($\beta_i\Delta_i\beta_i^{BOR}$)相关的取向角,该矩阵定量衡量 α_{GB} 相与非伯格斯取向晶粒之间的取向关系偏离伯格斯取向的程度; φ_{GBP}^{112} 是晶界面与$\{112\}_\beta$ 面之一之间的倾角; φ_{GBP}^{111} 是晶界面与$\langle 111\rangle_\beta$ 方向之一之间的倾角;

X、Y、Z 表示样品参考坐标系,在该坐标系中表示基体 β 相晶粒的取向和晶界面的倾角

　　α_p 相的织构特征也会影响 α 相的变体选择,强织构的宏区内 α_p 相和 α_s 相的 c 轴往往具有相近的方向(取向差不超过 10°)[21,22]。通过 EBSD 技术发现,α_p 相与高温 β 相的伯格斯取向关系并未被打破,此时与 α_p 相具有一致取向的 α 相变体优先

析出, 从而进一步加强了 α_p 相的织构强度(图 4.29)[18,23]。因此, 对于近 α 相或双相钛合金, α_p 相与 β 相之间的取向关系对热加工后冷却时 α 相变体的析出具有重要的影响。

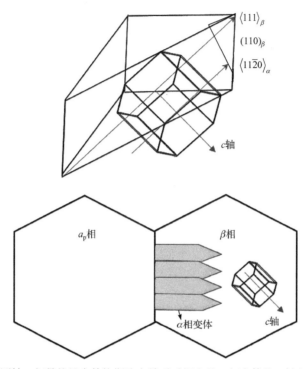

图 4.29　α_p 相和原始 β 相晶粒具有伯格斯取向关系时析出的 α 相变体的 c 轴与 α_p 相晶粒的取向

参　考　文　献

[1] 费跃, 常辉, 商国强, 等. 热机械工艺对 Ti-1023 合金组织和力学性能的影响[J]. 航空材料学报, 2011, 31(1): 48-51.

[2] 董瑞峰. 热轧 Ti-7333 合金的组织特征及 α 相转变研究[D]. 西安: 西北工业大学, 2019.

[3] 孙峰. Ti60 钛合金相变动力学及组织演变研究[D]. 西安: 西北工业大学, 2015.

[4] 周中波. 高强度钛合金设计及组织特征[D]. 西安: 西北工业大学, 2011.

[5] 万明攀. Ti-1300 合金室温变形与组织演变研究[D]. 西安: 西北工业大学, 2015.

[6] 张雪. 近 β 钛合金次生 α 相析出行为及机制研究[D]. 西安: 西北工业大学, 2014.

[7] 高雄雄. Ti60 钛合金双态组织调控过程中显微组织演变规律研究[D]. 西安: 西北工业大学, 2018.

[8] WILLIAMS J C, DE FONTAINE D, PATON N E. The ω-phase as an example of an unusual shear transformation[J]. Metallurgical Transactions, 1973, 4(12): 2701-2708.

[9] FURUHARA T, MAKI T, MAKINO T. Microstructure control by thermomechanical processing in β-Ti-15-3 alloy[J]. Journal of Materials Processing Technology, 2001, 117(3): 318-323.

[10] 惠琼. Ti-7333 钛合金固溶时效过程的相变及组织演化[D]. 西安: 西北工业大学, 2013.

[11] HUI Q, XUE X Y, KOU H C, et al. Phase transformation and microstructure evolution in near-β Ti-7333 titanium alloy during aging[J]. Materials Science Forum, 2013, 747: 904-911.

[12] 欧文超. 基于多元扩散结的 Ti-Al-Mo-V-Cr 钛合金 ω 相变行为研究[D]. 西安: 西北工业大学, 2016.

[13] 商国强. 热机械工艺对 Ti-10V-2Fe-3Al 合金组织和力学性能的影响[D]. 西安: 西北工业大学, 2009.

[14] 商国强, 寇宏超, 王新南, 等. 时效工艺强化 Ti-10V-2Fe-3Al 合金研究[J]. 稀有金属, 2009, 33(4): 484-488.

[15] 王义红. TC21 合金组织演变规律及马氏体等温分解动力学[D]. 西安: 西北工业大学, 2010.

[16] TEIXEIRA J D C, APPOLAIRE B, AEBY-GAUTIER E, et al. Transformation kinetics and microstructures of Ti17 titanium alloy during continuous cooling[J]. Materials Science and Engineering: A, 2007, 448(1-2): 135-145.

[17] CAYRON C. Importance of the $\alpha \rightarrow \beta$ transformation in the variant selection mechanisms of thermomechanically processed titanium alloys[J]. Scripta Materialia, 2008, 59(5): 570-573.

[18] 郑国明, 李磊, 毛小南, 等. 钛合金 BCC↔HCP 相变的变体选择及其对晶体取向的影响[J]. 材料导报, 2019, 33(17): 2910-2917.

[19] SHI R, DIXIT V, VISWANATHAN G B, et al. Experimental assessment of variant selection rules for grain boundary α in titanium alloys[J]. Acta Materialia, 2016, 102: 197-211.

[20] 樊江昆, 赖敏杰, 唐斌, 等. 热力耦合作用下钛合金动态相变行为研究进展[J]. 航空材料学报, 2020, 40(3): 25-44.

[21] GEY N, BOCHER P, UTA E, et al. Texture and microtexture variations in a near-α titanium forged disk of bimodal microstructure[J]. Acta Materialia, 2012, 60(6-7): 2647-2655.

[22] GERMAIN L, GEY N, HUMBERT M, et al. Texture heterogeneities induced by subtransus processing of near α titanium alloys[J]. Acta Materialia, 2008, 56(16): 4298-4308.

[23] GERMAIN L, GEY N, HUMBERT M, et al. Analysis of sharp microtexture heterogeneities in a bimodal IMI834 billet[J]. Acta Materialia, 2005, 53(13): 3535-3543.

第5章 钛合金变形行为及其微观机理

钛合金复杂的变形行为及其微观机理一直是材料科学与工程领域的研究热点。在不同的温度和应力条件下，钛合金表现出多样化的变形机制，这不仅影响其力学性能，还决定了其在实际应用中的可靠性和寿命。本章将深入探讨钛合金在不同温度条件下的变形行为及其微观机理，重点分析位错滑移、孪晶变形和应力诱发马氏体相变这三种主要机制。结合试验观察和理论分析，揭示不同变形机制在微观层面的作用过程及其相互关系，进而为优化钛合金的性能提供理论指导。此外，本章还讨论元素组成、微观组织和织构类型对钛合金变形行为的影响，旨在为钛合金材料的设计与制备提供新的思路和方法。

5.1 钛合金室温/低温变形行为

钛合金是一类重要的结构材料，在其加工制造、服役应用过程中需要经历不同温度范围、应力环境及气氛环境等。变形温度是影响钛合金变形行为的重要因素，它对材料的塑性、强度和变形机制都有显著的影响。一般而言，随着温度的升高，钛合金的变形机制可能发生改变。在较高温度下，钛合金往往存在多种变形机制，包括位错滑移、晶界滑移及晶粒转动等，这也是钛合金在高温条件下具有更好塑性的主要原因。随着温度的降低，金属材料尤其是钛合金在室温或低温下发生变形时塑性明显降低，但这并不意味着其变形行为变得单一。事实上，钛合金受元素组成、显微组织及织构类型等因素的影响，其在室温/低温下变形时同样存在多种变形机制。下面就钛合金室温/低温变形时常见的变形机制，包括位错滑移、孪晶变形及应力诱发马氏体相变三种主要变形机制进行进一步介绍。

5.1.1 位错滑移

位错运动主要以两种基本的形式进行，分别为位错滑移和位错攀移。位错滑移是在外加切应力作用下，通过位错中心附近的原子沿伯格斯矢量方向在滑移面上不断发生少量位移(小于一个原子间距)而逐步实现。对于螺型位错而言，由于所有包含位错线的晶面都可以成为它的滑移面，因此当某一螺型位错在原滑移面上运动受阻时，有可能从原滑移面转移到与之相交的另一滑移面上继续滑移，这一过程称为交滑移。如果交滑移后的位错再转回和原滑移面平行的滑移面上继续运动，则称为双交滑移。此外，只有刃型位错才能发生位错攀移运动，即位错在垂直于滑移面的方向上运动。位错攀移的实质是构成刃型位错的多余半原子面的扩大或缩小，它是通过物质迁移，即原子或空位的扩散来实现的，通常把半原子面向上运动称为正攀移，向下运动称为负攀移[1]。

位错滑移是钛合金室温/低温变形时常见的位错运动形式，这是因为在低温下难以达到位错攀移发生所需要的激活能。在钛合金内体心立方结构的 β 相滑移方向为 $\langle 111 \rangle$，可能出现的滑移面有 $\{110\}$、$\{112\}$、$\{123\}$。如果 3 组滑移面都能启动，则潜在的滑移系有 48 个，其中 $\{110\}\langle 111 \rangle$ 滑移系 12 个，$\{112\}\langle 111 \rangle$ 滑移系 12 个，$\{123\}\langle 111 \rangle$ 滑移系 24 个[1]。对于密排六方结构的 α 相而言，常见滑移系包括三种：$\langle 11\bar{2}0 \rangle$ 滑移方向上的 $\langle a \rangle$ 型滑移，分别为 $\{0001\}\langle 11\bar{2}0 \rangle$ 基面滑移、$\{10\bar{1}0\}\langle 11\bar{2}0 \rangle$ 柱面滑移和 $\{10\bar{1}1\}\langle 11\bar{2}0 \rangle$ 锥面滑移；两种 $\langle 11\bar{2}3 \rangle$ 方向的 $\langle c+a \rangle$ 锥面滑移，分别为 $\{10\bar{1}1\}\langle 11\bar{2}3 \rangle$ 锥面滑移和 $\{11\bar{2}2\}\langle 11\bar{2}3 \rangle$ 锥面滑移[2]。

在塑性变形过程中，位错沿着特定的晶面和滑移方向移动(滑移、交滑移等)会形成一系列滑移迹线或滑移带。这些滑移迹线可以通过电子显微镜观察检测。通过研究滑移迹线的形貌、密度和分布等特征，可以揭示材料的塑性变形行为与位错运动机制。图 5.1(b)以 TC4 双态组织室温拉伸变形为例[3]，展示了拉伸变形后试样标距段形成的典型表面位错滑移迹线，表现为一道或多道平行分布的笔直迹线，并贯穿整个等轴晶粒。结合该位置的 EBSD 晶体取向信息可以获知该迹线受位错沿着何种滑移系滑移变形影响，并且也可以获得该晶粒的施密特因子(Schmidt factor，SF)用于后续分析。区域 1 和区域 2 具有不同的织构类型和织构强度[图 5.1(a)]，因此在变形过程中，晶粒发生的位错滑移虽然具有相同点，但也存在较大差异。如图 5.1(c)所示，两个取向都激活了大量的基面滑移与柱面滑移，并且开动这两种滑移系的晶粒具有相似的晶体取向分布。不同的是其中区域 2 相较于区域 1 激活了更多的基面滑移位错，并且基面滑移导致的取向差轴主要集中在[0001]轴。这表明区域 2 类型的织构促进了基面滑移的开动。

有研究指出[4,5]，当晶粒内位错不断增殖和运动会导致：①晶界处堆积的位错合并，随后分解为晶界位错；②晶界位错的直接滑移穿过晶界，进入相邻晶粒形成堆积位错；③堆积位错沿着晶界平面滑动；④晶界处位错滑移穿过晶界，并在晶界处留下残余位错；⑤位错在晶粒塞积。这些过程受位错运动的动力学以及晶界滑移的几何形状共同影响。当满足以下三个条件时，就会发生穿过晶界的滑移传递[6]：①传入和传出滑移系的滑移面与晶界面的交线之间的角度最小；②作用在相邻晶粒中可能激活的滑移系受到最大的剪切应力；③滑移传递过程中产生的任何晶界位错具有最小的伯氏矢量。图 5.2 为 Ti-6242Si 合金在经过室温疲劳加载后组织中的位错结构。图 5.2(a)展示了两个具有类似取向晶粒之间的位错滑移传

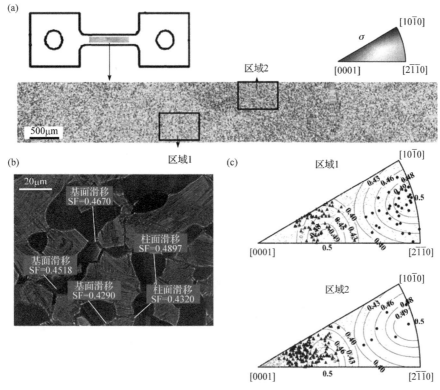

图 5.1　TC4 合金室温拉伸滑移迹线分析

(a) 材料标距段 IPF 图；(b) 典型滑移迹线 SEM 图；(c)图(a)中区域 1 与区域 2 中激活滑移系的取向分布图
(c) 中三角形为开动基面滑移系晶粒，圆形为开动柱面滑移系晶粒，细小弥散的点为未激活任何滑移的晶粒

递及晶粒的晶体学取向。明场透射电镜图在双束条件下清晰显示了靠近晶界处的位错活动与多个激活滑移系，箭头表示位错运动的方向。选择不同的衍射条件对每个晶粒内的位错结构进行分析，发现在所研究晶粒的晶界处未观察到应变对比，这是因为晶粒的取向有利于晶界处的滑移传递。如图 5.2(b)和(c)所示，在晶粒 1 和晶粒 2 中激活了柱面滑移，并且该滑移直接传递到晶粒的界面处。如图 5.2(d)所示，晶粒 3 和晶粒 4 之间的界面则发生了应变传递，在晶粒 3 中的一种滑移类型激活了邻近晶粒 4 中的另一种滑移类型，晶粒 3 中的 ⟨c+a⟩ 型锥面滑移系滑移至晶界处，激活了相邻晶粒 4 中的柱面滑移。此外，还可以观察到在晶粒 1 和晶粒 2 的晶界两侧存在位错堆积，一般而言，当位错源向两个相反方向发射位错时，才会导致晶界两侧的位错堆积。研究表明，这种位错沿两个相反方向射出的现象主要是因为多次交滑移。在 α-Ti 中交滑移主要发生在锥面和柱面之间，这是因为 ⟨a⟩ 型螺旋位错的核心分布在锥面和柱面之间，其机制如图 5.2(g)所示。

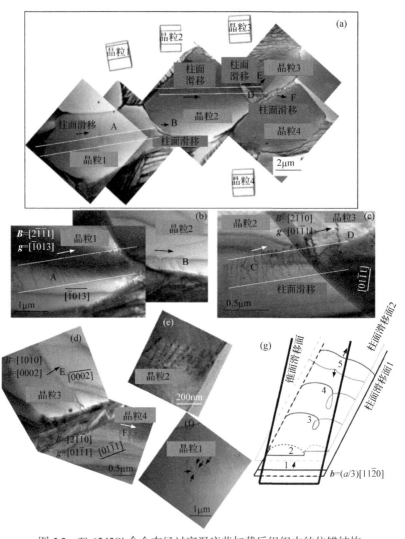

图 5.2　Ti-6242Si 合金在经过室温疲劳加载后组织中的位错结构

(a) 明场扫描透射电镜图像下的 α_p 相晶粒的滑移传递；(b)~(d) 明场双束条件透射电镜图像下晶界上的滑移传递；(e) 晶粒 2 中的堆积位错放大图；(f) 晶粒 1 中的位错滑移放大图；(g) 多次交滑移激活新位错生成示意图 加载方向垂直于图面

A~F 表示不同的滑移系，A~D、F 为柱面滑移，E 为锥面二次滑移

5.1.2　孪晶变形

　　钛合金室温/低温变形除了位错滑移外，孪晶变形也是其主要的变形模式之一。变形孪晶是指材料在塑性变形过程中的一部分原子沿一个特殊晶面(指孪晶面)同另一部分原子成镜面对称的关系。生成变形孪晶时，既不改变形状又不改变位置的平面称为孪晶面，也称第一不畸变面(K_1 面)。生成孪晶面的移动方向称为

孪晶方向，也称第一不畸变方向（η_1 方向）。

以 α 相的变形孪晶为例，其孪晶面根据轴比 c/a 的不同而具有一定的差异性[7,8]。沿 α 相的 c 轴拉伸或沿垂直 c 轴压缩生成的孪晶称为拉伸孪晶；沿 α 相的 c 轴压缩或沿垂直 c 轴拉伸生成的孪晶称为压缩孪晶。α 型钛合金及 $\alpha+\beta$ 型钛合金常见的孪晶类型有 $\{10\bar{1}2\}$ 拉伸孪晶[9]、$\{11\bar{2}1\}$ 拉伸孪晶[10]、$\{11\bar{2}3\}$ 拉伸孪晶[11]、$\{11\bar{2}2\}$ 压缩孪晶与 $\{11\bar{2}4\}$ 压缩孪晶[12]。$\{10\bar{1}2\}$ 孪晶、$\{11\bar{2}1\}$ 孪晶和 $\{11\bar{2}2\}$ 孪晶是室温下常见的孪晶类型；$\{10\bar{1}1\}$ 孪晶是在 400℃ 以上变形时才会生成的孪晶类型；$\{11\bar{2}3\}$ 和 $\{11\bar{2}4\}$ 孪晶只有在严苛条件下才能形成，其中形成 $\{11\bar{2}4\}$ 孪晶的应变速率需要达到 $500\mathrm{s}^{-1}$。图 5.3 为纯钛合金经过动态塑性应变(dynamic plastic deformation，DPD)和准静态压缩(quasi-static compression，QSC)不同应变后的显微组织照片，其中红色、绿色、蓝色和黄色线分别用于表示孪晶面为 $\{10\bar{1}2\}$、$\{11\bar{2}1\}$、$\{11\bar{2}2\}$ 和 $\{11\bar{2}4\}$ 的孪晶，它们的旋转轴和不同的错配角度列在图 5.3(e)中。由此可看出，不同应变水平(0.05~0.20，步长为 0.05μm)下，合金出现了不同的微观结构演变，这是因为变形孪晶产生的晶粒破碎和滑移导致的晶粒伸长的综合效应。在变形量为 5%时，其微观结构与原始材料相似，只是一些晶粒中存在一些变形孪晶。在两种变形方式下增大变形量后，合金内部激活了更多的孪晶，并且大多数晶粒明显细化。值得注意的是，QSC-5%样品中发现了三种常见类型的孪晶，其中不包括 $\{11\bar{2}4\}$ 孪晶。随着变形量增加，孪晶的数量逐渐增加。在 7%变形量后，少数晶粒中激活了变形孪晶，其中 $\{11\bar{2}2\}$ 压缩孪晶为主导孪晶，$\{10\bar{1}2\}$ 拉伸孪晶次之。在 10%、15%和 20%的变形量下，更多的晶粒中形成了包括 $\{11\bar{2}4\}$ 孪晶在内的变形孪晶，且孪晶数量发生了增长。

β 型钛合金常见的有 {332}孪晶和 {112}孪晶，其中 {332}孪晶容易生成，并具有 TWIP 效应[13]。TWIP 效应是钛合金中一种特殊的塑性变形机制，通过孪晶的形成和运动来增强材料的塑性和韧性。图 5.4 展示了 Ti-15Mo 合金在拉伸至不同应变下的显微组织 EBSD 取向分布。其中，图 5.4(a)为弹性限制状态；图 5.4(b)为屈服点(塑性应变为 0.002)处，如箭头所示晶粒内开始出现单一平行变体的孪晶。然后，在应变达到 0.01 后，孪晶数量明显增加[图 5.4(c)]。在应变达到 0.03 后，晶粒中存在不同的孪晶系，如箭头所示[图 5.4(d)]。在应变达到 0.05 后，次级孪晶(绿色)也出现在主要孪晶(红色)内部，如箭头所示[图 5.4(e)]。随着进一步的塑性变形，孪晶变厚，并在应变为 0.10 和 0.15 时与相邻的孪晶连接起来。此外，与轻微变形条件相比，在应变为 0.10 和 0.15 时，孪晶和基体之间的衬度颜色发生了显著变化，这说明这些孪晶能够吸收和分散应变。当材料受到外部应力时，孪晶之间的滑移可以发生，从而使应力集中得到缓解。这种滑移机制可以有效地阻止滑

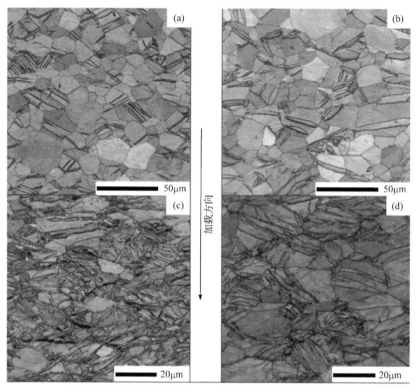

(e)	孪晶面	取向差角	图例
	$\{10\bar{1}2\}$	$85°\langle11\bar{2}0\rangle$	——
	$\{11\bar{2}1\}$	$35°\langle1\bar{1}00\rangle$	——
	$\{11\bar{2}2\}$	$64°\langle1\bar{1}00\rangle$	——
	$\{11\bar{2}4\}$	$77°\langle1\bar{1}00\rangle$	

图 5.3　孪晶结构分析(扫描章前二维码查看彩图)

(a) DPD-5%; (b) QSC-5%; (c) DPD-20%; (d) QSC-20%; (e) 旋转轴和取向差角

移的传递，并提高材料的塑性变形能力。

5.1.3　应力诱发马氏体相变

对于亚稳 β 型钛合金而言，淬火之后一般不发生马氏体转变。外加应力条件可为马氏体转变提供相变驱动力，亚稳 β 型钛合金可能产生应力诱发马氏体(stress-induced martensite，SIM)。室温变形下能产生 SIM 的钛合金种类较多，Mo 当量在 2.5～20 的钛合金中均可观察到 SIM 的存在。

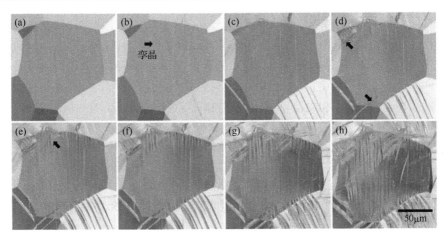

图 5.4　Ti-15Mo 合金中取向接近 [$\bar{1}$22] 的晶粒在不同应变下的显微组织 IPF 图(扫描章前二维码查看彩图)

(a) 弹性限制状态；(b)~(h) 分别为应变为 0.002、0.01、0.03、0.05、0.07、0.10 和 0.15 时的孪晶分析
拉伸轴为水平方向，与轧制方向平行

SIM 为正交结构，空间群 Cmcm。当合金从具有 BCC 结构的 β 相转变为 SIM 时，除了不同晶格主应变方向上会产生一定的应变，以达到正交结构所需的晶格参数以外，一部分 $(0\bar{1}1)_\beta$ 面上的原子还需要产生一定的切变。对于不同成分的钛合金，相变发生时晶格所需的应变以及原子的切变量不同。SIM 中原子占位与相变过程中原子切变的距离 f 有关，$f = \pm 2(y-1/4)$。对于 BCC 结构的 β 相 $y = 1/4$，$b/a = c/a = \sqrt{3}$；对于淬火所得的具有密排六方结构的六方马氏体 α' 相，$y = 1/6$，$b/a = \sqrt{3}$，而应力诱发马氏体 α'' 相的晶体结构是这两个结构的过渡状态。图 5.5 为 β 相与 SIM 的位向关系以及发生相变过程中各个位向上所需应变[14]。

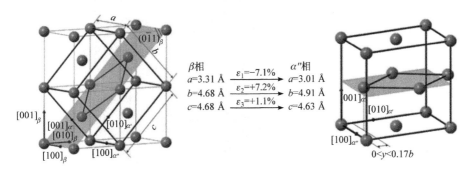

图 5.5　钛合金 β 相与 α'' 相的位向关系以及晶格参数变化

SIM 的形成可用位错滑移导致特定原子面上的原子切变来解释。在 Ti-40Nb 合金中,研究发现从体心立方结构向正交结构转变需要 $\{112\}\langle 111\rangle$ 和 $\{110\}\langle 110\rangle$ 两

种切变的共同开动，并且{110}⟨110⟩为主导切变，{112}⟨111⟩切变在相变过程中起辅助性作用[15]。虽然 BCC 结构金属的滑移面以及滑移方向相对固定，但是不同文献中报道的 SIM 的惯习面并不固定。研究表明，由于不同合金相变所需晶格应变不同，合金中所产生的 SIM 的惯习面也会发生变化[16]。当 $\eta_3=0$(相变过程中所需要的主应变之一)时 SIM 的惯习面为 $\{334\}_{\beta}$，当 $\eta_3=0.008$ 时 SIM 的惯习面为 $\{443\}_{\beta}$。在针对 Ti-8.0Mo-3.9Nb-2.0V-Al 合金 SIM 的研究中发现，该合金中产生的 SIM 惯习面为 $\{334\}_{\beta}$。该研究的作者认为 SIM 由孪晶界上的位错分解得到的 ⟨111⟩ 不全位错沿 {112} 滑移产生。在随后的高分辨透射电子显微镜下，观察到 SIM 的界面由一系列平行于 $\{112\}_{\beta}$ 的宽度较小的微观界面和平面间的台阶构成，这些平面以及台阶的组合构成了宏观测得的 $\{334\}_{\beta}$ 惯习面[17]。

常见的 SIM 板条形貌有单变体 SIM 板条、孪晶结构 SIM 板条及 Z 字形 SIM 等。图 5.6(a)、(b)为 Ti-7333 合金拉伸变形后产生的单变体 SIM 板条。图 5.6(c)、(d)为孪晶结构的板条 α'' 相。其中，单变体 SIM 板条与 β 相基体之间的取向关系(orientation relationships, ORs)为 $[100]_{\beta}//[100]_{\alpha''}$、$[011]_{\beta}//[010]_{\alpha''}$、$[101]_{\beta}//[001]_{\alpha''}$，具有孪晶结构的板条主要由两个 α'' 相变体组成[图 5.6(c)]。比较这两种 α'' 相条带的 KAM 图，可以看到具有孪晶结构的 SIM 板条的 α'' 相内部的局部取向差远高于单变体 SIM 板条。同时，在靠近单变体 SIM 板条的 α''/β 相界附近的 β 相基体中可观察到 KAM 较大的带状区域。对于具有孪晶结构 SIM 的板条，只有在两个不同生长位向的 SIM 板条相互交界的区域附近才能观察到 β 相 KAM 较大的现象。

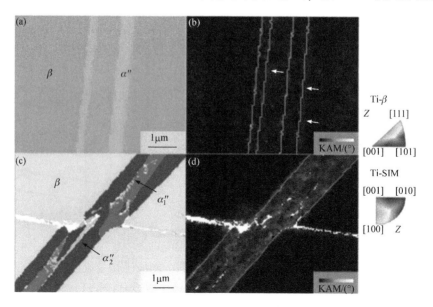

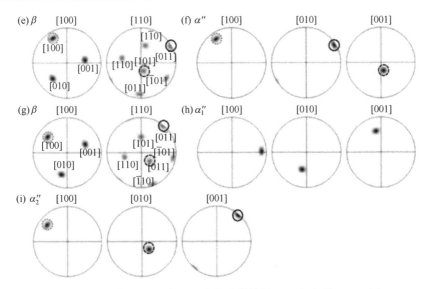

图 5.6　单变体 SIM 板条和具有孪晶结构的 SIM 板条的 EBSD 图

(a) 3%变形量样品中单变体 SIM 板条的 IPF 图；(b) 对应于(a)的 KAM 图；(c) 具有孪晶结构的 SIM 板条的 IPF 图；(d) 对应于(c)的 KAM 图；(e)(f) 分别为(a)中的 β 相和 α'' 相所对应的极图；(g)~(i) 分别为(c)中的 β 相、α_1'' 相和 α_2'' 相对应的极图

由此可知 SIM 板条的形成过程，KAM 较大的区域是在 $\beta \rightarrow \alpha''$ 相的切变过程中沿 α''/β 相界形成的塑性协调变形区。KAM 反映了局部几何必要位错(geometrical necessary dislocation，GND)的密度，可以看到具有孪晶结构的 SIM 板条更能够将几何必须位错集中在其内部，这说明具有孪晶结构的 SIM 板条比单变体 SIM 板条具有更高的协调变形的能力。

图 5.7(a)、(b)显示了 Ti-7333 合金压缩变形组织中具有 150°内角的 Z 字形 SIM 的显微组织特征。黑色矩形标记出的两组 Z 字形 SIM 的 IPF 图说明该类 Z 字形 SIM 由晶体取向相同但生长方向不同的 α_2'' 板条组成。在矩形框下方，还可以观察到一些并未跨越 α''/β 相界面，只是单一生长方向的长度较短的 α_2'' 板条。在 β 相晶粒边界附近可以观察到更为清晰的 Z 字形 SIM 显微结构。并且与远离原始 β 相晶界的条带状 β 相残留区相比，靠近晶界的 β 相残留区宽度[由图 5.7(c)中的白色双向箭头标记]从右上侧到左下侧急剧减小，相应的在晶界附近的 α_1'' 相的体积分数明显增加。由于 α_2'' 相变体的形成可以帮助抵消由 α_1'' 相变体产生时产生的相变诱发应力，所以晶界附近处 α_2'' 相含量的增加可能促使晶界附近 α_1'' 含量显著增加。

应力诱发马氏体变体选择机制是指应力作用下，马氏体相变过程中特定的马氏体变体的形成机制。在应力诱发马氏体变体选择机制中，主要的影响因素有三个：一是应力状态。不同大小和方向的应力会导致不同的位错堆垛和晶格畸变，

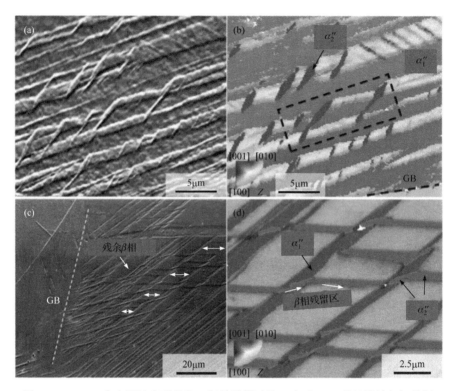

图 5.7　Ti-7333 合金压缩变形组织 β 相晶界附近的 Z 字形 SIM 的显微镜组织特征
(a) 区域一 SEM 图；(b) 图(a)相应区域的 α'' 相 IPF 图与衍射带对比度叠加图；(c) 区域二 SEM 图；(d) 图(c)相应
区域的 α'' 相 IPF 图与衍射带对比度叠加图
GB-晶界

从而影响马氏体变体的形成。二是晶体取向。晶体结构的取向差异会导致马氏体
晶格之间应力的差异，进而影响马氏体变体的选择。三是弹性应变能。弹性应变
能是晶体之间的位错和晶格畸变引起的，在马氏体相变中，不同的弹性应变能会
导致马氏体变体的选择差异。

　　以 Ti-7333 合金为例，分析了不同应力状态对 SIM 析出行为的影响。不同的
应力加载状态会显著影响 SIM 析出取向特征，研究表明全 β 相组织 Ti-7333 合金
在室温拉伸和压缩变形过程中均会产生明显的 SIM 变体选择效应。图 5.8 给出了
全 β 相组织 Ti-7333 合金未变形试样和塑性变形后试样的 X 射线衍射图谱，测试
结果表明，未变形试样的 XRD 图谱中只有 β 相的晶面衍射峰。值得注意的是，
室温拉伸塑性变形后所产生的 SIM 的衍射峰与室温压缩塑性变形试样中产生的
SIM 衍射峰的峰位不同，其中拉伸试样的 XRD 图谱中表现出强烈的 $(020)_{\alpha''}$ 和
$(021)_{\alpha''}$ 晶面反射峰，而压缩试样中来自 $(200)_{\alpha''}$ 和 $(202)_{\alpha''}$ 的晶面衍射信号强烈。
这意味着当合金中产生 α'' 相时，其 $(020)_{\alpha''}$ 和 $(021)_{\alpha''}$ 晶面倾向于在拉伸变形过程

中沿垂直于应力轴的方向排列，而在室温压缩过程中 $(200)_{a''}$ 和 $(202)_{a''}$ 晶面倾向于沿垂直于应力轴的方向排列。由此可见，不同的应力加载方式对 SIM 的产生具有强烈的变体选择效应。这种变体选择效应主要是因为相变诱发应力与外加载荷相互作用。研究表明，在 Ti-7333 合金中，当 $\beta \rightarrow a''$ 转变时产生的相变诱发应力与外加载荷之间相互协调时，SIM 变体更容易产生并稳定在 β 相基体中。

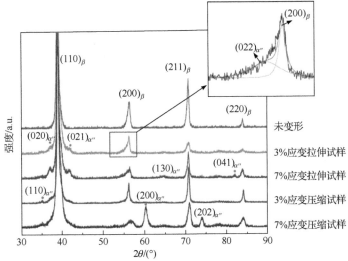

图 5.8　全 β 相组织 Ti-7333 合金室温拉伸/压缩变形前后的 X 射线衍射图

图 5.9 为在室温拉伸/压缩塑性变形条件下，SIM 的显微组织演变规律。在经过拉伸和压缩塑性变形后合金的 β 相等轴晶粒中均出现了大量的板条状 SIM，并且随着应变的增大，单个晶粒中板条状塑性变形产物的体积分数明显增加，生长方向增多。对 7%应变时的 SIM 进行进一步观察可以看到，压缩塑性变形的显微组织形貌中出现了一些宽度在 5μm 左右的 SIM 板条，这说明随着应变的增加，早期形成的 a'' 相板条的宽度明显增加。另外，被前期产生的 SIM 板条分割的 β 相基体上出现了尺寸更小、生长方向不同的新生 SIM 板条，该类新形成的 a'' 相板条具有界面平直的特征，这表明它们是没有孪晶结构的单变体 a'' 相板条。此外，在 7%应变压缩样品的一些晶粒中还可以观察到分布于 β 相晶界附近区域的具有大约 150°夹角的 Z 字形 SIM [图 5.10(d)]。在塑性变形过程中，越靠近 β 相晶界的区域承受的应力越大，这种 a'' 相结构的出现可能是相邻 β 相晶粒的应变协调所致。与 7%应变压缩样品的显微组织相比，7%应变拉伸样品中 a'' 相的排列更为复杂，并且不同原始 β 相晶粒内部的 a'' 相的排列方式有很大差异[图 5.10(a)]，在其显微组织图中主要可以看到板条状 SIM 和 Z 字形 SIM 两种不同形貌的 a'' 相。统计表明，在 7%应变拉伸试样中近 65%的 β 相晶粒内部含有大量具有大约 30°内角的 Z 字形 a'' 相，该类 Z 字形 a'' 相的尺寸相比于其他 a'' 相板条更小，并且彼此紧密平行嵌套排列，构成复杂的网状结构[图 5.10(b)]。

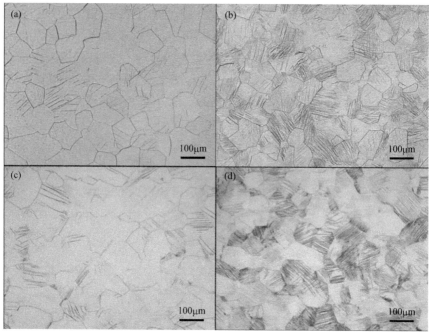

图 5.9　室温拉伸/压缩塑性变形之后全 β 相组织 Ti-7333 合金的显微组织

(a) 3%应变拉伸；(b) 7%应变拉伸；(c) 3%应变压缩；(d) 7%应变压缩

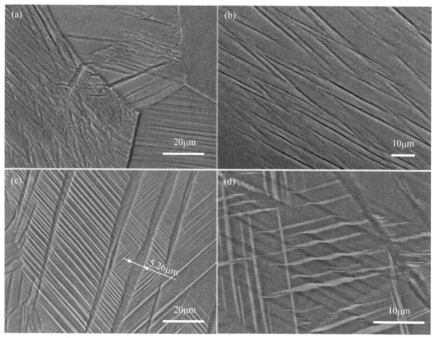

图 5.10　拉伸/压缩 7%应变 Ti-7333 合金塑性变形显微组织形貌

(a) 拉伸试样中的板条状 SIM；(b) 拉伸试样中的 Z 字形 SIM；(c) 压缩试样中的板条状 SIM；(d) 压缩试样中的 Z 字形 SIM

5.2　钛合金高温变形行为

钛合金高温变形行为(又称"热变形行为")是钛合金材料研究与应用的关键。其分析通常涉及应力-应变曲线分析、本构方程构建、热加工图绘制、有限元模拟及热变形组织演变规律等，进而实现热加工工艺优化，以满足特定应用需求。钛合金在热变形中往往会发生动态回复(dynamic recovery，DRV)、动态再结晶(dynamic recrystallization，DRX)、组织球化和织构演变等行为，分析这些微观演变机制可以为高温变形行为的深入理解，材料性能的预测提供重要的基础，并指导合金设计、高温应用和制备工艺的优化。

5.2.1　高温变形应力-应变曲线

研究材料热变形行为常用的方法主要有单轴拉伸、扭转和压缩三种[18]。其中，压缩试验按应变类型可分为轴对称压缩和平面应变压缩，按温度变化情况可分为等温压缩和非等温压缩。平面应变压缩适于模拟板材热轧(特别是精轧)和各向同性材料的变形，但由于存在外端的影响，流变应力比实际偏高，同时摩擦与侧伸条件的不确定性以及几何软化现象的出现等均使其不适合热变形本构关系的研究；非等温压缩适于模拟实际锻造过程，但温度场的不确定性会给试验和数据处理带来较大的误差；轴对称等温压缩常用于模拟挤压和锻造过程，其特点在于可直接在较大应变速率范围内测定材料的真应力-真应变关系，其对应变速率敏感材料和不敏感材料都适用。在一定的高温变形应变速率范围内，一般认为发生动态回复时材料的流变应力几乎稳定在一个定值；流变曲线有明显的下降趋势时，则认为是动态再结晶型流变曲线。钛合金具有高的层错能，动态再结晶难以进行，所以流变曲线大多呈平稳状。

图 5.11 和图 5.12 分别为 Ti-7333 合金在 $\alpha+\beta$ 两相区和 β 单相区不同变形温度和应变速率下的流变曲线[19]。如图 5.11 所示，流变真应力随着变形温度的升高而降低，随着应变速率的升高而升高。另外，流变曲线在较高应变速率时表现为加工硬化后立即软化的特征。随着真应变的增大，真应力区域呈平稳状态。高应变速率时的软化过程可能是动态再结晶或者动态回复所致，且软化的幅度随着应变速率的增大和变形温度的升高而增大。当变形温度与应变速率较高时，高真应变后流变曲线软化后进入稳态阶段。相反，在较低的应变速率下($0.001s^{-1}$ 和 $0.01s^{-1}$)，流变曲线并没有表现出明显的不连续屈服现象，而是几乎保持平稳。当应变速率为 $0.1s^{-1}$ 和 $1s^{-1}$ 时，流变曲线表现出很明显的尖锐的真应力峰值，该峰值在一定的加工硬化后出现，随后进入软化阶段并最后趋于平稳，这种现象也称作不连续

屈服现象。从流变曲线还注意到，应变速率在 0.1s⁻¹ 之上的流变曲线呈明显的锯
齿状振荡特征，而且随着应变速率的增大和变形温度的升高振荡特征越发明显。
当应变速率为 10s⁻¹ 时，在整个变形温度范围下，尤其是在 $\alpha+\beta$ 两相区内，合金
表现出持续流变软化的特点。以上两种特征通常可能是合金热变形失稳所致，比
如局部塑性流变或者微裂纹等。

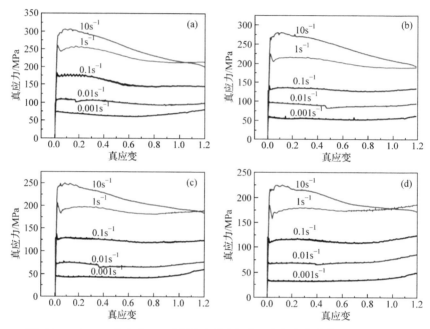

图 5.11　Ti-7333 合金在 $\alpha+\beta$ 两相区不同变形温度和应变速率下的流变曲线
(a) 770℃；(b) 795℃；(c) 820℃；(d) 845℃

　　研究中通常认为真应力-真应变曲线是流变真应力和材料热力学行为的本质
体现，然而在 Ti-7333 合金的热变形过程中，不同条件下的流变曲线表现出多样
的软化、波动、稳态和加工硬化等特征。因此，仅仅根据流变曲线特征很难判定
其热变形机制，一些相似的流变特征可能是不同的热变形显微组织演变机制导致
的[20,21]。例如，稳态流变曲线可能是动态回复或者超塑性变形导致的，流变软化
可能是动态再结晶、绝热剪切和片层组织球化导致的。

　　热变形本构方程能反映材料的流变行为与热加工工艺参数，如真应变、应变
速率和变形温度之间的关系。另外，本构方程也反映了材料的热加工历史和显微
组织参数信息，并可给出热加工相关的工艺参数，可用于预测材料的热变形流变
真应力。根据建立本构方程的方法与依据，可将本构方程分为下述几类：唯象型、
物理型和人工神经网络(ANN)型。其中，唯象型本构方程是包括前述的经验/半经
验模型的，而物理型本构方程在一定程度上反映了材料热变形过程的物理机制[22]。

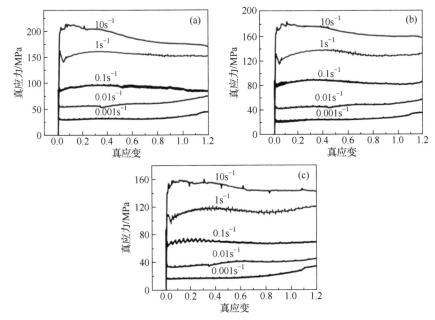

图 5.12　Ti-7333 合金在 β 单相区不同变形温度和应变速率下的流变曲线

(a) 870℃；(b) 920℃；(c) 970℃

工程实际应用上普遍选用的唯象型本构方程是阿伦尼乌斯(Arrhenius)方程[23]。许多研究表明，采用双曲正弦模型[式(5.1)]来描述流变应力与变形温度和应变速率的关系能更好地描述压缩、扭转、挤压等常规的热加工变形：

$$\dot{\varepsilon} = A\left[\sinh(\alpha\sigma)\right]^{n}\exp\left[-Q/(RT)\right] \tag{5.1}$$

式中：σ 为高温流变应力；$\dot{\varepsilon}$ 为应变速率；T 为变形温度，K；n 为应力指数($n=1/m$，m 为应变速率敏感因子)；A 为材料常数；R 为摩尔气体常数；Q 为热变形激活能；α 为应力水平参数(mm^2/N)。

以前文所述 Ti-7333 合金热变形数据为例，代入 $\dot{\varepsilon}$、T 条件下的真实峰值应力，可求得不同变形温度和不同应变速率下的热变形激活能 Q，取其平均值得 $Q_{\alpha+\beta}=333.74kJ/mol$，$Q_{\beta}=213.83kJ/mol$，其应力指数 n 和材料常数 A 如表 5.1 所示。

表 5.1　Ti-7333 合金应力指数 n 和材料常数 A 的数值

变形温度/℃	n	$\ln A$
770~845	4.1331	33.9041
870~970	3.3935	18.5773

将所得的参数代入式(5.1)可得 Ti-7333 合金的热变形本构方程为

$\alpha+\beta$ 两相区：

$$\dot{\varepsilon} = e^{33.9041}\left[\sinh\left(0.0074226\sigma\right)\right]^{4.1331}\exp\left[-333.74/\left(RT\right)\right]$$

β 单相区：

$$\dot{\varepsilon} = e^{18.5773}\left[\sinh\left(0.0074226\sigma\right)\right]^{3.3935}\exp\left[-333.74/\left(RT\right)\right]$$

根据前述内容，由于唯象型本构方程没有考虑材料在热变形过程中的显微组织演变，以及热变形过程的物理机制，预测结果不是十分准确，尤其在相对较高应变速率和较高的变形温度下结果偏差较大。因此，建立考虑位错的增殖与湮没、变形的热激活特性等以热变形物理机制为基础的本构方程具有重要意义。为与前述唯象型本构方程进行区分，将这类建立在一定热变形物理机制基础上的本构方程称为物理型本构方程，其中 Zerilli-Armstrong(ZA)方程[23]是目前应用范围较广的物理型本构方程。

ZA 方程的提出是以位错机制为基础的，综合考虑了应变硬化、应变速率硬化和热软化对金属流变行为的影响。该本构方程将流变应力看作是热相关流变应力与热无关流变应力两相的组合：

$$\sigma = \sigma_a + \sigma_{th} \tag{5.2}$$

式中，σ_a 和 σ_{th} 分别表示热无关流变应力与热相关流变应力。对于体心立方结构与面心立方结构而言，因为其热变形过程位错机制差异，σ_{th} 分量可分别表示如下：

体心立方结构：

$$\sigma_{th} = C_1\sigma_{th} = C_1\exp\left(-C_3T+C_4T\ln\dot{\varepsilon}\right) \tag{5.3}$$

面心立方结构：

$$\sigma_{th} = C_2\varepsilon^{1/2}\exp\left(-C_3T+C_4T\ln\dot{\varepsilon}\right) \tag{5.4}$$

根据 ZA 方程表达式可知，对于体心立方结构金属来说，该方程建立了应变对流变应力的影响，但是并没有考虑应变速率和变形温度的影响。对于面心立方结构金属来说，该方程同时考虑了应变、应变速率和变形温度对流变应力的影响。实际上，这种流变应力的应变相关性受变形温度和应变速率的影响较大，一个完善的本构关系应该充分考虑应变、应变速率和变形温度间的耦合作用对流变行为的影响。鉴于 ZA 方程的一些不完善之处，许多学者提出了各种修正的 ZA 方程，拓宽了该方程的应用范围。Lin 等[24]将热变形过程中位错密度的变化与唯象型本构方程相结合，提出了一种新物理型本构方程，得到了较准确的流变应力预测结果。

5.2.2　动态回复及动态再结晶

金属合金的热变形过程实际上包含金属材料内部加工硬化与动态软化两个相

互竞争的过程。随着变形程度的增加，材料内部位错密度增大，位错之间发生交互作用形成了各种稳定的位错塞积，使得金属的强度、硬度增加，而塑性、韧性下降，这一现象称为加工硬化。钛合金的软化机制主要包括动态回复和动态再结晶。动态回复和动态再结晶对于钛合金的塑性变形和微观组织演变具有重要影响，它们可以改变位错密度、晶粒尺寸和晶界特征，从而调控材料的力学性能和综合性能。在钛合金的热加工和热变形过程中，合理控制动态回复和动态再结晶行为，可以实现材料的强韧化和晶粒细化，提高材料的综合性能和加工塑性。

以 Ti-7333 合金为例，图 5.13 为不同温度和应变速率进行热变形后的组织 EBSD-IPF 图。由此可看出，随着变形温度的升高以及应变速率的降低，晶界从平直逐渐转为曲折的锯齿状，变形晶粒内部出现大量亚晶界，动态再结晶趋势显著。当变形温度为 795℃、应变速率为 $0.001s^{-1}$ 时[图 5.13(a)]，原始粗大的晶粒沿轴向垂直方向严重变形拉长，晶界出现锯齿状特征且发现存在细小的再结晶晶粒。细小的再结晶晶粒在晶界处形核，说明在该条件下已经发生连续动态再结晶，但组织中仍存在大量的变形晶粒，这说明合金处于不完全再结晶状态。同时，在 β 相基体中弥散分布着细小的球状 α 相颗粒，经统计计算，α 相占 11.1%。当变形温度为 870℃、应变速率为 $0.001s^{-1}$ 时[图 5.13(b)]，变形拉长的原始晶粒很少，取而代之的是稍有长大的再结晶晶粒。当变形温度为 870℃、应变速率为 $1s^{-1}$ 时[图 5.13(c)]，晶粒晶界呈不规则的锯齿状特征，这是典型的动态回复特点。此外，未在晶界及晶内发现再结晶晶粒。在低的应变速率下，合金发生了明显的动态再结晶，但在高应变速率下却很难看到细小再结晶晶粒的存在。这是因为在高应变速率下位错没有足够的时间进行迁移，而当应变速率较低时，再结晶晶粒有足够的时间形核长大。当变形温度升至 920℃、应变速率为 $0.001s^{-1}$ 时[图 5.13(d)]，组织中存在部分再结晶晶粒，但再结晶晶粒和原始晶粒均较为粗大，并且显微组织中存在大量的亚晶界。从图 5.13 可以看出，热变形后的合金组织中出现大量亚晶界，这些亚晶界为随后的连续动态再结晶提供了基础。合金在热变形过程中位错滑移系激活后，其相互作用下形成位错亚结构并进一步发展形成亚晶界，亚晶界继续吸收附近的位错导致亚晶界两侧取向差进一步增大。如图中线 $a \sim h$ 所示，一个较大晶粒内部出现取向差，最终亚晶界不断向大角度晶界转化。

图 5.14 为 Ti-7333 合金不同条件热变形之后晶界取向图。随着温度的升高和应变速率的下降，小角度晶界体积分数逐步降低，说明部分亚晶已转变为大角度晶界。当变形温度为 795℃、应变速率为 $0.001s^{-1}$[图 5.14(a)]，以及变形温度为 870℃、应变速率为 $1s^{-1}$ 时[图 5.14(c)]，变形组织中小角度晶界的比例均较高，表明变形过程中高密度变形位错发生了回复，组织的动态软化过程以动态回复为主。相对而言，变形温度 795℃、应变速率 $0.001s^{-1}$[图 5.14(a)]的条件下大角度晶界的比例略有增加，这都是潜在的再结晶形核位置，在一定程度上也反映了变形程度

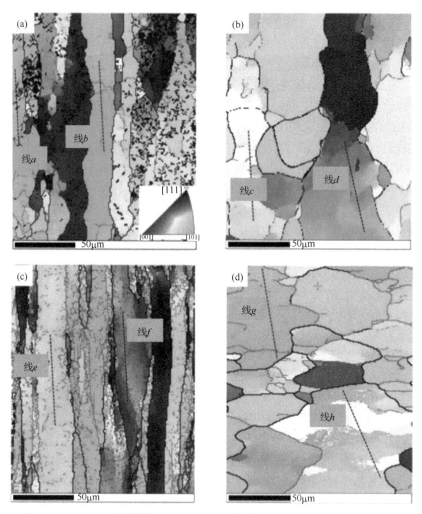

图 5.13　Ti-7333 不同温度和应变速率下进行热变形后的组织 EBSD-IPF 图

(a) 温度 795℃，应变速率 0.001s⁻¹；(b) 温度 870℃，应变速率 0.001s⁻¹；(c) 温度 870℃，应变速率 1s⁻¹；(d) 温度 920℃，应变速率 0.001s⁻¹

较大时组织中的亚组织有所增加，有发生再结晶的趋势。当变形温度为 870℃、应变速率为 1s⁻¹ 时[图 5.14(c)]，小角度晶界占比大约为 89%，如此高的比例是因为在大应变速率下，小角度晶界来不及吸收位错，无法实现向大角度晶界的转变。

5.2.3　组织破碎及球化

　　动态球化是钛合金热变形过程中常见的一种组织演变方式。很多金属组织中都存在片状组织，如钢铁中的共析珠光体与钛合金的网篮组织都是片状组织。片状组织具有较好的抗裂纹扩展能力和高温抗蠕变性，而低长径比或球状组织具有

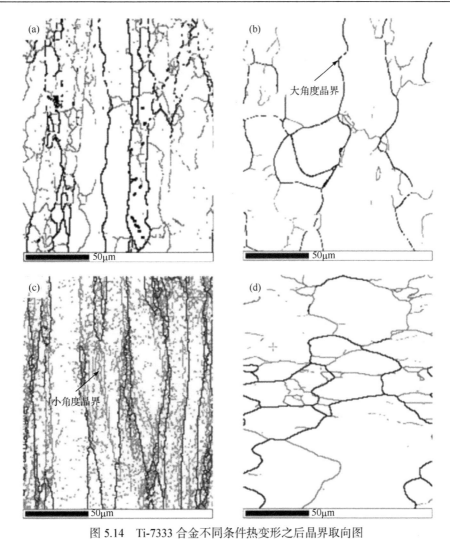

图 5.14　Ti-7333 合金不同条件热变形之后晶界取向图

(a) 温度 795℃，应变速率 0.001s^{-1}；(b) 温度 870℃，应变速率 0.001s^{-1}；(c) 温度 870℃，应变速率 1s^{-1}；(d) 温度 920℃，应变速率 0.001s^{-1}

良好的塑性和疲劳性能。如何将片状组织转化为球状组织以及片状组织球化机理研究一直受到各国科研工作者关注，并由此提出了很多组织球化的模型，包括瑞利(Rayleigh)表面张力扰动模型、动态再结晶模型、晶界分离模型、板条剪切球化模型、超高碳钢珠光体球化模型、片状结构终端物质迁移模型、片状 α_2 相的球化模型及其他球化模型。下面就钛合金球化模型中几种典型的模型进行介绍。

1. 瑞利表面张力扰动模型

图 5.15 为瑞利表面张力扰动模型示意图[25,26]。由图可知，长杆状组织状态不

稳定，在表面张力的作用下杆状组织会自发分解成一串球形颗粒。从理论和试验中都已经证明当长度达到某一临界长度 c 时就发生正弦扰动，导致杆状组织自发分解成一串球形颗粒。不过值得注意的是，该模型常应用于液相成形。

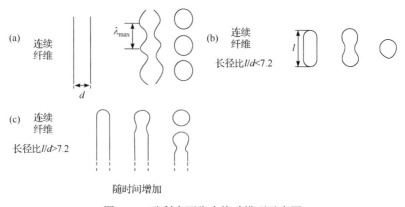

图 5.15　瑞利表面张力扰动模型示意图

(a) 长径比 $l/d = 7.2$；(b) 长径比 $l/d < 7.2$；(c) 长径比 $l/d > 7.2$

2. 动态再结晶模型

Margolin 和 Cohen 于 1980 年，对 Ti-6Al-4V 合金片层组织高温变形过程进行了研究，并提出了片层 α 相晶内和晶界的球化模型[27]。α_R 表示片层 α 相再结晶晶粒，α_u 表示片层 α 相未再结晶晶粒。片层 α 相晶内的球化模型如图 5.16 所示，高温变形过程中发生再结晶，再结晶粒 α_R[图 5.16(b)]最先在片层 α 相内出现，由于表面张力的作用，α/β 相界面发生迁移，同时 α/β 相界面开始旋转[图 5.16(c)]，α_R 尺寸继续增大，最终与相邻未发生再结晶晶粒 α_u 接触[图 5.16(d)]。上述再结晶方式在其他区域的片层 α 相上同时发生。片层 α 相晶界球化模型如图 5.17 所示，图中 G.B.α_u 表

图 5.16　Ti-6Al-4V 钛合金晶内片层 α 相球化模型

(a) 无再结晶；(b) 发生再结晶；(c) 晶界迁移；(d) α_R 相长大

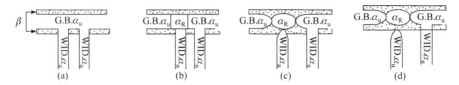

图 5.17　Ti-6Al-4V 钛合金晶界片层 α 相球化模型[27]

(a) 无再结晶；(b) 发生再结晶；(c) 持续再结晶；(d) α_R 与晶内片层 α 相分离

示晶界 α 相未再结晶晶粒，WID.α_u 表示未再结晶的魏氏组织。该机理为片层 α 相晶界发生再结晶时，α/α 相界面会向晶内 WID.α_u 相末端迁移，再结晶晶粒 α_R 与晶内未再结晶的魏氏体 WID.α_u 在表面张力和界面迁移的共同作用下分离。

3. 晶界分离模型

Weiss 等[28]以 Ti-6Al-4V 合金为研究对象，在 Margolin 和 Cohen 提出的动态再结晶模型基础上对其片层组织球化行为进行了研究，对原有的理论进一步完善并提出了不同的观点，其球化模型如图 5.18 所示。如图 5.18(a)所示，Weiss 等认为合金球化的主要驱动力是在片层 α 相内产生的，片层 α 相中形成亚晶界，如图 5.18(b)所示，由剪切作用形成穿过片层 α 相的剪切带。在表面张力的作用下，形成的亚晶界和剪切带驱动 β 相向片层 α 相内楔入，由于 α/α 和 α/β 相界面能不同[图 5.18(c)]，β 相楔入的深度也不同。β 相楔入的深度加大导致片层 α 相的解体，最终片层 α 相转化为小球状，实现组织球化。

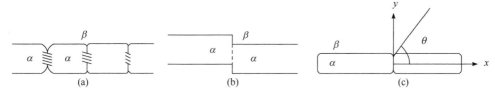

图 5.18　Ti-6Al-4V 钛合金片层组织球化模型示意图

(a) α 相片层内形成的亚晶；(b) α 相片层内形成剪切带；(c) β 相楔入 α/α 相界面

4. 板条剪切球化模型

Seshacharyulu 提出了板条剪切球化模型[29]，可以很好地解释 Ti-7333 合金热变形 α 相球化现象。如图 5.19(a)所示，板条受剪切应变而发生剪切变形。这一过程主要由应变决定。在这个过程中，处于有利位向的 α 团簇将加入剪切变形中，并使相邻的处于不利位向的 α 相发生转动，为进一步的剪切提供条件；图 5.19(b) 为沿着剪切线生成位错；图 5.19(c)为同时交滑移产生的回复导致相交滑移面上的异号位错相互抵消，最后剩下的同号位错沿着剪切线形成位错界面；图 5.19(d)为界面因扩散而迁移，使表面能最小，形成球的状组织，即界面分离。以 Ti-7333 合金为例，热变形过程往往伴随着大尺寸晶粒、片层组织、变形晶粒的破碎和球化。

5.2.4　织构演变规律

合金在热机械加工过程中除了实现外形和尺寸的改变，更重要的是实现显微组织和织构的调控，最终获得符合使用要求的目标厚度板材。就钛合金显微组织而言，通常包括晶粒尺寸、组织类型、再结晶分数及析出相等要素。织构控制则

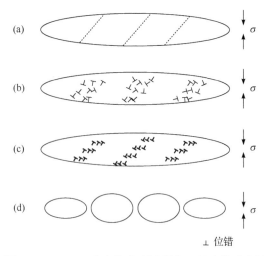

图 5.19　Ti-7333 合金热变形过程中 α 相球化示意图

(a) 板条剪切; (b) 位错生成; (c) 位错界面形成; (d) 界面分离

包括宏观织构和微区织构, 变形和热处理过程均可显著影响织构特征。以上这些因素均会对板材不同方面的性能产生决定性的作用, 因此跟踪织构的演变过程, 研究热变形过程对织构的影响规律, 对于制备符合使用要求的高性能钛合金板材非常必要。

　　钛合金织构受变形温度影响较大[30], 图 5.20 是 Ti65 合金经过三种不同温度轧制得到的 2.0mm 板材(990℃、1070℃+990℃、1070℃条件下板材分别记为B#、C#、D#)的微观织构和再结晶情况。图 5.20(a)为持续在两相区轧制 B#板材的法向(normal direction, ND)IPF 图, 可观察到微观组织中存在两种明显的择优取向, 分别为红色[0001]和蓝色[01$\bar{1}$0]。红色[0001]和蓝色[01$\bar{1}$0]晶粒的晶面倾向于平行于板材轧制面(RD-TD 面), 分别对应于基面织构和横向织构。很明显, 红色取向的晶粒和蓝色取向的晶粒体积分数相近, 即基面织构和横向织构的强度接近。图 5.20(d)为 B#板材 RD 的 IPF 图, 其中也有两种明显的择优取向。蓝色晶粒的[01$\bar{1}$0]晶向和绿色晶粒的[$\bar{1}$2$\bar{1}$0]晶向倾向平行于 RD, 分别对应于横向织构和基面织构。C#板材中间火次在 1070℃轧制, 最终在两相区 990℃完成加工, ND 的 IPF 图如图 5.20(b)所示, 也有两种明显的择优取向, 分别为红色[0001]和蓝色[01$\bar{1}$0]方向。红色[0001]和蓝色[01$\bar{1}$0]晶粒的晶面倾向于平行于板材轧制面(RD-TD 面), 分别对应于基面织构和横向织构。很明显, 红色取向的晶粒体积分数更占优势, 即基面织构的强度高于横向织构的强度。对于单相区轧制的D#板材, ND 和 RD 对应的 IPF 图均有较多颜色的不同取向, 说明析出片层的变体种类较多, 轧制过程未形成明显择优取向。图 5.20(g)~(i)给出了三种温度轧制变形的再结晶情况，均以红色的轧制变形组织为主。

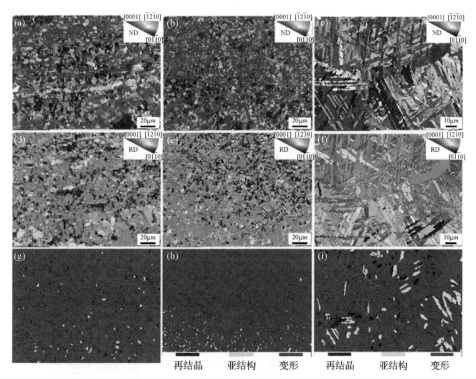

图 5.20　不同温度轧制板材的 IPF 图和动态再结晶分布图(扫描章前二维码查看彩图)
(a) B#板材 ND 的 IPF 图; (b) C#板材 ND 的 IPF 图; (c) D#板材 ND 的 IPF 图; (d) B#板材 RD 的 IPF 图; (e) C#
板材 RD 的 IPF 图; (f) D#板材 RD 的 IPF 图; (g) B#板材的再结晶情况; (h) C#板材的再结晶情况; (i) D#板材的
再结晶情况

图 5.21 为不同温度轧制板材取向分布函数(orientation distribution function, ODF)图，该图展示了具体织构分布和演变，其中 B#和 C#板材的主要织构类型基本相似[图 5.21(a)、(d)]，由Ⅰ织构(横向织构)和Ⅳ织构(基面织构)组成，Ⅰ织构(横向织构)为主要织构，强度较高。织构具体取向如下：Ⅰ织构的欧拉角为(10°, 90°, 0°)，对应于 $(\bar{1}2\bar{1}0)[10\bar{1}0]$ 织构，$(\bar{1}2\bar{1}0)$ 面//轧制面，$[10\bar{1}0]$//轧制方向；Ⅳ织构为 [0001] //ND 的纤维织构，典型的Ⅳ-1 欧拉角为(40°, 0°, 0°)，对应于 $(0001)[3\bar{2}\bar{1}0]$，Ⅳ-2 欧拉角为(50°, 0°, 30°)对应于 $(0001)[2\bar{3}10]$。对比图 5.21(a) 和(d)，单相区及两相区轧制 C#板材的Ⅰ织构(横向织构)较 B#板材有沿 φ 轴方向发散的趋势，而基面织构Ⅳ有所加强。图 5.21(g)D#板材的织构分布有多个峰值区域，说明晶粒有多个择优方向，晶粒取向倾向于随机分布，并不集中，这主要与单相区轧制过程相变弱化织构有关。

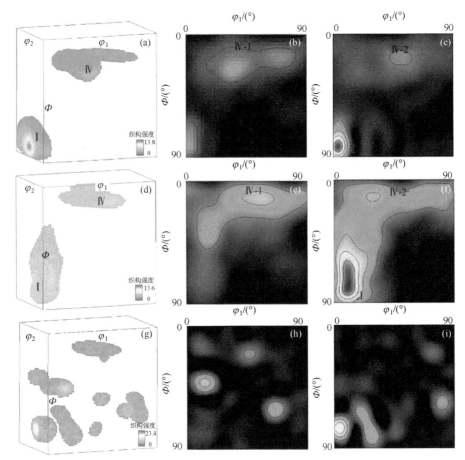

图 5.21　不同温度轧制板材的 ODF 图和相应的 φ_2=0° 和 φ_2=30°截面图

(a) B#板材的 ODF 图；(b) B#板材 φ_2 =0°的截面图；(c) B#板材 φ_2 =30°的截面图；(d) C#板材的 ODF 图；(e) C#
板材 φ_2 =0°的截面图；(f) C#板材 φ_2 =30°的截面图；(g) D#板材的 ODF 图；(h) D#板材 φ_2 =0°的截面图；(i) D#板
材 φ_2 =30°的截面图

(a)～(c)为 990℃的 B#板材，(d)～(f)为 1070℃+990℃的 C#板材，(g)～(i)为 1070℃的 D#板材

　　换向轧制是钛合金制备工艺中常用的手段，其可以避免轧制过程中形成单一的强变形织构，转而形成多组分的变形织构。以 Ti65 板材轧制过程为例，选取三种轧制工艺，分别从厚度 18mm 轧制到厚度 2mm 以对比三种不同轧制换向工艺对织构的影响，分别为单向轧制 A#、一次换向 B#和两次换向 E#。图 5.22 为三种不同轧制工艺 2.0mm 厚板材的微观织构和再结晶情况。图 5.22(a)为 A#板材 ND 的 IPF 图，可观察到有两种明显的择优取向，红色[0001]和蓝色[01$\bar{1}$0]晶粒的晶面倾向于平行于板材轧制面(RD-TD 面)，分别对应于图 5.23(a)～(c)取向分布图中基面织构Ⅳ和横向织构Ⅰ、Ⅱ。蓝色和绿色取向的晶粒占较大比例，即横向织构的强度高于基面织构。图 5.22(d)为 A#板材 RD 的 IPF 图，也有两种明显的择优取

向, 蓝色晶粒的 $[01\bar{1}0]$ 晶向和绿色晶粒的 $[\bar{1}2\bar{1}0]$ 晶向倾向平行于 RD, 分别对应于图 5.23(a)～(c)取向分布图中横向织构Ⅰ、Ⅱ和基面织构Ⅳ。

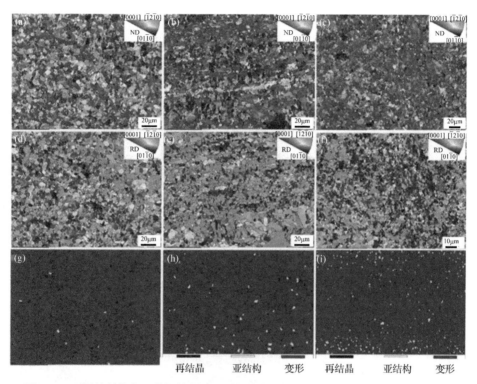

图 5.22　不同轧制换向工艺板材的 IPF 图和动态再结晶图(扫描章前二维码查看彩图)
(a) A#板材 ND 的 IPF 图; (b) B#板材 ND 的 IPF 图; (c) E#板材 ND 的 IPF 图; (d) A#板材 RD 的 IPF 图; (e) B#板材 RD 的 IPF 图; (f) E#板材 RD 的 IPF 图; (g) A#板材的再结晶情况; (h) B#板材的再结晶情况; (i) E#板材的再结晶情况

B#板材的 ND 的 IPF 图如图 5.22(b)所示, 微区织构区域明显, 也有两种明显的择优取向, 红色[0001]和蓝色 $[01\bar{1}0]$ 晶粒的晶面倾向于平行于板材轧制面(RD-TD 面), 分别对应于基面织构和横向织构。红色取向的晶粒体积分数与蓝色晶粒相近。

E#板材 ND 的 IPF 图如图 5.22(c)所示, 红色晶粒的取向占据绝对主导, 对应于图 5.23(g)～(i)取向分布图中的基面织构Ⅳ, 这与宏观织构测试结果一致。E#板材 RD 的 IPF 图[图 5.22(f)]有两种明显的择优取向, 蓝色晶粒的 $[01\bar{1}0]$ 晶向和绿色晶粒的 $[\bar{1}2\bar{1}0]$ 晶向倾向平行于 RD, 对应于图 5.23(g)～(i)ODF 图的基面织构Ⅳ。

对比三维取向分布图 5.23(a)、(d)和(g)可以看出, 随着换向次数的增加, [0001]//ND 的Ⅳ纤维织构逐渐加强, 即基面织构加强, 而横向织构减弱。出现的Ⅰ～Ⅳ四种变形织构分别如下：Ⅰ织构的欧拉角为(10°，90°，0°)，对应于织构$(\bar{1}2\bar{1}0)$//轧制面，$[10\bar{1}0]$//轧向；Ⅱ织构有两个强点Ⅱ-1、Ⅱ-2，欧拉角分别为(15°，45°，0°)、(35°，75°，30°)，对应$(\bar{1}2\bar{1}3)[4\bar{1}\bar{4}0]$和$(02\bar{2}1)[3\bar{2}\bar{1}2]$；Ⅲ织构为[0001]//ND的纤维织构，主要包括Ⅲ-1~Ⅲ-4织构，典型的欧拉角为(30°，50°，30°)，对应$(0001)[2\bar{3}\bar{1}0]$。其中，Ⅰ、Ⅱ织构近似对应于横向织构，Ⅲ织构近似对应于基面织构。

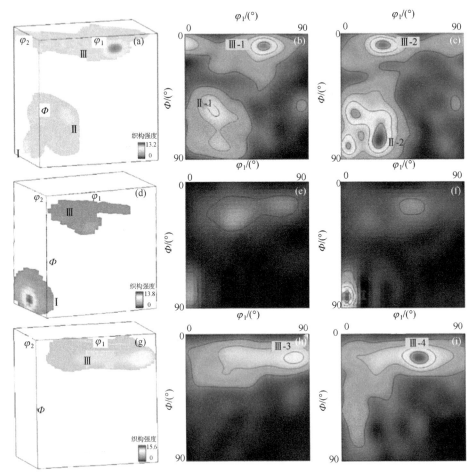

图 5.23　不同轧制换向工艺板材的 ODF 图和相应的 φ_2 =0°和 φ_2 =30°截面图

(a)A#板材的 ODF 图；(b) A#板材 φ_2 =0°的截面图；(c)A#板材 φ_2 =30°的截面图；(d)B#板材的 ODF 图；(e) B#板材 φ_2 =0°的截面图；(f) B#板材 φ_2 =30°的截面图；(g)E#板材的 ODF 图；(h) E#板材 φ_2 =0°的截面图；(i) E#板材 φ_2 =30°的截面图

5.2.5　钛合金热加工图

　　热加工图是表征材料固有加工性的图形，根据热加工图可以选择变形工艺参数、控制变形过程中的组织演变进而改善材料的加工性能。热加工图主要有两类：一类是基于原子论模型(atomistic model)的加工图，如 Raj 加工图；另一类是基于动态材料模型(dynamic material model，DMM)的加工图。其中，Raj 加工图仅适用于纯金属和简单合金，且只在稳态下有效，无法广泛应用于各种变形机制，因此很难将其运用到实际工作中。以动态材料模型为基础建立的热加工图在一定程度上弥补了前者的不足，在许多合金中得到广泛应用，如铝合金、铜合金、镁合金、不锈钢及镍基合金等。根据 DMM 理论，将热加工系统视为一个封闭的能量反应器，整个系统由输入能量 P 和随后的能量耗散来控制。输入总能量 P 可以定义为 $P=G+J$，G 表示由塑性变形引起的能量耗散，J 表示由动态再结晶、球化反应等冶金过程引起的能量耗散。通过 DMM 模型构建的热加工图主要由功率耗散图与失稳图两部分组成，以动态材料模型为基础绘制出功率耗散图与失稳图以后，将两张图进行叠加就可以得到热加工图。通过热加工图可以优化加工工艺，确定加工安全区和塑性失稳与开裂等不同微观变形机制所在的加工区域，实现所需要的组织与性能的控制。

　　通过耗散率图和失稳图的叠加可以得到合金的热加工图。图 5.24(a)、(b)分别为 Ti65 合金真应变为 0.4 和 0.6 时的热加工图。热加工图中等值线表示耗散率 η，大部分区域都可以被认为是稳定区域。失稳区域主要集中在高真应变速率区域。较宽的工艺窗口表明，Ti65 合金适合用于热加工成形，有较大的空间来选择和调整变形工艺参数。通过对比 0.4 和 0.6 真应变的加工图，发现真应变对失稳面积和耗散率有较大影响。随着真应变的增加，失稳区逐渐扩展，耗散率 η 峰值区向 1110～1140℃的高温区移动。耗散率 η 峰值区也倾向于出现在低真应变速率区(ln(真应变速率)为 −6.9s^{-1})或高温 1110～1140℃区，表明在此区域发生了严重的冶金转变。

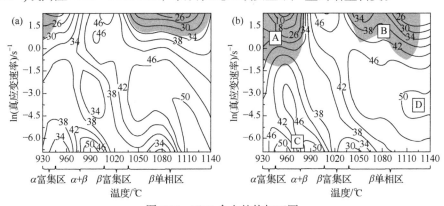

图 5.24　Ti65 合金的热加工图
(a) 真应变=0.4；(b) 真应变=0.6
等值线表示耗散率 η，%

进一步分析真应变为 0.6 的热加工图 5.24(b)。耗散率 η 的变化范围较大(6%～

55%)，在相变点 T_β 以下和以上的低真应变速率区(ln(真应变速率)为-6.9～-3.0s^{-1})分别存在两个 η 峰区，分别是 C 区域和 D 区域。C 区域出现在 945～1005℃(低于T_β)，在 990℃下 ln(真应变速率)为-6.9s^{-1} 时，η 达到峰值，约为 55%，主要归因于动态回复、超塑性变形或球化过程。D 区域位于 1100～1140℃(高于 T_β)，在 1140℃ln(真应变速率)为-3.5s^{-1} 时，η 达到峰值约为 51%，此区域主要归因于 β 相晶粒动态再结晶行为。从图 5.24(b)中还可以看出，Ti65 合金的安全区域位于低真应变速率区(ln(真应变速率)<-1.1s^{-1})，此区域的耗散率相对较高(30%～55%)。从图 5.24(b)还可以得到 Ti65 合金失稳区域为 ln(真应变速率)>-1.1s^{-1} 的高真应变速率 A 区和 B 区。其中，A 失稳区温度范围在 930～980℃，ln(真应变速率)为-1.1～2.3s^{-1}；B失稳区在 1040～1130℃，ln(真应变速率)为-0.65～2.3s^{-1}。

为了更好地指导合金的塑性加工，建立了涵盖可加工区域和组织-织构特征的新型热加工图，即显微组织-织构演变图(MTE 图)。MTE 图能直观地反映耗散率、组织和织构分布，揭示变形过程中变形参数对组织和织构的影响。MTE 图的建立需要结合耗散率 η 曲线、相应的微观组织和织构取向分布图。在给定应变速率下，耗散率 η 随温度变化，可以用公式 $\eta = J / J_{max} = 2m / (m+1)$ 计算。以 Ti65 合金为例，在应变速率 0.001s^{-1} 下不同温度下变形过程耗散率 η 均较高，保持在 35%～51%[图 5.25(a)]，这意味着变形过程有剧烈的冶金转变发生，需要较大的耗散能。也就是说，各个温度下的冶金反应得到充分转变。随着温度的升高(930～1140℃)，组织形貌由 $\alpha+\beta$ 两相区变形 α 相片层球化，转变为近 T_β 相区变形形成伸长的 β 晶粒，然后 β 相区变形获得明显的动态再结晶晶粒，分别对应图 5.25(b$_1$)、(c$_1$)和(d$_1$)。球化后的 α 相晶粒尺寸相对均匀，平均晶粒尺寸为 8.2μm。在低应变速率下，容易形成单一织构组分。如图 5.25(b$_2$)、(c$_2$)和(d$_2$)所示，930℃、1020℃和 1140℃分别形成 $(01\bar{1}0)[8\bar{4}\,\bar{4}3]$、$(0001)[5\bar{7}20]$ 和 $(0001)[2\bar{1}\bar{1}0]$ 织构。由此，采用同样方法可以建立不同应变速率 0.1s^{-1}、1s^{-1} 及 10s^{-1} 下的组织/织构热加工图。通过对比不同应变速率下的组织/织构热加工图可以判断出组织和织构的变化，确认出材料在不同应变速率下组织是否表现出明显的不均匀变形和宏观失稳。一般而言，在热加工图中产生这种盲区的主要原因是相变和组织网篮化提高了 T_β 附近的耗散率η，多种冶金反应协同效应掩盖了失稳变形引起的耗散率降低现象。根据 MTE 图的结果详细统计宏观失稳区域包括宏观开裂和不均匀变形。由于无法获得中间温度和应变速率下连续的试验数据，采用二分法近似绘制图 5.26(a)中的宏观失稳图，结果表明宏观失稳所占的面积较大。宏观失稳是一种不可忽视的变形失稳，将宏观失稳图叠加到传统热加工图上，即可构造出优化的加工图。如图 5.26(b)中阴影区所示，优化后 Ti65 合金热变形的失稳区域为应变速率大于 0.01s^{-1} 的区域。结合耗散峰值区域的分布情况，得到 Ti65 合金安全的热变形区域对应的变形温度为

960~1020℃与1080~1110℃，且应变速率小于0.01s⁻¹的区域。

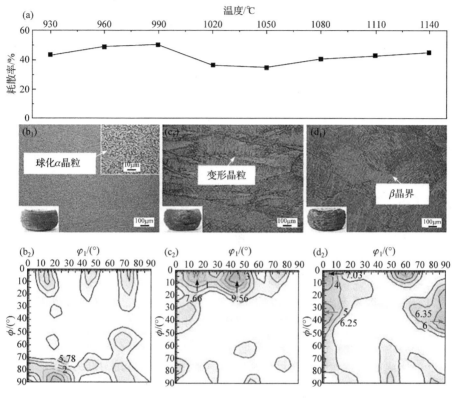

图 5.25 应变速率为 0.001s⁻¹ 时的 MTE 图

(a) 耗散率-温度曲线；(b₁) 930℃的微观组织；(b₂) 930℃的取向分布图(φ₂=30°)；(c₁) 1020℃的微观组织；(c₂) 1020℃的
取向分布图(φ₂=30°)；(d₁) 1140℃的微观组织；(d₂) 1140℃的取向分布图(φ₂=30°)

(b₂)、(c₂)、(d₂)中等值线表示晶粒取向分布的相对密度

1-(0001)[75$\bar{2}$0]；2-(01$\bar{1}$0)；3-(0001)[5$\bar{7}$20]；4-(0001)[2$\bar{1}$10]；5-(011$\bar{3}$)[2$\bar{1}$10]；6-(011$\bar{2}$)[0$\bar{1}$11]

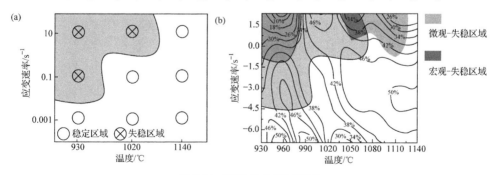

图 5.26 Ti65 合金热加工图

(a) 宏观失稳图；(b) 优化的加工图(阴影区域表示失稳区域)
等值线表示耗散率

5.3　钛合金典型热成形行为及模拟仿真

锻造和轧制是钛合金材料及其构件典型的加工制备方法。然而，钛合金锻造、轧制过程中温度场、应力场及组织演变具有复杂性，容易导致合金坯料及其构件的组织均匀性以及性能一致性较差。通过将锻造和轧制的实际成形过程和数值模拟方法相结合，能够更好地理解热加工对钛合金的影响规律，实现对显微组织演变的精确控制，指导优化热加工工艺，提高生产效率、降低成本。

5.3.1　钛合金锻造变形行为

由于钛合金冷变形成形困难，钛及钛合金的半成品或成品应用之前，通常需要经过适当的热加工，将钛锭变形至各种坯料和锻件。锻压加工是其加工成形的一种重要手段，不但可使坯料在外形和尺寸上接近成品，而且对于改善钛合金的组织状态和性能也有着重要的作用。

钛合金锻造过程中，进行剧烈的塑性变形时坯料的加热温度一般高于再结晶温度，较高的温度及变形为随后 β 相晶粒的动态回复与动态再结晶提供了驱动力。

图 5.27 为两个锻造温度下 Ti-7333 变形组织中大小角度晶界分布[31]，用黑色线条表示大角度晶界，对应于晶界取向差≥15°的晶界；晶界取向差在 2°～15° 的小角度晶界用灰色线条表示。通过观察可知，在变形晶粒内部分布着大量小角度晶界，且小角度晶界方向杂乱。这些小角度晶界主要由变形过程中晶粒内部的位错滑移产生，而在小的再结晶晶粒内部分布较少。两组工艺下变形组织中小角度晶界的占比均比较高，表明在变形过程中产生的高密度位错发生了回复。在 900℃下变形时，较高的变形温度虽会促进动态再结晶的形核和再结晶晶粒的长大，但由于锻造过程较快，晶内积累的变形存储能来不及释放，随后冷却过程主要发生

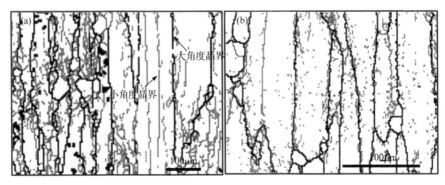

图 5.27　不同温度和变形量的 β 锻造工艺 Ti-7333 合金的大小角度晶界分布图
(a) 温度 880℃，变形量 70%；(b) 温度 900℃，变形量 70%

动态回复现象。随着变形温度的降低，小角度晶界体积分数增加，动态再结晶体积分数依然很小，动态回复仍为变形过程主导机制。变形温度为 880℃时小角度晶界的体积分数更大，说明 880℃比 900℃发生更显著的动态回复现象。

　　由此可见，Ti-7333 合金在相变点以上 30～50℃温度下锻造，会同时发生动态回复和动态再结晶现象，但再结晶体积分数很低，动态回复为变形过程中的主导机制。

　　实际锻造过程应变速率较大，一定的锻造变形量下锻造时间均较短且较为接近，因此 β 锻造过程的动态再结晶行为主要受到锻造温度的影响。如图 5.28 所示，对 70%变形量下的 Ti-7333 合金在两个不同锻造温度的 β 锻造组织进行 EBSD 分析，图 5.28 中锻造方向为水平方向。微观组织中在拉长晶粒晶界处分布少量再结晶晶粒，880℃下再结晶晶粒尺寸为 10～20μm，900℃下再结晶晶粒尺寸为 15～25μm，两个变形温度下再结晶晶粒体积分数均很低。在相同变形量下，随变形温度的升高，高温下变形对合金的热激活作用加强，原子扩散更容易克服能垒，位错交滑移和晶界的迁移能力等均有增加，导致动态再结晶晶粒长大。

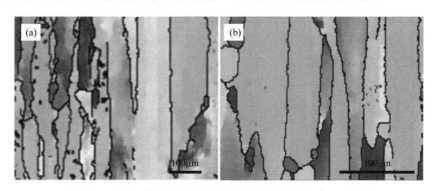

图 5.28　不同温度和变形量的 β 锻造工艺 Ti-7333 合金 IPF 图
(a) 温度 880℃，变形量 70%; (b) 温度 900℃，变形量 70%

5.3.2　钛合金锻造有限元模拟

　　通过有限元数值仿真技术，可以很好地对材料模锻成形过程微观组织分布规律进行分析。热模锻造是一种比较有发展前途的精密锻造工艺，其特征是模具温度高于常规锻造的模具温度，但低于等温锻造的模具温度。

　　图 5.29 为某型飞机起落架下防扭臂热模锻不同阶段的 β 相晶粒尺寸，变形温度、下压速率、摩擦系数分别为 800℃、10mm/s、0.05。在变形初期，中部区域由于动态再结晶的进行首先发生晶粒的细化现象，而变形过渡区域变形较为剧烈，β 相晶粒尺寸较低。随着变形量增大，中间区域的晶粒在动态再结晶的作用下进一步细化，但是其他区域的变形量较小，对应的晶粒尺寸与变形初期的尺寸接近。

到变形末期时，下防扭臂整体发生晶粒细化，但是成形件顶部和底部区域的动态再结晶度较低，对应的晶粒尺寸与中部区域存在较大的差异。

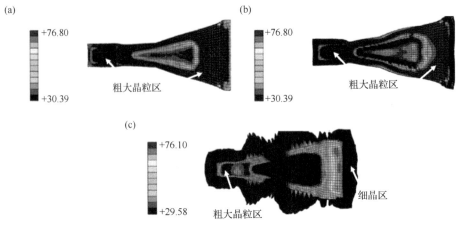

图 5.29　热模锻不同阶段的 β 相晶粒尺寸(单位：μm)

(a) 2.94s；(b) 5.46s；(c) 7.98s

　　对下防扭臂成形后的各物理特性分布情况进行分析，如图 5.30 所示。下防扭臂不同部位之间的应变速率差异非常大，范围为 $0.02\sim1.2\mathrm{s}^{-1}$，而中间的大变形部

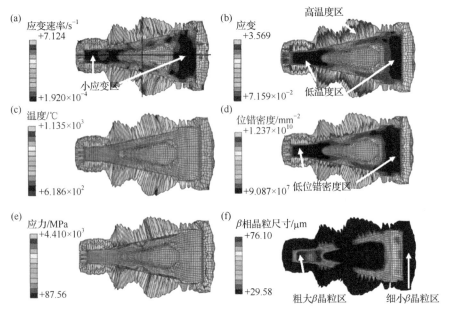

图 5.30　热模锻后的下防扭臂各物理量分布情况

(a) 应变速率；(b) 应变；(c) 温度；(d) 位错密度；(e) 应力；(f) β 相晶粒尺寸

位应变速率较高。同时下防扭臂的应变范围较大，为 0.1～2.3。在下防扭臂的热
模锻过程中，因为坯料与外界存在热传导作用，坯料外部的温度随变形的进行不
断降低，所以下防扭臂不同部位之间的温度范围也较大，为447～687℃。但是，
整体的应力分布较为均匀，在成形件侧面中间部位，由于温度偏低且应变速率较
高，该区域应力偏高。整体的位错密度范围为 $4.2 \times 10^7 \sim 1.5 \times 10^9 \mathrm{mm}^{-2}$，在大变形
区域位错密度较高。由图 5.30(f)可知，下防扭臂在大变形区域的 β 相晶粒尺寸较
小，顶部区域的 β 相晶粒尺寸较大。

　　等温锻工艺也是钛及钛合金构件成形的重要方法之一，是在传统模锻工艺基
础上发展起来的一项新工艺。与普通模锻技术不同，它是将模具和坯料同时加热
到锻造温度，并使坯料在一段温度变化很窄的区间下完成变形过程。该工艺有利
于减小材料的变形抗力，简化成形过程，对大规格和形状复杂构件的精密成形具
有十分重要的意义。

　　对等温模锻过程中的 β 相晶粒尺寸演变规律进行分析，如图 5.31 所示。在变
形初期时，中间区域变形量较大，动态再结晶易发生，平均晶粒尺寸下降。到变
形中期时，大变形区的平均晶粒尺寸进一步下降，而下防扭臂其余部位的晶粒尺
寸仍较大。当到变形末期时，下防扭臂整体发生晶粒细化，但成形件顶部和底部
区域的晶粒尺寸仍大于其他部位。

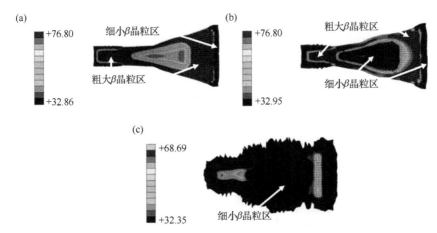

图 5.31　等温模锻不同阶段的 β 相晶粒尺寸(单位：μm)
(a) 29.4s；(b) 54.6s；(c) 79.8s

　　相比于热模锻过程，钛合金下防扭臂的等温模锻过程中的相关物理量呈现不同
的分布规律。图 5.32(a)为等温模锻后的下防扭臂温度分布云图，与热模锻相比，等
温锻造温度呈现相反的分布规律。成形件的顶端和底部变形量较小而且温升不明
显，但是大变形区和侧面变形量较大而且温升明显。下防扭臂的初生 α 相分布
如图 5.32(c)所示，大变形区的 α 相体积分数最低，而在温度偏低的下防扭臂顶部和

底部，α 相体积分数较高，但是分布均匀性远优于热模锻。如图 5.32(b)所示的位错密度分布规律与热模锻相近，温度对小变形区位错密度的影响较小。图 5.32(d)显示了 β 相晶粒尺寸的分布情况，可知在下防扭臂的顶部和底部，β 相晶粒尺寸较大，而其他部位发生动态再结晶导致晶粒细化，分布规律与热模锻过程相近。

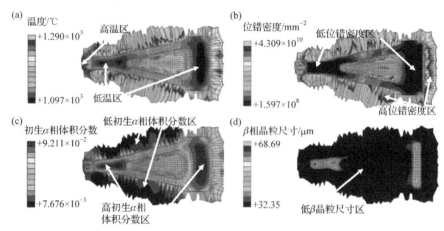

图 5.32 等温模锻过程中下防扭臂的各物理量分布
(a) 温度；(b) 位错密度；(c) 初生 α 相体积分数；(d) β 相晶粒尺寸

温度对钛合金锻造成形过程和组织演化的影响十分显著，锻造过程中模具与坯料的温度差及坯料与空气的热交换导致坯料的温度不断降低，因此坯料的初始温度选取非常关键。根据锻造温度不同，可将锻造分为 β 锻造、准 β 锻造、近 β 锻造、α+β 锻造。对比 Ti-7333(β 相变温度为 850℃左右)在不同变形温度下的下防扭臂的组织特征，β 相晶粒尺寸分布云图如图 5.33 所示，随着变形温度的升高，β 相晶粒尺寸降低。这是因为变形温度的升高将提供更充足的动态再结晶驱动力，有利于 β 相动态再结晶的发生。再结晶晶粒尺寸随着变形温度的升高而增大，下防扭臂不同部位的 β 相晶粒尺寸差异逐渐减小。

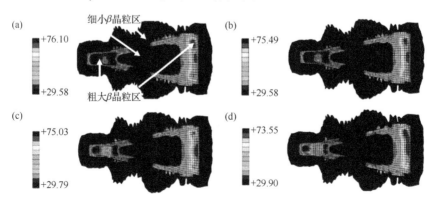

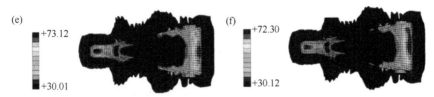

图 5.33　不同变形温度下的 β 相晶粒尺寸(单位：μm)

(a) 800℃；(b) 820℃；(c) 840℃；(d) 860℃；(e) 880℃；(f) 900℃

对不同变形温度下的位错密度进行分析，下防扭臂在各变形温度条件下的位错密度分布云图如图 5.34 所示。由图可知，变形温度对下防扭臂整体的位错密度影响较小，但大变形区域的位错密度随着变形温度的升高不断降低。这是因为该位错模型理论只涉及动态回复对位错消除的影响，并未涵盖动态再结晶的作用，而动态回复对位错的影响比较有限。在大变形处，较高的温度导致动态回复对位错消除的作用加剧。

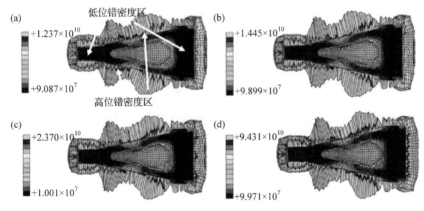

图 5.34　不同变形温度下的位错密度(单位：mm^{-2})

(a) 800℃；(b) 840℃；(c) 860℃；(d) 900℃

5.3.3　钛合金轧制变形行为

钛合金热轧一般应在 β 相或 $\alpha+\beta$ 相区进行，热轧温度比锻造温度低 50～100℃。钛合金是具有相变的金属，坯料加热温度的选择必须考虑 $\alpha+\beta$ 相区的工艺塑性、变形抗力及高温时吸气层对轧件表面塑性的影响。β 相区的工艺塑性比 α 相区工艺塑性好，变形抗力低，但加热温度高将导致吸气层深度增加，并使不均匀变形时表面产生严重的裂纹。

掌握轧制过程中的变形微观机理，能更深入理解轧制过程的组织演变，从而实现对组织更加精准的调控。钛合金在热轧过程中受温度和应力的作用，促进动态再结晶的形成。除了再结晶外，位错滑移及孪晶也是金属材料热轧过程中常见的变形机制。如图 5.35 所示，通过观察热轧态 Ti-7333 合金在透射电子显微镜下的明场像，发现基体中有大量的位错缠结[32]。通过多个区域的观察，在 β 相基体中并未发现孪晶，这表明热轧变形过程中基体的变形机制是位错滑移主导的。

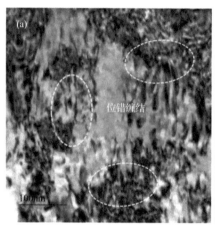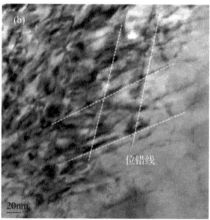

图 5.35　Ti-7333 合金变形基体的位错等亚结构
(a) 位错缠结；(b) 位错线

5.3.4　钛合金轧制有限元模拟

采用有限元模拟的方式，对轧制过程的组织演变以及物理量分布进行模拟，可以更深入分析轧制过程的变形机制，进而为板材显微组织和织构控制提供理论基础。另外，通过有限元模拟可以优化轧制工艺，节省反复试验带来的时间与资源浪费，对新合金研制有较大意义。

以 Ti-7333 为研究对象，采用元胞自动机法[33]，建立了 Ti-7333 轧制合金动态再结晶组织演变模型，模拟了不同变形条件下 β 相的动态再结晶组织演变。图 5.36 显示了温度为 1273K，应变速率为 $0.001s^{-1}$ 时，应变分别为 0.3、0.6、0.9 和 1.2 时 Ti-7333 合金的动态再结晶组织模拟结果，对应的再结晶体积分数分别为 27.0%、68.2%、91.9% 和 91.94%。模拟结果显示，随着应变的增加，动态再结晶不断在原始 β 相晶界上形核，随着再结晶晶粒逐渐长大，再结晶平均晶粒尺寸和再结晶体积分数均不断增加。同时也可以观察到，随着应变的增加，所模拟的整个区域逐渐被拉长，原始晶粒和新生成的再结晶晶粒均发生了一定程度的畸变。

亚晶界生长速率对再结晶动力学有很大影响。基于统一的亚晶生长理论，建立的一种新再结晶元胞自动机法模型，以研究介于 0.05～0.5 的亚晶界生长速率对再结晶动力学的影响。图 5.37 为初始平均亚晶尺寸 $r_0 = 7.87$ 单元格、亚晶界生长速率 $v = 0.1$ 时，不同模拟时间下的合金微观组织。通过观察可以看出，位于原始晶界处的亚晶凸出形核，并且逐渐长大。原始晶界处为大角度晶界，具有较大

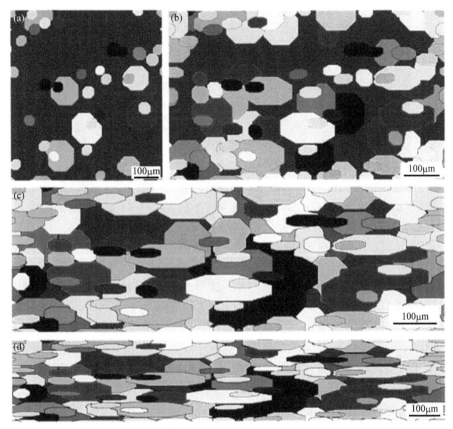

图 5.36　不同应变下的 Ti-7333 合金的动态再结晶组织模拟结果
(a) 应变为 0.3；(b) 应变为 0.6；(c) 应变为 0.9；(d) 应变为 1.2

的界面速率，这些再结晶核心优先向周围基体中生长。在这种情况下，当再结晶完成之前，可以明显区分出再结晶区域和未再结晶区域，因此可判断该再结晶过程为不连续再结晶。最终原始晶粒被再结晶晶粒完全消耗掉，形成无畸变的组织。

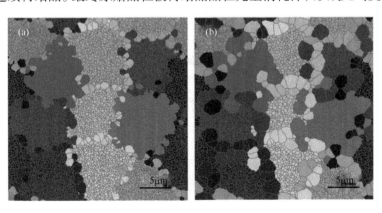

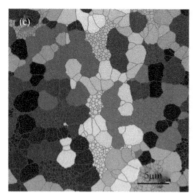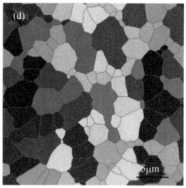

图 5.37　初始平均亚晶尺寸 $r_0 = 7.87$ 单元格及亚晶界生长速率为 $v = 0.1$ 时不同模拟时间下的合金微观组织

(a) 5000CAS；(b) 10000CAS；(c) 15000CAS；(d) 30000CAS

CAS-模拟时间步数

　　通过平均亚晶尺寸和再结晶体积分数随时间的变化可以分析再结晶动力学。图 5.38 为初始平均亚晶尺寸恒定时，即 $r_0 = 7.87$ 单元格，不同亚晶界生长速率下平均亚晶尺寸随时间的变化，可以看出在不同的亚晶界生长速率下，平均亚晶尺寸呈现出不同的变化情况。在亚晶界生长速率 $v = 0.05$ 和 0.1 两种情况下，平均亚晶尺寸的变化较为剧烈，可以分为 3 个阶段：孕育期、再结晶和晶粒长大。首先，平均亚晶尺寸增长平缓，对应为不连续再结晶的孕育期。其次，平均亚晶尺寸快速增长，对应为再结晶。最后，平均亚晶尺寸增长速度又明显降低，变得较为平缓，对应为完全再结晶后的晶粒长大阶段。亚晶界生长速率为 0.5 时，平均亚晶尺寸随时间的变化呈现均匀增长，没有明显的阶段划分，对应连续再结晶。通过控制亚晶界面速率，可以实现从连续再结晶到不连续再结晶的转变。

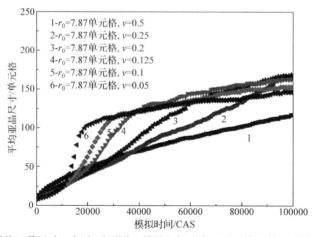

图 5.38　初始平均亚晶尺寸 r_0 恒定时不同亚晶界生长速率 v 下平均亚晶尺寸随模拟时间的变化

以 Ti65 合金为例,对板材轧制过程中等效应力场和温度场进行模拟。将 4.5mm 的 Ti65 板材经过三道次轧制后减薄到 2.25mm,其等效应力场分布如图 5.39(a)~(c)所示。三道次板材中心部位最大等效应力分别为 207MPa、147MPa、219MPa,最大等效应力相较于上一火次有明显提高,边缘部分等效应力低。随着轧制道次的增加,最大等效应力先降低后升高。对板材温度场进行分析,结果如图 5.39(d)~(f)所示,由于仅考虑了工件间的传热,在轧制变形区附近,板材表面温度在轧制变形后有明显上升。对板材表面轧制变形区进行追踪,第一道次、第二道次、第三道次的温度分别为 971℃、996℃、994℃,呈先上升后下降的趋势。

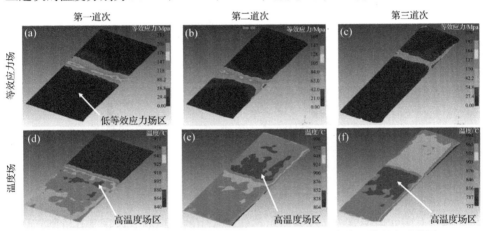

图 5.39　成品火次板材的等效应力场和温度场分布(扫描章前二维码查看彩图)
(a)(b)(c) 等效应力场分布; (d)(e)(f) 温度场分布

对板材轧制过程温度场最大值和最小值变化进行分析,如图 5.40 所示。由轧制过程板材温度最大值、最小值变化情况可以发现,板材温度在每道次间都有一个明显的波动,板材温度的最大值在每道次间呈现不明显的下降现象,整个过程

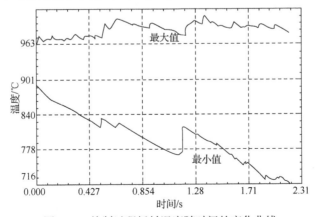

图 5.40　轧制过程板材温度随时间的变化曲线

的最高温度随着道次数的增加而呈波动式上升。板材温度的最小值在三个道次过程中整体呈波动式显著下降，道次间的波动是由于变形产热，平均温度整体下降。

轧制完成后板材的等效应变场分布如图 5.41 所示。发现经过了多道次 87.5% 的累积轧制变形后，板材的等效应变场在板材表面分布相对均匀，但也存在局部区域不均匀现象，表现为在板材表面内部有少许等效应变较大的区域，而边部有少量低等效应变区。板材的等效应变最大值为 2.64，最小值为 1.07。

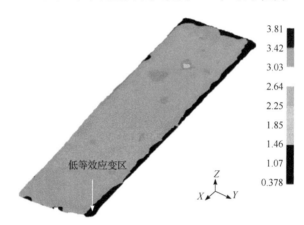

图 5.41　轧制完成后板材等效应变场分布

基于有限元模拟方法，深入揭示热轧过程中的组织演变过程及其机制，从而准确分析应变和温度等物理量的分布情况。这些信息对于优化热变形工艺至关重要，有助于提高钛合金的加工质量和性能。同时，通过模拟还可以探索热轧对材料力学性能的影响机制，为钛合金材料的研发和应用提供宝贵的数据支持。有限元模拟不仅提升了研究的精确性，还加速了钛合金材料的创新和应用，是材料科学领域不可或缺的工具。

参 考 文 献

[1] 郭伟国. BCC 金属的塑性流动行为及其本构关系研究[D]. 西安: 西北工业大学, 2007.

[2] HASIJA V, GHOSH S, MILLS M J, et al. Deformation and creep modeling in polycrystalline Ti-6Al alloys[J]. Acta Materialia, 2003, 51: 4533-4549.

[3] BRIDIER F, VILLECHAISE P, MENDEZ J. Analysis of the different slip systems activated by tension in a α/β titanium alloy in relation with local crystallographic orientation[J]. Acta Materialia, 2005, 53: 555-567.

[4] ZHENG Z, BALINT D S, DUNNE F P E, et al. Investigation of slip transfer across HCP grain boundaries with application to cold dwell facet fatigue[J]. Acta Materialia, 2017, 127: 43-53.

[5] JOSEPH S, BANTOUNAS I, LINDLEY T C, et al. Slip transfer and deformation structures resulting from the low cycle fatigue of near-alpha titanium alloy Ti-6242Si[J]. International Journal of Plasticity, 2018, 100: 90-103.

[6] LEE T C, ROBERTSON I M, BIRNBAUM H K, et al. An in situ transmission electron microscope deformation study of the slip transfer mechanisms in metals[J]. Metallurgical Transactions A, 1990, 21: 2437-2447.

[7] WANG J, HIRTH J P, TOMÉ C N. $\{10\bar{1}2\}$ Twinning nucleation mechanisms in hexagonal-close-packed crystals[J]. Acta Materialia, 2009, 57: 5521-5530.

[8] ZHANG X Y, LI B, WU X L, et al. Twin boundaries showing very large deviations from the twinning plane[J]. Scripta Materialia, 2012, 67: 862-865.

[9] SHI D F, LIU T M, WANG T Y, et al. $\{10\bar{1}2\}$ Twins across twin boundaries traced by in situ EBSD[J]. Journal of Alloys and Compounds, 2017, 690: 699-706.

[10] JIN S B, MARTHINSEN K, LI Y J. Formation of $\{11\bar{2}1\}$ twin boundaries in titanium by kinking mechanism through accumulative dislocation slip[J]. Acta Materialia, 2016, 120: 403-414.

[11] HAMA T, NAGAO H, KOBUKI A, et al. Work-hardening and twinning behaviors in a commercially pure titanium sheet under various loading paths[J]. Materials Science and Engineering: A, 2015, 620: 390-398.

[12] XU F, ZHANG X Y, NI H T, et al. $\{11\bar{2}4\}$ Deformation twinning in pure Ti during dynamic plastic deformation[J]. Materials Science and Engineering: A, 2012, 541: 190-195.

[13] MIN X H, EMURA S, CHEN X J, et al. Deformation microstructural evolution and strain hardening of differently oriented grains in twinning-induced plasticity β titanium alloy[J]. Materials Science and Engineering: A, 2016, 659: 1-11.

[14] 高溥艺. 室温塑性变形对 Ti-7333 合金 α 相析出行为影响[D]. 西安: 西北工业大学, 2020.

[15] JEONG H W, YOO Y S, LEE Y T, et al. Elastic softening behavior of Ti-Nb single crystal near martensitic transformation temperature[J]. Journal of Applied Physics, 2010, 108(6): 063515.

[16] INAMURA T, KIM J I, KIM H Y, et al. Composition dependent crystallography of α''-martensite in Ti-Nb-based β-titanium alloy[J]. Philosophical Magazine, 2007, 87: 3325-3350.

[17] ZHANG L C, ZHOU T, AINDOW M, et al. Nucleation of stress-induced martensites in a Ti/Mo-based alloy[J]. Journal of Materials Science, 2005, 40(11): 2833-2836.

[18] 闫辰侃, 曲寿江, 冯艾寒, 等. 钛及钛合金形变孪晶的研究进展[J]. 稀有金属, 2019, 43: 449-460.

[19] 樊江昆. Ti-7333 合金热变形行为及其组织演变[D]. 西安: 西北工业大学, 2013.

[20] ZHU Y C, ZENG W D, FENG F, et al. Characterization of hot deformation behavior of as-cast TC21 titanium alloy using processing map[J]. Materials Science and Engineering: A, 2011, 528: 1757-1763.

[21] SONG W Q, SUN S J, ZHU S M, et al. Compressive deformation behavior of a near-beta titanium alloy[J]. Materials & Design, 2012, 34: 739-745.

[22] 高志玉. 特厚板用 HSLA 钢的热变形行为与组织演变研究[D]. 北京: 北京科技大学, 2015.

[23] SAMANTARAY D, MANDAL S, BHADURI A K. A comparative study on Johnson Cook, modified Zerilli-Armstrong and Arrhenius-type constitutive models to predict elevated temperature flow behaviour in modified 9Cr-1Mo steel[J]. Computational Materials Science, 2009, 47: 568-576.

[24] LIN Y C, CHEN M S, ZHONG J. Prediction of 42CrMo steel flow stress at high temperature and strain rate[J]. Mechanics Research Communications, 2008, 35: 142-150.

[25] KUBENDRAN A P G, BHATTACHARYA A, NESTLER B, et al. Mechanisms of pearlite spheroidization: Insights from 3D phase-field simulations[J]. Acta Materialia, 2018, 161: 400-411.

[26] 万亚昌. TC21 钛合金片层组织的等轴化行为研究[D]. 南昌: 南昌航空大学, 2016.

[27] GAO X X, ZENG W D, WANG Y B, et al. Evolution of equiaxed alpha phase during heat treatment in a near alpha titanium alloy[J]. Journal of Alloys and Compounds, 2017, 725: 536-543.

[28] WEISS I, FROES F H, EYLON D, et al. Modification of alpha morphology in Ti-6Al-4V by thermomechanical processing[J]. Metallurgical Transactions A, 1986, 17: 1935-1947.

[29] SESHACHARYULU T, MEDEIROS S C, MORGAN J T, et al. Hot deformation and microstructural damage mechanisms in extra-low interstitial (ELI) grade Ti-6Al-4V[J]. Materials Science and Engineering: A, 2000, 279: 289-299.

[30] 张智鑫. Ti65 合金薄板轧制成形及其组织力学性能关系[D]. 西安: 西北工业大学, 2021.

[31] 陈家豪. Ti-7333 合金锻造过程中的组织演变与模拟研究[D]. 西安: 西北工业大学, 2019.

[32] 董瑞峰. 热轧 Ti-7333 合金的组织特征及 α 相转变研究[D]. 西安: 西北工业大学, 2019.

[33] 韩逢博. Ti-7333 合金本构关系及棒材轧制模拟研究[D]. 西安: 西北工业大学, 2013.

第6章 热力耦合作用下钛合金组织演变

本章彩图

钛合金材料的优异性能通常需要通过复杂的热机械加工处理来实现，以确保微观组织与服役性能相匹配。事实上，大多数热机械加工过程属于热力耦合作用。钛合金微观组织对热变形和热处理参数极为敏感，使得工艺过程控制颇具挑战性。在热机械加工过程中，多种相结构转变、α 相的破碎与球化，以及回复再结晶等组织演化现象，对合金材料的最终性能具有决定性影响，同时也是制定热加工和热处理工艺参数的关键依据。因此，实现钛合金微观组织特征的精确调控，必须系统掌握热力耦合作用下微观组织/织构的演变规律和控制机制。

6.1 钛合金热机械加工与热力耦合作用

金属材料的热机械加工中同时进行着加工硬化与动态软化两个相互博弈且相互竞争的过程。随着热机械加工变形程度的增加，材料内部位错密度增大，位错之间发生交互作用形成了各种稳定的位错塞积，使得金属的强度、硬度增加，而塑性下降，这一现象称为加工硬化；与此同时，材料内部存在动态回复、动态再结晶、显微组织的破碎球化、金属的塑性流变(局部)和材料变形开裂等软化机制。

对于工业纯钛、α 型钛合金和近 α 型钛合金，其典型热机械加工过程包括在 β 相区的铸锭开坯(初加工)和在低于 β 相变温度附近的热锻、热轧得到所要求的形状(二次加工)。β 相变温度以下的变形是材料经历动态回复的典型过程。在这个过程中，由位错产生引起的硬化速率和由位错消失引起的软化速率平衡，产生稳态流变。在高应变条件下，特别是在高温和低应变速率条件下，稳态流变之后即进入加工硬化区。钛合金在 β 相区的变形的典型特点是材料经历动态回复，亚晶充分形成；在某些条件下，也可以观测到流变软化。尽管大量的流变软化出现在高应变速率下，其可能来源于变形热，但其中部分要归因于 β 相的变形软化[1]。

稳定 β 型、亚稳 β 型及富 β 稳定元素的 α+β 型钛合金的热处理性能较好，而且具有宽且特殊的比强度范围、良好的硬化潜力，以及因其体心立方结构而固有的较好塑性。β 型钛合金典型的热加工过程包括铸锭在 β 相区开坯(终加工常低于 β 相变温度，以获得加工产品)，以及为满足所需形状的二次加工(通常在 β 相变温度以上或以下，通过锻造或轧制完成)[2]。

上述典型的热变形工艺过程实际上是应力场和温度场共同作用、相互耦合的工艺过程。温度对材料受力变形有影响，同时受力变形对温度变化也有影响。钛合金热变形过程中存在多种复杂演变，如动态回复、动态再结晶、位错增殖/湮灭、组织的破碎/球化，以及剪切带、微裂纹、局部塑性流变等。除此之外，热变形过程经常会发生相变(以 $\beta \rightarrow \alpha$ 转变为主)，并且热力耦合作用下相变规律及析出相特征与热处理过程相比具有显著差异且鲜有深入报道。Jonas 等总结文献中报道的钛合金热变形过程中的应力诱发相变现象，并采取钢中类似相变的命名方式，将钛合金中的应力诱发相变称为"动态相变行为"[3,4]。

由于热变形和热处理涉及的可变工艺参数太多，加工过程中物理现象众多且交互作用复杂，相关研究进展困难，因此人们对该过程的认知仍然缺乏足够的深度。目前，关于钛合金组织演变规律的研究大多集中于热处理或热变形的单一过程中，缺乏对热力耦合作用下微观组织动态演变过程影响的机理分析，"既定性又定量"的深入研究更是少有。

除了常见的热塑性变形过程，在钛合金材料及其构件加工制备中还有热弹性变形和预变形加热处理这两种广义的热力耦合作用的情况。典型热弹性变形工艺过程包括钛合金材料及其构件热变形、粉末热等静压、增材制造等过程，其施加载荷或存在的内应力水平可以达到几百兆帕。弹性应力场与传统时效处理相结合的应力时效工艺是热力耦合作用的典型工艺，其可以在实现构件精确成形的同时，通过控制相变过程获得更加理想的微观结构和综合力学性能，已发展成为重要的现代飞机制造技术工艺。另外，有大量的钛合金材料及其构件是通过室温变形以及后续热处理制备获得的，合金室温变形后组织中形成大量位错、滑移带等缺陷，应力诱发相结构等在后续热处理过程中会继续发生变化或者分解，进而对最终组织特征产生决定性影响。

因此，系统研究不同热力耦合工艺条件下钛合金微观组织演变规律，深入揭示复杂热机械处理对动态相变的影响机制，是彻底掌握高性能钛合金材料及其构件组织性能精确调控方法的根本，更是优化钛合金材料加工工艺、发挥钛合金力学性能潜力的重要途径。

6.2　预变形后时效过程中合金组织演变

通过热机械处理方法调控合金显微组织是获取合金理想使用性能的关键步骤。在针对钛合金 α 相析出行为的调控手段中，预变形热处理将压力加工与热处理工艺有效地结合起来，可同时发挥变形强化和热处理强化，以达到更好的强化效果，已成为钛合金强化热处理工艺研究中的一大热点研究内容[5-8]。研究表明，预变形过程中引入的缺陷会对 α 相的析出行为产生显著的影响。

6.2.1　等温时效组织演变

一般而言，由于亚稳 β 型钛合金中相基体的塑性变形产物十分复杂多变。随着合金中 β 相的稳定性和变形参数改变，合金显微组织中可能会发生不同机制的协调变形，如位错滑移和攀移、孪生及应力诱发相变，5.1.3 小节已详细介绍了应力诱发马氏体及其变体选择的晶体学机制。

图 6.1 为 Ti-7333 合金全 β 相组织在室温拉伸/压缩条件下变形的显微组织演变示意图[9]。在拉伸变形过程中，合金中首先形成平行排列的单变体 SIM 板条和具有孪晶结构的板条状 SIM，并且具有孪晶结构的板条相较于单变量板条数量更多。另外，在少数 β 相晶粒中还可以观察到内角约为 30° 的 Z 字形 SIM。随着预变形增加，SIM 的密度增加，并且不同 β 相晶粒中 α'' 相的形貌显示出明显差异，具有 Z 字形 SIM 的 β 相晶粒的比例显著增加。在以产生板条状 SIM 为主的 β 相晶粒中，新形成的板条以相同或不同的生长方向平行排列在已被分割的 β 相基体上；在另外一些 β 相晶粒中，Z 字形 SIM 与板条状 SIM 混合生长。与室温拉伸塑性变形的早期变形模式相似，经过 3%压缩预变形试样中的塑性变形产物同样以单变体 SIM 板条和具有孪晶结构的板条状 SIM 为主。随着预变形的增加，早期生成的 SIM 板条宽度明显增加，而且尺寸较为细小的新形成的单变体板条在 β 相基体成束平行排列，并且在 β 相晶界附近的一些区域中，形成了具有约 150°内角的 Z 字形 SIM。

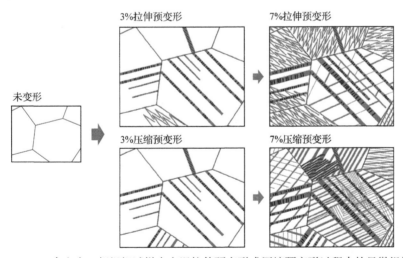

图 6.1　Ti-7333 合金全 β 相组织试样在室温拉伸预变形或压缩预变形过程中的显微组织演变示意图

室温塑性变形对等温时效 α 相析出量以及分布有很大的影响，可以利用 XRD 对不同预变形及时效工艺的钛合金试样中的相组成及含量进行分析。如图 6.2(a) 所示，所有经过室温塑性变形的 Ti-7333 合金经过 500℃下保温 5min 的等温时效

(简称"HT5 时效")后，合金内部在预变形阶段产生的 SIM 均已全部消失。分别对比预变形为 3%和 7%的拉伸(T)/压缩(C)试样后可以看到，在 HT5 时效制度下，合金的预变形越大，时效之后合金中的 α 相衍射峰强度增强，β 相晶面衍射峰强度降低。在室温拉伸和压缩两种应力加载方式下，随着合金预变形增加，合金在早期时效过程中 α 相析出量增高。对比图 6.2(a)与(b)可知，随着时效时间延长，α 相衍射峰强明显加大，表明合金中 α 相含量增加。另外，经 HT5 时效处理后试样中 α 相的衍射峰半峰宽相较于 500℃下保温 30min 的等温时效(简称"HT30 时效")制度下所得的 α 相的衍射峰更宽，这表明在 α 相析出的初期阶段，其内部存在较大的晶格畸变，而经 30min 时效之后 α 相内部晶格畸变明显减小。

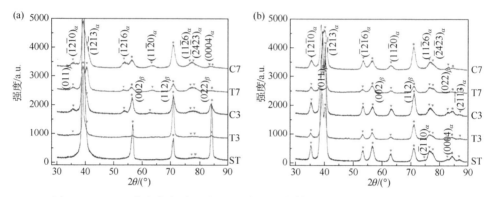

图 6.2　Ti-7333 合金未变形以及室温塑性变形加等温时效显微组织 XRD 图谱
(a) HT5 时效；(b) HT30 时效
ST-未变形；T3-3%拉伸预变形；C3-3%压缩预变形；T7-7%拉伸预变形；C7-7%压缩预变形

室温塑性变形对 α 相析出形貌以及尺寸有显著的影响。如图 6.3(a)所示，在 500℃下保温 5min 时效后的未变形试样中，等轴 α 相在原始 β 相晶界附近或少部分晶粒内部析出。在预变形为 3%的试样中除了晶界处，大量 α 相在马氏体内部及其边界上析出，呈细针状平行排列，并且其尺寸相较于在基体上析出的 α 相更小。这是因为马氏体内部及其与基体之间的界面上有较多晶体缺陷，这些缺陷为 α 相提供了大量的形核质点，从而促进了 α 相的析出。另外，在界面缺陷的特殊应力场下，α 相的析出产生了明显的择优取向。如图 6.3(b)所示，α 相沿 SIM 板条与 β 相界面形核，向 β 相基体内部沿单一位向生长，产生平行排列的条带状形貌。当增大预变形后，合金中不仅存在大量的 α″相，β 相基体也会通过位错滑移而产生塑性变形，从而导致 β 相基体上 α 相形核量显著增大，α 相尺寸明显减小，α 相变体选择性析出特征明显[图 6.3(c)]。

当时效时间延长至 30min 时，原始未变形合金中的等轴 α 相长径比变大成为呈细针状。在预变形+时效试样中，原本沿 α″/β 相界面上析出的针状 α 相长径比继续增加。另外，在 3%拉伸预变形试样中基体上析出的 α 相含量显著升高；7%

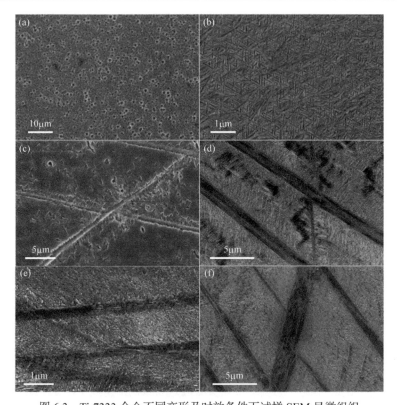

图 6.3　Ti-7333 合金不同变形及时效条件下试样 SEM 显微组织

(a) 未变形+HT5 时效；(b) 未变形+HT30 时效；(c) 3%拉伸预变形+HT5 时效；(d) 3%拉伸预变形+HT30 时效；
(e) 7%拉伸预变形+HT5 时效；(f) 7%拉伸预变形+HT30 时效

拉伸预变形试样中的 α'' 相含量较高且 β 相基体中位错等缺陷的含量也相对较大，所以随着时效时间的增长，基体中 α 相析出的增量不明显。值得注意的是，相同预变形下拉伸和压缩变形引入缺陷对 α 相析出形貌以及尺寸的影响相近，这是因为室温塑性变形对 α 相析出的影响本质是变形缺陷对 α 相析出的影响。

　　Ti-7333 合金拉伸试样中的 SIM 以单变体板条、孪晶结构板条以及 Z 字形形貌为主，不同特征 SIM 经时效处理后分解形成的 α 相特征也不尽相同。Ti-7333 合金拉伸预变形合金在 500℃下、5min 时效后的显微组织如图 6.4 所示。图 6.4(a) 为单变体板条界面处及内部的 α 相特征，原始 SIM 板条内部析出了极为细小的 α 相，在相界面处针状 α 相尺寸随着其与马氏体板条界面的距离增大而增大。对于具有孪晶结构的 SIM 板条，原始孪晶界面能为 α 相析出提供大量形核质点，导致 α 相沿 α'' 孪晶界析出，其内部的原始孪晶形貌被细小的 α 相通过不同的生长方向及排列方式反映出来[图 6.4(b)]。

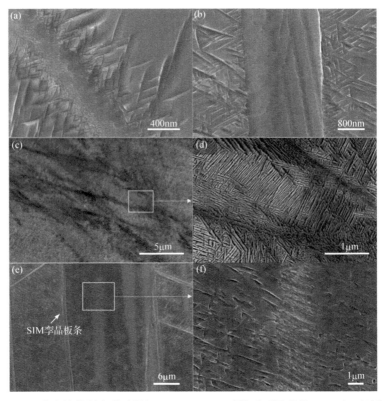

图 6.4　Ti-7333 合金拉伸预变形试样经 500℃、5min 时效后不同形貌 SIM 对 α 相析出行为的
影响图

(a) 在 3%拉伸预变形下所得单变体 SIM 板条上析出 α 相；(b) 在 3%拉伸预变形下所得孪晶 SIM 板条上析出的 α 相；(c)(d) 在 7%拉伸预变形所得的 Z 字形 SIM 上析出的 α 相；(e)(f)α 相密集分布条带

　　Z 字形 SIM 结构本质上由两种不同生长方向以及晶体学位向的单变体 SIM 板条呈 30°夹角平行嵌套排列而成，所以该类型 SIM 对 α 相的影响本质上还是单变体 SIM 板条对 α 相的影响。由于 Z 字形 SIM 更易在预变形为 7%的拉伸试样中观察到，此时合金中位错缺陷的密度也相对较高，并且其板条密度相较于一般板条状的 SIM 更大，所以具有该 SIM 形貌的晶粒经 500℃保温 5min 等温时效后，α 相的析出往往相较于其他晶粒更为密集且均匀[图 6.4(c)和(d)]。另外，所有在 SIM 板条上析出的 α 相的尺寸明显小于在 β 相基体上析出的 α 相，这可能是因为在 SIM 板条内部存在大量的位错等缺陷，α 相在 SIM 板条内部大量同时形核、共同长大。β 相基体中 α 相的形核质点相对较少，在马氏体内部形核的 α 相相较于在 β 相基体中生长的 α 相竞争更为激烈，最终导致在马氏体内部生长的 α 相尺寸相对较小。

　　预变形+时效处理试样组织中包含界面形貌较为特殊的 α 相密集分布的条带

[图 6.4(e)和(f)]。该条带上析出的 α 相的尺寸相比于在 SIM 板条上析出的 α 相的尺寸更大，但是该条带与 β 相基体之间没有明显的界面。亚稳 β 型钛合金在应力加载条件下产生的 SIM 在卸载的过程中可能发生不同程度的回复，并且其回复过程中可能会在基体中残留平行排列的位错等缺陷，且该缺陷的存在会对 α 相的分布、尺寸、排列位相等产生强烈的影响。因此，Ti-7333 合金中这种特殊分布的 α 相条带是 α 相在 SIM 回复后残留的位错缺陷上形核析出所致。

6.2.2 升温时效组织演变

大量研究表明，合金在热处理过程中的升温速率能够显著影响 α 相的形核机制，在慢速升温条件下合金中产生的细小弥散的 ω 相可以作为后续 α 相析出的形核质点，最终促进 α 相的细小弥散析出，这对全面理解钛合金的相变过程具有重要的意义，已在 4.3 节中进行了详细介绍。此外，相关研究表明，合金塑性变形引入位错等缺陷会强烈影响时效过程中 α 相的析出长大机制，抑制 ω 相析出行为并促进 α 相的形成。

为探究预变形对后续升温时效过程中 ω 相及 α 相析出的影响，对 Ti-7333 合金未变形及室温塑性变形后的合金采取缓慢升温时效工艺处理，以 5℃/min 速率匀速升温至 300℃、400℃、450℃、480℃、500℃后水冷淬火，并将上述时效工艺分别命名为 HTC300、HTC400、HTC450、HTC480、HTC500。对于未变形变温时效组织，在 300℃下合金中产生尺寸在 5nm 左右的等轴状 ω_{iso}，且此时已经发生少量 $\beta + \omega_{iso} \rightarrow \alpha$ 相变。在 300~450℃的升温过程中 $\beta \rightarrow \omega_{iso}$ 相变、$\beta + \omega_{iso} \rightarrow \alpha$ 相变同时发生，且 ω_{iso} 相的生长速率大于被 α 相消耗的速率，随着温度升高，合金中的 ω_{iso} 相与 α 相同时呈等轴状长大。当时效温度升高至 500℃时 ω_{iso} 相被快速消耗，$\beta + \omega_{iso} \rightarrow \alpha$ 相变已经完全终结，α 相长径比变大，演化成为细针状。

在分析了未变形试样在匀速升温过程中的相变进程的基础上，选择 7%拉伸预变形试样，分析塑性变形对 ω 相及 α 相析出的影响。如图 6.5 所示，7%拉伸预变形的全 β 相组织 Ti-7333 合金经 HTC300 处理后，部分 β 相晶粒内部 SIM 板条完全消失，合金内部析出 ω_{iso} 相及 α 相。图 6.5(b)中的 SAED 花样表明 β 相与 α 相间符合伯格斯取向关系：$[110]_\beta // [0001]_\alpha$。图 6.5(c)~(f)表明，在升温时效至 300℃时，ω_{iso} 相和 α 相存在明显的不均匀分布现象，这与未变形试样升温时效组织截然不同。其中，原始 SIM 板条内部择优析出取向单一的针状 α 相，而等轴状的 ω_{iso} 相大多分布于 β 相基体中，这表明变形对 α 相析出的促进作用大部分集中于 SIM 条带内部。

在同一透射样品的另一个区域中，还观察到了具有复杂内部结构的条带状组织，结合 SAED 及能谱仪对其化学成分组成以及晶体学结构进行了探究。如图 6.6(e)

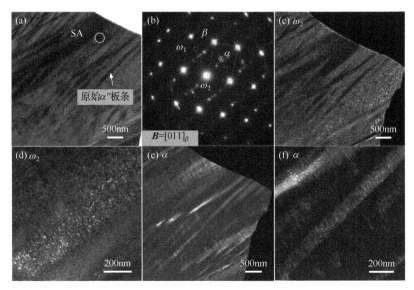

图 6.5　经 7%拉伸变形后的全 β 相组织 Ti-7333 合金经 HTC300 处理显微组织(区域一)

(a) TEM 明场像；(b) SA 对应区域 SAED 花样；(c) ω_2 衍射斑对应暗场像；(d) 图 6.5(c)局部区域放大图；(e) α 相
衍射斑对应暗场像；(f) 图 6.5(e)局部区域放大图

所示，在条带状结构与 β 相基体的界面上针对 Nb、Ti、Al、Mo 以及 Cr 的面扫描结果中并未观察到以上任何元素的贫化或富集，这排除了该条带为 α 相的可能性。

图 6.6(a)中对应区域的 SAED 结果表明，该条带由取向不同的 SIM 变体构成，具有孪晶结构的 SIM 板条与 β 相基体之间并无伯格斯取向关系。衍射花样的分析结果表明，该 SIM 板条内部总共有 4 种 α'' 相变体，变体间的取向关系为 $\left[53\overline{4}\right]_{\alpha_1''}$ // $\left[\overline{7}32\right]_{\alpha_2''}$ // $\left[\overline{7}54\right]_{\alpha_3''}$ // $\left[3\overline{2}3\right]_{\alpha_4''}$，图 6.6(c)、(d)中分别为 α_1'' 和 α_2'' 所对应衍射斑的暗场像。

在该条带与 β 相界面处的局部放大图中[图 6.6(f)]，观察到了平行排列的位错特征，该类位错可能是 SIM 板条回复之后在 β 相基体中的残留产物。相应 SAED 花样表明，ω_{iso} 为该区域中的主导析出相。这说明合金中的位错对 α 相析出的促进作用在匀速升温至 300℃的时效条件下并不明显，而此时变形对 α 相析出的影响主要来源于 α'' 相对 α 相析出的影响，其具体机制包括：①对于在匀速升温过程中发生绝热回复的 α'' 相，其对 α 相的析出有强烈的促进作用；②对于能够稳定在 β 相基体中的 α'' 相，其在匀速升温至 300℃的时效条件下对 α 相析出的影响为抑制作用。

当时效温度达到 400℃时，不同区域内部的析出相密度相较于 300℃时效时明显增大。该现象表明，在匀速升温至 400℃的时效过程中，大部分 ω 相和 α 相分别在 β 相及 SIM 回复板条中析出并长大。当时效温度上升至 500℃时，合金中

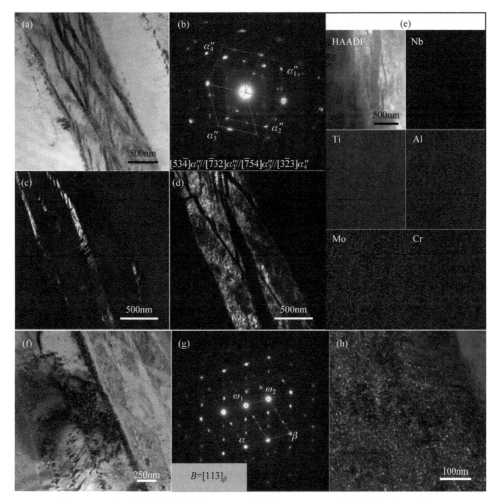

图 6.6　经 7%拉伸预变形后的 Ti-7333 合金经 HTC300 处理显微组织(区域二)

(a) TEM 明场像；(b) SIM 板条内部 SAED 花样；(c) α_1'' 相射斑对应暗场像；(d) α_2'' 相衍射斑对应暗场像；
(e) 高角环形暗场透射电子显微图(HAADF)及 EDS 合金元素分布图；(f) SIM/β 相基体界面处局部区域放大图；
(g) β 基体内部 SAED 花样；(h) ω_1 衍射斑对应暗场像

的 SIM 及 ω_{iso} 相已经全部转变成为 α 相(图 6.7)。图 6.7 为 α 相在原始具有孪晶结构的 SIM 板条内部的析出情况，SAED 花样表明该区域中总共产生了三种 α 相变体，从其衍射斑点对应的暗场像中可以看出，单一取向的 α 相变体集中分布于原始 α'' 相变体内部。由于具有孪晶结构的 SIM 板条中的 α'' 相变体一般与 β 相基体之间不符合伯格斯取向关系，其在升温时效过程中回复成为 β 相基体相较难，因此能够在较低温度下时效时稳定存在，并在后续升温时效过程中直接分解为 α 相。以上试验结果表明，在匀速升温过程中，α'' 相的存在对 α 相的析出有强烈的变体选择效应。

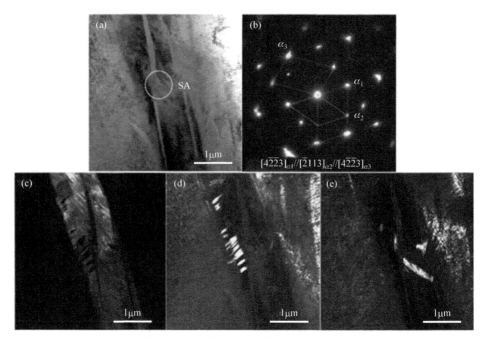

图 6.7　经 7%拉伸预变形后的 Ti-7333 合金经 HTC500 处理显微组织

(a) 条带结构 TEM 明场像；(b) 条带结构内部 SAED 花样；(c) α_1 衍射斑对应暗场像；(d) α_2 衍射斑对应暗场像；
(e) α_3 衍射斑对应暗场像

SA 表示(b)中 SAED 花样所选区域

6.3　热弹性变形过程中合金组织演变

1945 年，Cottrell 在做合金钢的力学性能试验时，发现了外加应力能够促进贝氏体相变，自此学者们开始了对于温度场与外加弹性应力场耦合作用下金属材料中的相析出与显微组织演变的研究。从能量角度分析，在施加温度场的同时施加弹性应力场，会改变形核区的应力场，减少形核的能量障碍，进而增大析出相形核的温度和尺寸范围。从动力学角度分析，应力环境下原子的扩散速率发生改变，导致晶体的成核速率和生长速率都将相应地发生变化。应力环境下空位和位错等微观缺陷的增殖，能够显著改善材料的力学性能[10,11]。

温度场与外加弹性应力场耦合作用对于金属材料的相析出具有显著的影响，在外加弹性场作用下纯铝及铝合金中的晶界特征[12,13]和相析出机制[14,15]发生显著的改变；钢中的析出相特征也对外加弹性场很敏感[16]。贵州大学的研究者研究了应力对 Ti-1300 合金相变及组织的影响规律，并发现外加弹性压应力会提高 ω 相变激活能，进而抑制 ω 相的析出[17]。因此，随着外加压应力增加，β 相基体中析出的颗粒状 ω 相密度有所减少；β 相基体中析出的针状 α 相明显更加细小密集，说明压应力在试验中有可能减少了形核的障碍，促进了 α 相的形核与析出。

除了对析出相形貌、分布和生长动力学的影响外，外加弹性应力加载也显著影响析出相晶体学取向。Skrotzki 等[18]将外加弹性应力引入 Al-Cu 系合金时效过程中，发现只有当外加弹性应力达到某个临界值时，析出相才会产生应力取向效应；Zhu 等[19-21]发现了自然时效时垂直排列的片状 θ''/θ' 相在引入外加弹性压应力后转变为定向排列；陈大钦等[22]提出了 Al-Cu 合金的时效动力学模型，扩散系数的各向异性直接导致了析出相在时效初期产生了应力取向效应；研究人员在钛合金中也发现应力取向效应[23,24]，提出外加应力与 α 相片层法线的夹角会直接影响系统自由能的变化，进而产生择优取向。

6.3.1　相变动力学特征

热膨胀法是通过测量试样在升温过程中的宏观体积变化来研究材料相变行为的一种方法，可以准确测定热处理过程中相变的开始、结束等特征温度值。外加应力作用下连续升温过程中 Ti-7333 合金试样尺寸的变化是利用 Gleeble3800 热模拟试验机夹头两端的位移测定的。图 6.8 为外加应力作用下连续加热过程中 Ti-7333 合金的热膨胀曲线，从图中可以看出，连续加热过程中 Ti-7333 合金经历如下相变过程：首先，固溶淬火过程中产生的 ω_{ath} 相溶解；随后，椭球状 ω_{iso} 相从 β 相基体中析出并长大。当外加压应力为 20MPa 时，ω_{ath} 相溶解起始温度为 111℃，ω_{iso} 相析出起始温度为 145℃；当外加压应力增加到 50MPa 时，ω_{ath} 相溶解起始温度为 130℃，ω_{iso} 相析出起始温度为 232℃。随着外加压应力的增加，相变特征温度均略有增加，外加压应力会导致 ω 相变过程的延迟。

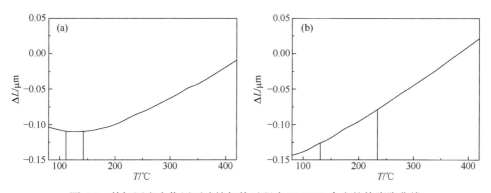

图 6.8　外加压应力作用下连续加热过程中 Ti-7333 合金的热膨胀曲线

(a) 20MPa 压应力；(b) 50MPa 压应力

ΔL-试样的长度变化量

试验过程中发现，当等温温度大于等于 500℃(500℃、600℃、700℃、800℃)时，由于温度较高，α 相析出驱动力较大，因此 α 相可以直接从 β 相基体中析出。

不同温度下 Ti-7333 合金等温过程中的相析出过程基本一致，下面以 700℃时等温过程中的热膨胀曲线为例，分析外加应力作用下 Ti-7333 合金 $\beta \rightarrow \alpha$ 相变动力学特征。图 6.9 为 700℃等温 60min 后不同应力状态下 Ti-7333 合金的热膨胀曲线及其导数曲线，从图中可以看出，热膨胀曲线可以分为两个阶段：①试样尺寸发生明显变化，此时热膨胀曲线的导数曲线斜率较大，此阶段对应于 α 相析出过程；②试样尺寸稳定在固定值，此时热膨胀曲线的导数曲线保持水平，此阶段对应于 α 相析出已达到饱和，合金中无相变过程发生。理论上发生 $\beta \rightarrow \alpha$ 相变时，晶格膨胀能使 Ti-7333 合金体积发生膨胀，但是 β 稳定元素(V、Cr、Mo 等)增加引起的体积收缩较大，因此合金在发生 $\beta \rightarrow \alpha$ 相变时，Ti-7333 合金呈现出收缩的趋势，α 相析出达到饱和后，Ti-7333 合金试样尺寸不再变化，体现在热膨胀曲线的导数曲线出现拐点，保持水平不再变化。研究表明，在无应力状态下，热膨胀导数曲线拐点出现在 170s；压应力状态下，热膨胀导数曲线的拐点出现在 1000s，α 相析出的完成时间约为无应力状态下的 5 倍；拉应力状态下，热膨胀导数曲线的拐点出现在 250s，α 相析出的完成时间约为无应力状态下的 1.5 倍，说明外加拉压应力的存在均能够显著抑制 Ti-7333 合金中 α 相的析出，且 α 相的析出对外加应力状态表现出明显的拉压不对称性。

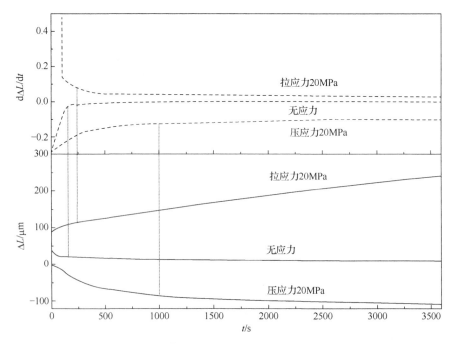

图 6.9　外加应力作用下 700℃等温 60min 后 Ti-7333 合金的热膨胀曲线及其导数曲线

图 6.10 为外加应力作用下 400℃及 450℃中温等温过程中 Ti-7333 合金的热

膨胀曲线，从图中可以看出，中温等温过程中 Ti-7333 合金中依次发生：ω_{ath} 相溶解，椭球状 ω_{iso} 相从 β 相基体中析出，ω_{iso} 相辅助 α 相形核的相变过程。400℃等温过程中，当外加应力为 20MPa 时，ω_{ath} 相溶解发生在等温保温 200s 后，ω_{iso} 相析出发生在等温保温 965s 后，α 相在等温保温 2650s 后析出；当外加应力增加到 50MPa 时，ω_{ath} 相溶解发生在等温保温 390s 后，ω_{iso} 相析出发生在等温保温 1300s 后，α 相在等温保温 2800s 后析出。随着外加弹性压应力的增加，相变发生所需的孕育期显著延长，外加应力会导致相变过程的延迟，其原因在于：外加应力抑制了合金元素的扩散，还引起合金中缺陷的增殖；同时，位错运动会破坏小尺寸晶核，使相变进程滞后。

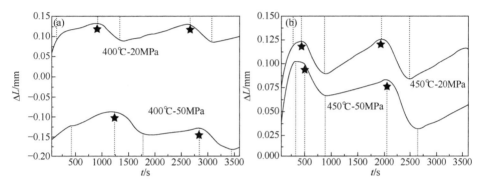

图 6.10　外加应力作用下等温过程中 Ti-7333 合金的热膨胀曲线

(a) 400℃；(b) 450℃

★表示相析出位置

6.3.2　α 相变规律

图 6.11 是不同外加应力作用下 700℃保温 60min 后 Ti-7333 合金的显微组织特征，从图 6.11(a_1)、(a_2)中可以看出，700℃保温 60min 后 Ti-7333 合金中析出的 α 相片层在不同的 β 相晶粒中及不同应力水平下呈现出不同的特征：有 α 相片层互呈 60°角，呈现出等边三角形的特征；也有长度基本一致的 α 相片层从星型团簇的中心向外呈放射状发散，且相邻两 α 相片层之间的夹角近似 60°的特征。

施加 20MPa 外加压应力后，Ti-7333 合金的显微组织发生了显著的变化，如图 6.11(b_1)所示，在外加应力的作用下，部分 β 相晶粒内部出现大量小角度晶界，且 α 析出相组成等边三角形的特征消失，析出的 α 相片层之间互相垂直，且沿某一方向上 α 析出相尺寸显著增加；在其他 β 相晶粒中，如图 6.11(b_2)所示，发现星型团簇型 α 相的特征有所保留，相邻两 α 相之间的夹角仍保持近似 60°的关系，但沿某一方向上 α 析出相尺寸显著增加，显微组织特征同样呈现出一定的择优取向效应。图 6.11(c_1)、(c_2)为施加 20MPa 拉应力后 Ti-7333 合金的显微组织特征，从图 6.11(c_1)中可以看出，Ti-7333 合金中析出的短片层状 α 相之间呈现出夹角约

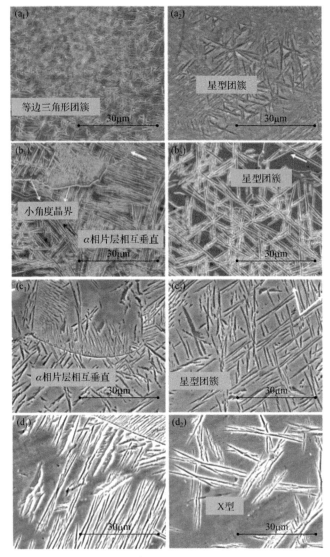

图 6.11　外加应力作用下 700℃保温 60min 后 Ti-7333 合金的显微组织特征
(a₁)(a₂) 无应力；(b₁)(b₂) 20MPa 压应力；(c₁)(c₂) 20MPa 拉应力；(d₁)(d₂) 50MPa 压应力

60°的取向特征，这是因为在拉应力作用下被选择的 α 相变体惯习面之间夹角约为 60°；如图 6.11(c₂)所示，20MPa 拉应力时效后星型团簇型 α 相的特征近乎消失。如图 6.11(d₂)所示，施加 50MPa 压应力后，Ti-7333 合金也呈现出比较明显的择优取向现象。Ti-7333 合金 SEM 试验结果显示，外加应力作用下 Ti-7333 合金中析出的 α 相存在一定的择优取向现象。

图 6.12 为不同外加应力作用下 Ti-7333 合金保温 60min 后 ODF 图，从图中可

以看出，无应力状态下，Ti-7333 合金保温 60min 后晶粒取向分布的相对密度最大值均较小[图 6.12(a)和(c)]，并未出现相应的最大晶粒取向分布的相对密度点，因此可以认为保温 60min 后 Ti-7333 合金中基本不存在宏观织构。如图 6.12(b)所示，当施加了 20MPa 外加压应力之后，600℃保温 60min 后 ODF 图中的最大晶粒取向分布的相对密度显著增加，在 $\varphi_2 = 0°$ 截面上，在 φ_1 取值为 0°～30°出现晶粒取向分布的相对密度最大值，且在 $\varphi_2 = 30°$ 截面上在 φ_1 取值为 30°～60°出现晶粒取向分布的相对密度最大值。晶粒取向分布的相对密度最大值点出现的位置与{0001}$\left[2\bar{1}\bar{1}0\right]$织构吻合良好，即 600℃保温过程中施加外加压应力后 Ti-7333 合金中在平行于外加压应力方向上出现了{0001}$\left[2\bar{1}\bar{1}0\right]$织构。当等温温度上升到 700℃后，发现在 $\varphi_2 = 30°$ 时出现最大晶粒取向分布的相对密度点，Ti-7333 合金中存在大量欧拉角 $\varphi_1 = 0°$，$\varphi_2 = 30°$，$\Phi = 30°$ 取向的 α 相晶粒，大部分 α 相的[0001]方向倾向于与外加压应力方向平行，即 700℃等温过程中施加压应力后，Ti-7333 合金中在平行于外加压应力方向上出现了单轴压缩丝织构。

图 6.13 为不同应力状态下 700℃等温 60min 后 Ti-7333 合金的 IPF 图和极图，图 6.13(a₁)展示了 α 相片层互为 60°呈现出等边三角形的特征；图 6.13(a₂)展示了 α 相片层呈星型团簇的组织特征。大量研究表明，在单纯热处理条件下，钛合金中 α 相和 β 相之间保持伯格斯取向关系，即{0001}$_\alpha$//{110}$_\beta$，$\left\langle11\bar{2}0\right\rangle_\alpha$//$\left\langle111\right\rangle_\beta$。从图 6.13

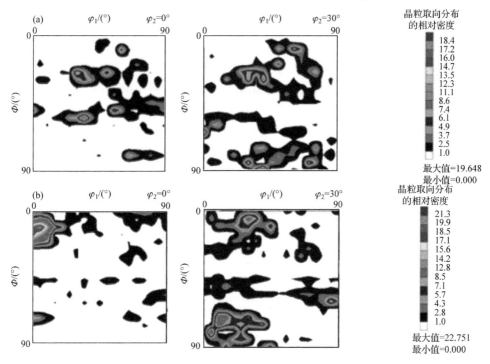

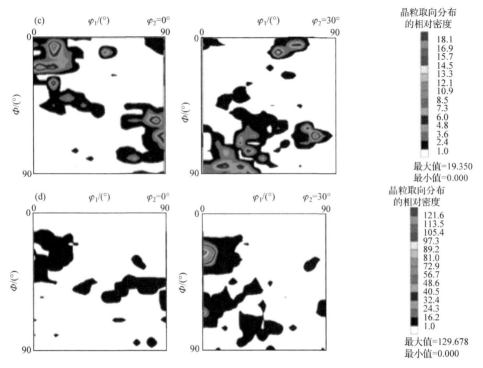

图 6.12 外加应力作用下保温 60min 后 Ti-7333 合金的 ODF 图(扫描章前二维码查看彩图)
(a) 0MPa、600℃；(b) 20MPa、600℃；(c) 0MPa、700℃；(d) 20MPa、700℃

所示极图中可以看出，无论析出的 α 相构成何种显微组织特征，α 相和 β 相基体之间都保持了良好的伯格斯取向关系，极图中的极点基本一一对应。图 6.13(b₁)与图 6.11(b₁)显微组织特征对应，可以看出沿小角度晶界析出了弯曲状 α 相，且被小角度晶界分割的 β 相晶粒出现了一定的取向差，即同一个晶粒内的不同区域具有不同的晶粒取向，这是变形晶粒的典型特征。图 6.13(b₂)为 α 相片层呈星型团簇的组织特征，可以看出此时组成星型团簇的各 α 相片层具有相同的取向特征，即体系中明显发生了 α 相变体的选择。根据此时的 α 相及 β 相极图，可以发现极密度最大值出现的点并不完全一一对应，即伯格斯取向关系遭到了一定程度的破坏。

关于外加应力导致的择优取向有两种理论，一种是 Flynn 的原子迁移动力学理论，在有外加应力作用的情况下，不同方向上合金的扩散系数不相同，即出现明显的各向异性，会对溶质原子的扩散造成影响。扩散系数增大的方向，第二相的析出和生长就会被促进；反之，就会被抑制，因此在有外力作用的情况下会发生明显的择优取向。第二种理论是 Eshelby 夹杂物理论，在有外加应力作用的情况下，在不同方向上，合金的系统应变能会发生变化。从能量角度分析，优先形核的区域都是自由能低的区域，因此形成了择优取向效应。

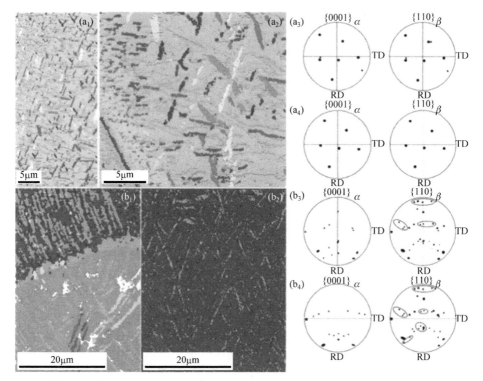

图 6.13　外加应力作用下 700℃保温 60min 后 Ti-7333 合金的 IPF 图和极图(扫描章前二维码查看彩图)

(a₁)(a₂) 0MPa 的 IPF 图；(a₃)(a₄) 分别为(a₁)(a₂)对应的极图；(b₁)(b₂) 20MPa 的 IPF 图；(b₃)(b₄) 分别为(a₁)(a₂)对应的极图

从动力学角度来看，在施加压应力之后，应力方向上的扩散系数增加，垂直于应力方向的扩散系数降低。应力方向上扩散系数的增大对 α 相的析出与生长过程起到了促进作用，出现了明显的择优取向。从热力学角度来看，应力时效过程中，相变阻力主要是弹性应变能，其包括共格错配应变能和比容差应变能。在施加压应力时会产生应变，应力场与应变场交互作用产生能量，应变会导致晶体点阵的收缩与膨胀，这种膨胀与收缩会产生能量的变化。能量的变化导致形核自由能降低最多的变体会先析出，从而产生择优取向效应。

6.3.3　ω 相变规律

图 6.14 为利用 TEM 观察在 20MPa 及 50MPa 外加压应力作用下连续加热至不同温度($T = 150℃、200℃、350℃、400℃$)淬火后 Ti-7333 合金的显微组织。当外加压应力为 20MPa 时,连续升温至 150℃淬火后,Ti-7333 合金暗场像[图 6.14(a)]中有大量尺寸为 1.5～3nm 的 ω 相弥散分布在 β 相基体中,选区电子衍射照片中可以看到衍射斑点中存在较为明显的漫散射。结合热膨胀曲线(图 6.8)结果可知:

20MPa 外加应力作用下连续升温至 150℃时无热 ω 相已经开始回溶，表明此时的
ω 相为 β 相区固溶淬火后的无热 ω 相残留；连续升温至 200℃时，漫散射情况依
旧存在，但此时 ω 相衍射斑点逐渐变得清晰明亮(等温 ω 相开始析出)，此时弥散
分布的 ω 相尺寸增加到 3～7nm[图 6.14(c)]；当淬火温度上升到 350℃时，ω 相衍
射斑点漫散射完全消失，表明此时 β 相基体中的 ω 相全是等温 ω 相，此时析出的
ω 相尺寸为 4～10nm[图 6.14(e)]；随着淬火温度继续升温到 400℃时，等温 ω 相
尺寸持续增加至 22nm[图 6.14(g)]。由于 Ti-7333 合金中各溶质原子与 Ti 原子半径
差较小，属低错配度系统，界面能对析出相形貌的影响大于弹性能的影响，因此
析出的等温 ω 相形貌以椭圆为主。目前，关于等温 ω 相的形成机制，普遍认为是
受热激活扩散控制，由亚稳 β 相内发生合金元素原子贫化转变形成。

　　图 6.14(b)、(d)、(f)和(h)为 50MPa 外加压应力作用下连续升温过程中不同温
度淬火后 Ti-7333 合金的显微组织特征，可以看出此时 ω 相的演变规律与外加
20MPa 压应力时基本一致，但当外加压应力增加到 50MPa 后出现如下现象：150℃
淬火后，β 相基体中残留的无热 ω 相尺寸为 1～6.5nm，无热 ω 相的溶解过程随着
外加应力的增加而推迟[图 6.14(b)]；在 200℃淬火时，无热 ω 相持续溶解于 β 相
基体中，尺寸减小到 0.5nm，此时等温 ω 相尚未析出，等温 ω 相的析出过程随着
外加应力的增加受到抑制[图 6.14(d)]；随着连续升温至更高温度淬火，Ti-7333 合
金中逐渐析出大量的等温 ω 相，但与外加应力为 20MPa 的 Ti-7333 合金相比，相
同淬火温度淬火后析出的等温 ω 相尺寸明显较小，即等温 ω 相的长大过程同样

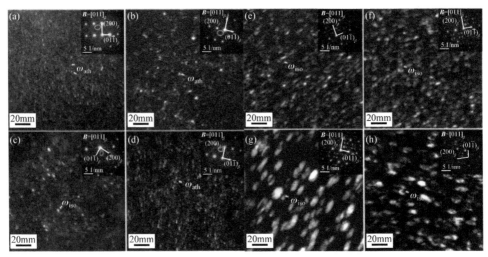

图 6.14　外加应力作用下连续加热至不同温度淬火 Ti-7333 合金沿[011]$_β$方向的选区电子衍射
图及 ω 相暗场像

(a) 20MPa、150℃；(b) 50MPa、150℃；(c) 20MPa、200℃；(d) 50MPa、200℃；(e) 20MPa、350℃；(f) 50MPa、
350℃；(g) 20MPa、400℃；(h) 50MPa、400℃

随着外加应力的增加而推迟[图 6.14(f)和(h)]。

　　利用 HRTEM 对 ω/β 相界面特征进行研究，试验结果如图 6.15 所示。图 6.15(a_1)、(b_1)左下角插入了 Ti-7333 合金傅里叶变换后得到的衍射斑点，可以看到除 β 相基体的衍射斑点外，在 β 相 $1/3\{112\}_\beta$ 和 $2/3\{112\}_\beta$ 处的衍射斑点分别对应图 6.15(a_1)、(b_1)中标记的两个 ω 相变体，标记为 ω_1 和 ω_2。ω 相与 β 相基体之间有如下的取向关系：$[011]_\beta // [2\bar{1}\bar{1}0]_{\omega_1}$、$(\bar{1}1\bar{1})_\beta // (0001)_{\omega_1}$、$[011]_\beta // [2\bar{1}\bar{1}0]_{\omega_2}$ 和 $(\bar{1}\bar{1}1)_\beta // (0001)_{\omega_2}$。图 6.15($a_2$)、($b_2$)是图中区域 A 进行傅里叶变换后得到的衍射花样及其反傅里叶变换结果，通过分析可知，如图 6.15(a_2)所示，施加了 20MPa 外加压应力的合金中存在 ω_2 和 β 相基体(区域 A)；如图 6.15(b_2)所示，施加了 50MPa 外加压应力的合金中存在 ω_1 和 β 相基体(区域 A)。表 6.1 为利用反傅里叶图像测量得到不同外加应力作用下 Ti-7333 合金中 ω 相和 β 相不同晶面的晶面间距，以及计算所获得的 ω 相和 β 相的晶格常数。结果表明，外加应力对连续加热过程中析出的 ω 相晶格常数影响较小，但会显著降低 β 相的晶格常数。根据晶格错配度计算公式：

$$\delta = \left| \frac{\alpha_\omega - \sqrt{2}\alpha_\beta}{\sqrt{2}\alpha_\beta} \right| \times 100\%$$

可得外应力为 20MPa 时，ω 相和 β 相之间的晶格错配度为 0.383%，当外加应力增加到 50MPa 时，晶格错配度增加到 2.255%，ω 相与 β 相之间的晶格错配度随着外加应力的增加显著增加。此时，ω 相和 β 相之间的晶格错配度均小于 5%，因此 ω/β 相界面为共格界面，此时界面弹性应变能大，界面能较小。随着晶格错配度的增加，界面弹性应变能增加，ω 相的生长过程受到抑制，即外加应力能够抑制 ω 相变。

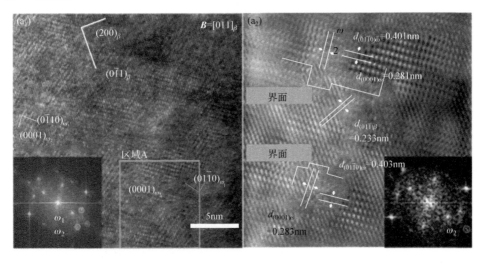

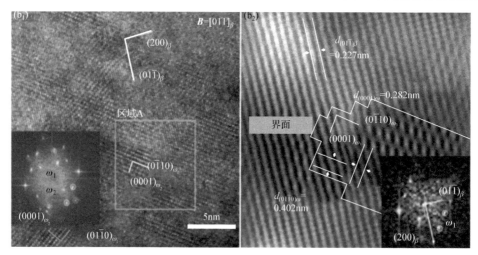

图 6.15　外加应力作用下连续加热至 350℃淬火 Ti-7333 合金中 ω/β 相界面特征(扫描章前二维码查看彩图)

(a₁) 20MPa 压应力；(a₂)为(a₁) 的局部放大图；(b₁) 50MPa 压应力；(b₂)为(b₁) 的局部放大图

表 6.1　外加应力作用下连续加热至 350℃淬火 Ti-7333 合金中 ω 相及 β 相晶面间距及晶格常数

晶面间距、晶格常数	20MPa 压应力	50MPa 压应力
$d_{(0001)_\omega}$/nm	0.282	0.282
$d_{(01\bar{1}0)_\omega}$/nm	0.401	0.402
$d_{(01\bar{1})_\beta}$/nm	0.233	0.227
a_ω/nm	0.4642	0.4642
c_ω/nm	0.2820	0.2820
a_β/nm	0.3295	0.3210

6.4　热塑性变形过程中合金组织演变

　　热塑性变形过程中常见的物理现象和组织演变规律已经在第 5 章进行了介绍，但绝大多数文献资料经常忽略一个极度关键的问题——动态相变。钛合金热塑性变形过程中的动态相变问题表现出以下特征：①除了热处理过程中常见的相变行为，合金变形可能诱发相变，如应力诱发马氏体、应力诱发 ω 相及变形孪晶等相变行为；②变形过程中的动态回复和动态再结晶行为与相变过程相互作用；③变形引入的缺陷(如位错、滑移带、亚晶界、织构等)直接影响形核位置及长大行为；④动态相变热力学/动力学特征受到变形影响，导致相变过程被促进或抑制，并影响析出相形貌特征；⑤热力耦合作用下的相变晶体学特征与常规热处理条件下的相应特征会有显著区别。上述问题导致钛合金热变形过程中的动态相变行为变得极为复杂，深入揭示其演变规律也变得相当困难。这也是很多研究报道经常选择性忽视动态相变问题的直接原因。

以亚稳 β 型钛合金为例，经 $\alpha+\beta$ 相区较高温度等温变形，粗大的 β 相晶粒初始组织被严重变形拉长。在热激活的作用下，β 相晶粒发生动态回复和动态再结晶，其中以动态回复软化机制为主。热变形过程中加工硬化和动态软化过程同时进行，显微组织中可以同时观察到大量位错和亚晶界的存在。在 $\alpha+\beta$ 相区较低温度进行热处理或热变形时，亚稳 β 型钛合金会迅速形核析出大量细小 α 相，在热力耦合作用下出现特殊的 α 相变体选择现象[25]。而且，除了外应力和相变内应力共同作用影响 α 相变体选择之外，大量的晶体缺陷，如位错、滑移带等也会影响 α 相变体的类型[26,27]。

6.4.1　α 相析出动力学特征及组织特征演变

针对热变形过程中发生动态的 $\beta \rightarrow \alpha$ 转变进行深入的研究，可以为亚稳 β 型钛合金显微组织调控和加工工艺的优化提供具有价值的参考[28]。图 6.16 是 Ti-5553 合金在 800℃热处理和热变形后试样的显微组织照片，每一列代表相同作用时间条件下热处理试样[图 6.16(a₁)～(c₁)和(a₂)～(c₂)]和热变形试样[图 6.16(a₃)～(c₃)和(a₄)～(c₄)]。可以明显看出，热处理显微组织中，α 相在 β 相晶界和晶内均有析出。晶界 α 相基本呈连续的薄膜状，而晶内 α 相(α_I 相)则呈点状或者短片状。随着保温时间从 20min 延长至 40min，α 相有所长大并且含量增加，且 α_{GB} 更加连续[图 6.16(a₂)～(c₂)]。另外，时效时间延长，部分呈平行排列的小片层 α 相开始从晶界处形核析出并朝 β 相晶粒内部生长，形成 α_{WGB} 相[图 6.16(b₂)]。值得注意的是，在 β 相晶界两边约 40μm 的区域内，并没有析出大量的 α 相，形成了无析出区(precipitate free zone，PFZ)[图 6.16(a₁)～(c₂)]。

当热变形过程中应变速率一定(0.0005s⁻¹)，应变从 0.7 增大至 1.2 时，对比热处理显微组[图 6.16(a₃)、(a₄)]，初始 β 相晶界不再保持平直，并且 β 晶粒变形拉长呈长条状垂直于压缩轴线分布(照片竖直方向)。随着应变的增大，β 相晶粒变形更加严重，长纵比增大，如 SEM 照片所示(图 6.17)。图 6.17 中灰白衬度主要因为不同区域晶粒不同的晶体学取向，这也说明了变形导致初始 β 相晶粒内部出现了大量的亚晶粒。对比图 6.16 和图 6.17 可以看出，Ti-5553 合金在热变形过程中可能发生了动态回复和动态再结晶[29-31]。当应变较小时(应变 0.7)，β 相晶粒发生拉长变形并伴随晶粒的破碎，形成亚晶[图 6.17(a)]；当应变增大至 1.2，β 相晶粒严重拉长呈板条状垂直于应力方向分布，晶粒内部则由大小形状不一的亚结构组成[图 6.17(b)]，拉长的 β 相晶粒宽度与热处理显微组织 β 相晶界两边无析出区宽度相近，约 40μm。

除了 β 相晶粒变形外，$\beta \rightarrow \alpha$ 转变也同时发生。首先，与单纯热处理试样显微组织不同，绝大部分 α 相在晶界(小角度晶界和大角度晶界)上形核析出，极少在晶内有析出。另外，α 相形貌也与热处理显微组织差异较大。应变较小时，极少

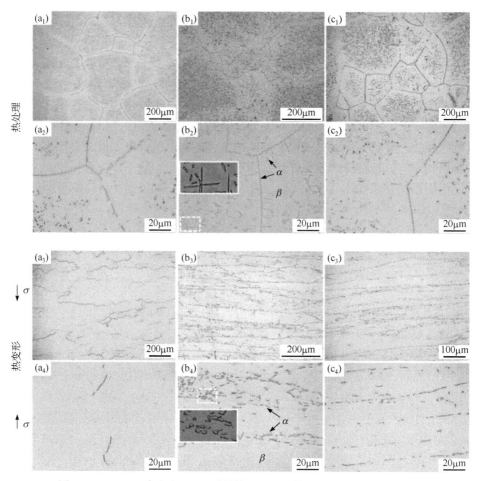

图 6.16　Ti-5553 合金在 800℃时效热处理以及等温热变形显微组织照片

$(a_1)(a_2)$ 800℃，23min；$(a_3)(a_4)$ 800℃，应变速率 0.0005s^{-1}，应变 0.7；$(b_1)(b_2)$ 800℃，40min；$(b_3)(b_4)$800℃，应变速率 0.0005s^{-1}，应变 1.2；$(c_1)(c_2)$ 800℃，20min；$(c_3)(c_4)$ 800℃，应变速率 0.001s^{-1}，应变 1.2

图 6.17　Ti-5553 合金 800℃等温热变形显微组织照片

(a) 应变速率 0.0005s^{-1}，应变 0.7；(b) 应变速率 0.0005s^{-1}，应变 1.2；(c) 应变速率 0.001s^{-1}，应变 1.2

部分 α_{GB} 相仍能保持半连续状态[图 6.16(a_3)、(a_4)]；但随着应变进一步增大，所有析出 α 相均呈等轴状或短棒状，长度 1～2μm，这种特征的显微组织有时被称为

"项链"组织[32]。随着应变的增大，等温时间也越长，于是 α 相转变量逐渐增多，但这种热力耦合作用下动态形核析出的 α 相一直呈不连续状。

当应变一定，应变速率由 0.0005s^{-1} 增大至 0.001s^{-1}，合金显微组织并没有发生特别明显的变化。粗大的初始 β 相晶粒同样被拉长呈板条状[图 6.17(c)]，等轴状或者短棒状 α 相在晶界处不连续形核析出[图 6.16(c$_3$)、(c$_4$)]。当应变速率较大时，α 相颗粒尺寸更小(约为 1μm)，析出量也更少。这是因为应变速率大时作用时间较短，α 相没有充足的时间继续形核和长大。β 相晶粒同样在变形过程中被破碎，形成大量的亚晶粒，说明合金在热变形过程中可能发生了动态回复或动态再结晶。然而，变形导致的这种板条特征却并不如低应变速率条件下那么明显[图 6.17(c)]，这是因为应变速率高时，并没有足够的作用时间析出大量的 α 相，没有足够的 α 相颗粒对晶界进行有效钉扎。

"项链"组织(图 6.18)的形成主要原因有以下四个方面：①大小角度晶界的形成导致 β 相晶粒发生转动，造成 β 晶界的不规则，在不同晶界上析出的 α 相则具有不同的取向，同时也失去了保持单一取向继续生长的可能性；②α/β 相取向关系被破坏，非共格界面倾向长大呈球状或者椭球状；③晶界长棒或者薄膜 α 相在应力作用下可能发生破碎和球化[33-36]，事实上 α 相的破碎和球化也与上一条因素有关，共格关系的被破坏会促进相的破碎和球化，非共格界面导致大量位错在相界面处堆积，造成应力集中，而且使界面能增加；④由于变形温度较高(800℃)，再加上变形实际上可能已经改变了相变动力学曲线，其并没有跨越 α 相析出动力学曲线的"鼻子"。

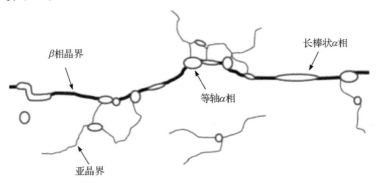

图 6.18　α 相在不规则 β 相晶界上形核析出形成"项链"组织示意图

需要强调的是，通过对比不同热变形条件下的显微组织，发现 Ti-5553 合金热变形动态软化行为(DRV/DRX)要早于 β→α 转变过程(图 6.16、图 6.17)。当合金热变形过程中回复再结晶行为进行到一定程度时，β→α 转变才会显著发生。这说明 Ti-5553 合金在 800℃热变形时，DRV/DRX 能垒要小于相变。基于以上分析，该热力耦合作用下显微组织演变过程如图 6.19 所示。

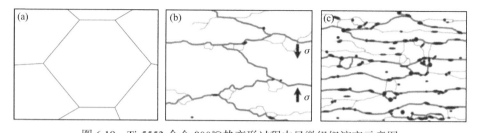

图 6.19　Ti-5553 合金 800℃热变形过程中显微组织演变示意图

(a) 全 β 相初始组织；(b) β 相晶粒发生破碎和 DRV/DRX，伴随少量 α 相形核析出；(c) β 相晶粒变形拉长呈板条状，颗粒状 β 相主要沿 β 晶界不连续析出

　　与高温热变形不同，低温变形条件下可能还会出现剪切带、滑移带甚至开裂等变形不均匀的特征。因此，热力耦合作用下 β→α 转变过程会比单纯热处理更加复杂。低温区域(600℃)热变形显微组织 SEM 高倍照片如图 6.20 所示，可以看出，变形显微组织中出现大量的滑移带。在滑移带内部显微组织由等轴状晶粒组成，尺寸为 50～200nm，而在滑移带之外的大部分区域内均为细片层组织，宽度约为 20nm。而且所有的变形组织显示，细片层组织整齐排列，形成集束[图 6.20(a₃)、(b₃)和(c₃)]。相比较发现，随着应变速率的降低和应变的增大，所有组织都有所长

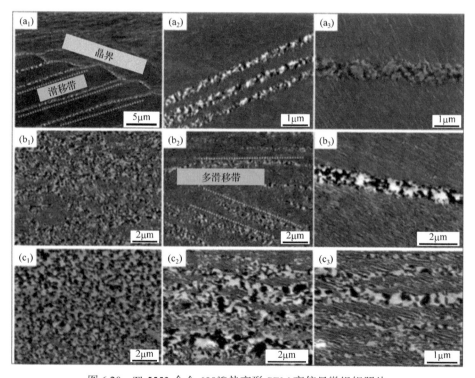

图 6.20　Ti-5553 合金 600℃热变形 SEM 高倍显微组织照片

(a₁)～(a₃) 应变速率 0.01s⁻¹，应变 0.7；(b₁)～(b₃) 应变速率 0.001s⁻¹，应变 0.7；(c₁)～(c₃) 应变速率 0.001s⁻¹，应变 1.2

大，等轴组织由 50nm 左右长大至 200nm 左右，片层宽度由 15nm 左右增加至
20nm 左右。另外，随着变形量的增大和应变速率的降低，部分区域内的片层组织
发生弯曲甚至破碎和球化[图 6.20(c₂)和(c₃)]。

　　如图 6.21 所示，由于试样中心区域变形充分且均匀，所以在显微组织中可以
观察到三种不同形貌和尺度的 α 相，分别为较大尺度的等轴 α 相、纳米尺度破碎
的 α 相和纳米尺度的片层 α 相。尺寸在 50~200nm 的等轴 α 相主要在滑移带内形
核析出，部分滑移带外析出的厚度约为 20nm 的片层 α 相在应力作用下发生破碎
甚至球化，形成尺寸更为细小的短棒状或不规则 α 相。于是，经低温等温热变形
后，形成了纳米尺度的"三态"显微组织。

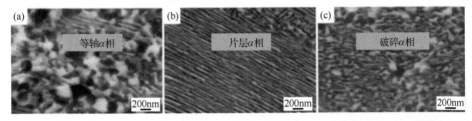

图 6.21　Ti-5553 合金 600℃、应变速率 0.001s⁻¹、应变为 0.7 时的热变形 SEM 显微组织照片

　　图 6.22 是 Ti-5553 合金变形温度 600℃、应变速率 0.001s⁻¹ 及应变 0.7 的热变
形试样不同区域 SEM 显微组织照片。可以看出，A~D 四个不同区域具有不同的
显微组织特征。其中，A 区域由于接近设备压头，变形量极小，所以变形滑移带
极少，等轴 α 相通常在 β 相晶界处形核析出[图 6.22(a₁)]。晶内 α 相为片层状集
束，同一 β 相晶粒中只能观察到两种或者三种 α 相变体[图 6.22(a₂)]。B 和 C 区域
由于接近试样中心，所以在应力作用下形成大量的滑移带，显微组织特征趋近于
中心区域，但变形滑移带明显较为平直有规则[图 6.22(b₁)、(b₂)、(c₁)、(c₂)]。D 区
域处于变形试样的鼓肚区域，变形量较小，显微组织中可以看到并不明显的滑移
带特征，部分区域在应力作用下变得不规则[图 6.22(d₁)]，但大部分 α 析出相呈片
层集束状整齐分布[图 6.22(d₂)]。另外，不同区域 α 相含量基本一致，说明 600℃
等温变形条件下 β→α 转变过程极为迅速，可以快速接近 α 相析出饱和状态。同
时与 600℃时效热处理相比，热力耦合作用下 β→α 转变过程被加速。

6.4.2　α 相析出与动态回复/再结晶竞争机制

　　热变形条件下钛合金会同时发生两个过程，即动态软化和 β→α 转变，而且这
两个过程的驱动力和能垒可能相差不大，其具体数值随实际热变形参数变化而改
变。因此，这两个固态转变过程很可能同时发生并相互作用，进而形成一种竞争
机制。

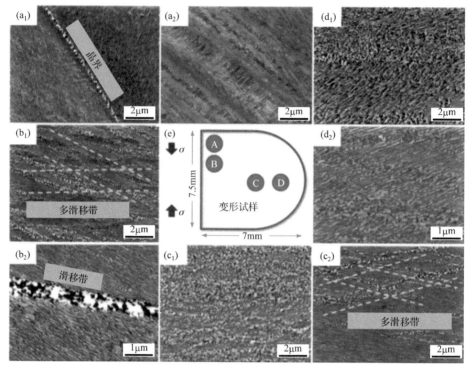

图 6.22　Ti-5553 合金经 600℃、应变速率 $0.001s^{-1}$、应变 0.7 时的热变形 SEM 高倍显微组织照片

$(a_1)(a_2)$ A 区域沿厚度方向接近试样边部；$(b_1)(b_2)$ B 区域沿厚度方向接近试样中部；$(c_1)(c_2)$ C 区域沿径向接近试样中部；$(d_1)(d_2)$ D 区域沿径向接近试样边部；(e)组织位置示意图

引入变形后，理论形核自由能公式可以表达为

$$\Delta G = V_\beta \Delta G_V + A_\beta \Delta G_r + V_\beta \Delta G_S + \Delta G_d$$

式中，ΔG_V、ΔG_r、ΔG_S 和 ΔG_d 分别为体积自由能变化、界面能、弹性应变能和引入的变形储存能。ΔG_V 和 ΔG_d 为形核驱动力，ΔG_r 和 ΔG_S 为形核能垒。800℃变形条件下，尽管变形储存能的引入看似导致形核驱动力增大，但应力诱发相变并没有发生，反而被抑制，这是因为在 800℃变形条件下发生了 DRV/DRX。实际上 DRV/DRX 和 $\beta \rightarrow \alpha$ 转变过程在热力耦合作用下是一种竞争机制，尽管两者本质均属于热激活扩散，但其过程的诱导发生难易程度却有所不同。对于动态软化过程，DRV 占据主导地位，无须合金元素的重排，也无须晶体结构的转变($\beta \rightarrow \alpha$)。因此，DRV/DRX 过程的能垒相对较低，只需要较低的驱动力就能实现热变形过程中的动态软化。

由上述论述可知，变形虽然导致材料储存能增加，但首先会被用于动态软化过程。高温时变形回复、再结晶驱动力较大，则主要发生 β 相基体的回复和再结晶行为，即回复与再结晶占用了第二相形核位置[37]。因此，热力耦合作用下 $\beta \rightarrow \alpha$

转变过程被抑制，α 相含量比热处理条件下少很多。在高于 DRV/DRX 理论温度以上，再结晶驱动力随着温度的升高而增大；相反，低于该理论温度，$\beta \to \alpha$ 转变发生，并且相变驱动力随着温度的降低而增大。图 6.23 为热力耦合作用下 DRV/DRX 和相变过程竞争机制示意图，通过观察可知这两种过程一定存在一个相变温度(T_{trans})。当温度高于 T_{trans} 时，DRV/DRX 能垒比 $\beta \to \alpha$ 转变小，所以 DRV/DRX 过程更容易实现，DRV/DRX 被促进而相变被抑制；当温度低于 T_{trans} 时，$\beta \to \alpha$ 转变能垒比 DRV/DRX 小，所以相变过程更容易实现，变形储存能首先被用于促进 α 相的形核，DRV/DRX 被抑制而相变被促进。动态应力诱发相变在较低温度区域等温变形过程中的确发生，主要有两个原因：第一，变形引入的大量晶体学缺陷为 α 相的析出提供了大量的形核位置；第二，低温变形过程中没有明显的 DRV 过程，更不会发生 DRX。相比而言，后者可能更为主要，因为低温热变形显微组织中，滑移带内外 α 相含量几乎相同。

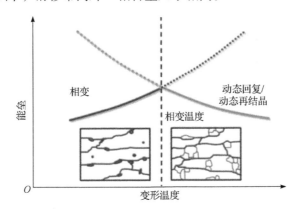

图 6.23　热力耦合作用下 DRV/DRX 和相变过程竞争机制示意图

变形已经显著改变了 $\beta \to \alpha$ 相变动力学。当温度高于 T_{trans} 时(800℃)，DRV/DRX 过程被促进而相变被抑制；当温度低于 T_{trans} 时(600℃)，DRV/DRX 过程被限制而相变加速，两个过程在热变形过程中是一种相互竞争的关系。综上所述，热变形过程中动态 α 相形核析出与变形参数和方式有着密切的关系。实际上，这种相变和动态软化之间的竞争关系不仅适用于变形温度，同样适用于应变和应变速率，且存在于其他热变形钛合金材料当中。

6.4.3　α 相析出变体选择晶体学机制

为了探究热力耦合作用下 α 相变体选择效应，可以对热处理和热变形条件下的 α 相进行 SEM/EBSD 对比分析。在变形显微组织中，α 相变体种类明显减少，在局部区域最多析出三种不同取向分布的 α 相变体，部分区域甚至只有一种或者两种变体。由于边部显微组织变形较小，α 相片层组织不会发生大的转动，因此如图 6.24(a)、(b)、(c)所示,分别对 Ti-5553 合金在 600℃下应变速率 $0.01s^{-1}$,应变 0.7、应变速率 $0.001s^{-1}$,应变 0.7 和应变速率 $0.001s^{-1}$,应变 1.2 三种变形试样进行边部显微组织观察。通过 SEM 表征照片可以看出,在两个不同应变的变形组织中均只能观察到两种取向分布的 α 相片层集束,片层宽度约为 20nm,长度较长,且整齐密集排列。

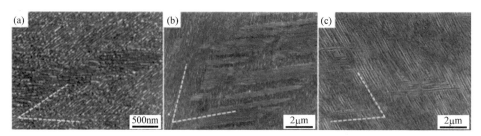

图 6.24 Ti-5553 合金 600℃不同变形条件下试样边部区域 SEM 显微组织照片
(a) 应变速率 $0.01s^{-1}$,应变 0.7; (b) 应变速率 $0.001s^{-1}$,应变 0.7; (c) 应变速率 $0.001s^{-1}$,应变 1.2

Ti-5553 合金 600℃等温时效显微组织的 IPF 图如图 6.25 所示,通过观察可知,无变形热处理试样显微组织中 β 相晶内析出大量细针状 α 相,且尺寸较热变形条件下更大。所有 12 种 α 相变体在同一 β 相晶粒内部同时出现,可见热力耦合作用下 α 相晶体学特征与热处理显微组织差异巨大。

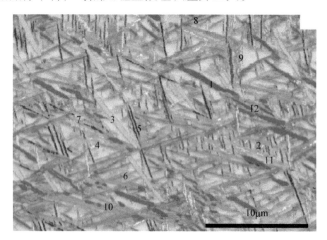

图 6.25 Ti-5553 合金 600℃时效保温 11.5min 显微组织 SEM/EBSD 的 IPF 图(扫描章前二维码查看彩图)
1~12 表示 12 种 α 相变体

图 6.26 是变形滑移带显微组织照片,三种不同取向的 α 相细片层标记为 α_1(竖直)、α_2(水平)和 α_3(斜向)[图 6.26(a)]。三种 α 相变体之间拥有两种不同的 α/β 相晶体学取向[图 6.26(b)],α_1 和 α_2 具有相近的取向但不同的惯习面。表 6.2 计算结果

显示，α_1/α_3 和 α_2/α_3 取向差分别为 $[11\bar{2}0]/88.58°$ 和 $[\bar{1}\bar{1}20]/87.78°$，均属于 $\langle11\bar{2}0\rangle/90°$ 关系的 α 相变体。α_1/α_2 取向差为 $[2\bar{1}\bar{1}6]/5.18°$，并非典型的变体间取向关系，这可能是因为在热压缩变形过程中 α_1 相发生细微转动而产生小的取向偏差。另外，三种 α 相变体含量也不尽相同，α_1 和 α_2 含量明显高于 α_3。这三类 α 相变体晶体学取向关系可以描述如下：α_1 为 $(101)_\beta//(0001)_\alpha$、$[\bar{1}\bar{1}1]_\beta//[2\bar{1}\bar{1}0]_\alpha$；$\alpha_2$ 为 $(101)_\beta//(0001)_\alpha$、$[\bar{1}11]_\beta//[2\bar{1}\bar{1}0]_\alpha$；$\alpha_3$ 为 $(\bar{1}01)_\beta//(0001)_\alpha$、$[111]_\beta//[2\bar{1}\bar{1}0]_\alpha$。

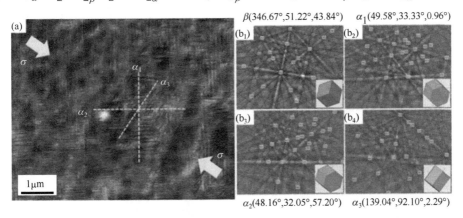

图 6.26　Ti-5553 合金 600℃、应变速率 $0.001s^{-1}$、应变 0.7 时的变形滑移带显微组织照片

(a) 显微组织 SEM 照片；(b) β 相基体和三种 α 相变体被标记的菊池花样，对应的欧拉角以及晶胞示意图

(a) 中箭头表示压缩变形应力方向

表 6.2　图 6.26(a)中 3 种 α 相变体取向差

类型	6 种可能的 α_i/α_j 相取向关系		α 相变体取向差
	轴角对	含量/%	
1	I(基体)	—	—
2	$[11\bar{2}0]/60°$	18.2	—
3	$[\bar{1}0\,\bar{7}\,17\,3]/60.83°$	36.4	—
4	$[\bar{1}0\,5\,5\,3]/63.26°$	18.2	$\alpha_1/\alpha_3,[11\bar{2}0]/88.58°$
5	$[7\,\bar{1}7\,10\,0]/90°$	18.2	$\alpha_2/\alpha_3,[\bar{1}\bar{1}20]/87.78°$
6	$[0001]/10.53°$	9.1	$\alpha_1/\alpha_2,[2\bar{1}\bar{1}6]/5.18°$

　　初始组织中 β 相基体局部应变状态对 $\beta\rightarrow\alpha$ 转变过程中 α 相变体选择和最终显微组织是一个极为关键的影响因素。$\beta\rightarrow\alpha$ 转变可以被视为通过原子移动的位移型转变而实现从 BCC 结构到 HCP 结构的转变。为了分析相变过程中的点阵畸变特征，如图 6.27 所示，建立正交坐标系(i-j-k)。伯格斯条件下，对比相变前后晶胞

的基本矢量，晶格点阵发生明显变化，且这种畸变可以用变形梯度张量 M_D 进行定量描述：

$$M_D = \left(M_E S_i M_\beta \right) D_{OR} \left(M_E S_i M_\beta \right)^{-1} \tag{6.1}$$

$$M_D = \begin{pmatrix} e_{11} & e_{12} & e_{13} \\ e_{21} & e_{22} & e_{23} \\ e_{31} & e_{32} & e_{33} \end{pmatrix}, e_{ij} 中 i=1,2,3; j=1,2,3 \tag{6.2}$$

式中，M_E 为欧拉角矩阵；S_i 为 β 相对称矩阵(i=1～24)；M_β 为从 β 相布拉菲点阵坐标到正交的取向关系参考坐标系的变换矩阵；D_{OR} 为 $\beta \rightarrow \alpha$ 转变点阵畸变矩阵。

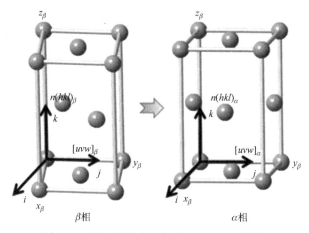

图 6.27　通过点阵畸变实现 $\beta \rightarrow \alpha$ 转变示意图

　　宏观试样坐标系下所有 α 相变体的变形梯度张量计算结果如表 6.3 所示。其中，元素 e_{ij} ($i=j$)表示法向应变，即沿 i 方向在垂直于 j 的面上的法向应变。元素 e_{ij}($i \neq j$)则表示 i 方向上沿垂直于 j 方向的面上的切向应变。对于单轴压缩变形，变形梯度张量元素 e_{2j} 则成为关键关注对象，因为 $i=2$ 方向代表的是压缩轴，必须有 $e_{11} > 1$、$e_{22} < 1$ 和 $e_{33} > 1$，而且 e_{21}、e_{23} 不能太大。因此，在所有 α 相变体的变形梯度张量的计算结果中，只有两个满足以上条件，分别为 V_4 和 V_{10}(表 6.3)。这两个 α 相变体可以更好地协调沿 Y 方向的压缩变形，最终导致如图 6.28(a)、(b)所示的热压缩试验中产生强烈的 α 相变体选择现象。

表 6.3　宏观试样坐标系下所有 α 相变体的变形梯度张量

变体	变形矩阵	变体	变形矩阵
V_1	$\begin{pmatrix} 0.960471 & 0.026291 & 0.038309 \\ -0.11719 & 1.08555 & 0.071638 \\ 0.076275 & -0.03727 & 0.97207 \end{pmatrix}$	V_2	$\begin{pmatrix} 0.969876 & -0.12806 & 0.072013 \\ 0.01542 & 1.075777 & -0.02644 \\ 0.034047 & 0.082476 & 0.972437 \end{pmatrix}$

续表

变体	变形矩阵			变体	变形矩阵		
V_3	0.96546	−0.01663	0.004277	V_8	0.990742	0.001957	−0.18643
	−0.01953	1.01284	0.001423		0.156682	1.042204	0.06332
	0.176865	0.065414	1.029791		−0.08337	−0.00891	0.985145
V_4	1.016488	−0.02188	0.001718	V_9	1.006462	0.160073	−0.07754
	−0.01063	0.957177	0.001228		0.005348	1.027393	−0.00074
	−0.02911	−0.17992	1.044425		−0.00875	0.071488	0.984236
V_5	0.991467	−0.01366	0.180518	V_{10}	1.096899	−0.09896	−0.06348
	−0.01075	1.014989	0.067074		0.052862	0.940008	−0.05189
	0.007929	0.003083	1.011634		0.040308	−0.06013	0.981184
V_6	0.973722	0.038568	0.004022	V_{11}	1.090584	0.0386	0.030215
	0.03023	0.995028	−0.0016		−0.11322	0.945045	−0.05746
	−0.13774	0.115549	1.049341		−0.07358	−0.04922	0.982461
V_7	1.016776	−0.00815	−0.03129	V_{12}	0.983414	0.021841	−0.14418
	−0.01939	0.974137	−0.18643		0.03018	1.002215	0.119879
	−0.00046	−0.00528	1.027178		−0.00242	0.002725	1.032461

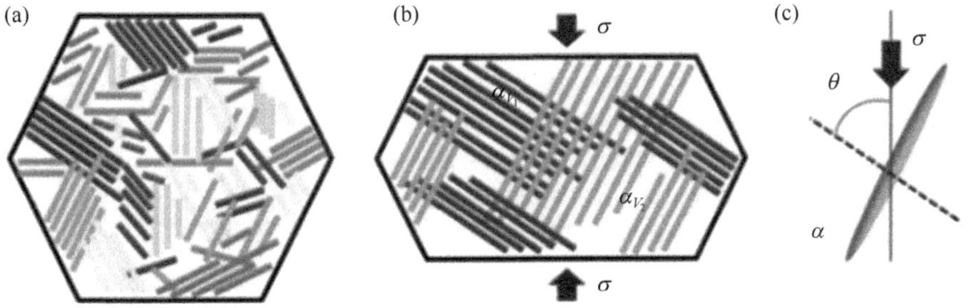

图 6.28　α 相与外应力作用示意图

(a) 初始状态；(b) 外应力作用下的 α 相变体选择；(c) 外应力方向与 α 片层法向的夹角 θ

　　从能量角度同样可以很好地解释热力耦合作用下 α 相变体选择机制。热力耦合作用下 α 相变体选择同时受外部应力(σ^{ex})和 $\beta \rightarrow \alpha$ 转变引起的内应力影响(σ^{tr})，因此在本书中必须考虑这种合成应力作用(σ^{com})[38]。当第二相从基体相中形核析出，由于晶体学取向关系，在母相和子相之间便存在弹性应变。当外部应力作用时，沿着析出相惯习面必然发生收缩或者扩张，也必然导致相界面原子错配应变的增强或者释放。这种相界面原子错排应变能的变化是外应力和初始相界面原子错排应力场相互作用的结果。对于不同的 α 相变体,这种应变能的变化具有明显不同,Eshelby[39]曾利用 Elastic Inclusion 模型定量统计分析了外部应力方向下的这种能量变化。另外,由于外应力作用下析出相替代母相造成的体积变化引起系统潜能变化[40]。因此,

在外应力作用下体积变化引起的系统潜能变化可以表示为

$$\Delta G_E^{ex} = \sigma \cos \theta \Delta V \tag{6.3}$$

式中，θ 为外应力方向与 α 相片层法向的夹角[图 6.28(c)]；ΔV 为 $\beta \to \alpha$ 转变中的体积变化。

外应力和 α/β 相界面错排应力场相互作用能可以表示为

$$\Delta G_E^{tr} = \sigma \cos \theta \Delta V_\alpha \varepsilon \tag{6.4}$$

式中，V_α 为 α 相体积分数；ε 为 α/β 相共格应变。

由于基体中不同 α 相变体与应力轴不同的夹角 θ 下系统潜能也不同，可以表示为

$$\Delta G = V_\alpha \Delta G_V + A \Delta G_R + \Delta G_E^{ex} + \Delta G_E^{tr} = V_\alpha \Delta G_V + A \Delta G_R + \sigma \cos \theta \left(\Delta V + V_\alpha \varepsilon \right) \tag{6.5}$$

式中，ΔG_V 和 ΔG_R 分别为体积自由能变化和界面能变化；A 为 α 相表面积。具有特定夹角 θ 的 α 相变体可以最大限度地降低系统能量，这种变体更加容易形核和长大。于是只有个别几种特定的 α 相变体形核并长大，并最终导致热变形过程中发生了极其强烈的变体选择效应。

参 考 文 献

[1] BOURELL D L, MCQUEEN H J. Thermomechanical processing of iron, titanium, and zirconium alloys in the BCC structure [J]. Journal of Materials Shaping Technology, 1987, 5: 53.

[2] 韩明臣. β 钛合金的热机械加工[J]. 稀有金属快报, 2008, 27(9): 43-44.

[3] JONAS J J, ARANAS C, FALL A, et al. Transformation softening in three titanium alloys[J]. Materials & Design, 2017, 113:305-310.

[4] ARANAS C, FOUL A, GUO B, et al. Determination of the critical stress for the initiation of dynamic transformation in commercially pure titanium[J]. Scripta Materialia, 2017, 133: 83-85.

[5] WANG K, Li M Q. Morphology and crystallographic orientation of the secondary α phase in a compressed α/β titanium alloy[J]. Scripta Materialia, 2013, 68(12): 964-967.

[6] IDE N, MORITA T, TAKAHASHI K, et al. Influence of cold rolling on fundamental properties of Ti15V-3Cr-3Sn-3Al alloy[J]. Materials Transactions, 2015, 56(11): 1800-1806.

[7] SONG Z Y, SUN Q Y, XIAO L, et al. Effect of prestrain and aging treatment on microstructures and tensile properties of Ti-10Mo-8V-1Fe-3.5Al alloy[J]. Materials Science and Engineering: A, 2010, 527(3): 691-698.

[8] SUN L P, LIN G Y, LIU J, et al. Effect of low temperature thermo-mechanical treatment on microstructures and mechanical properties of TC4 alloy[J]. Journal of Central South University of Technology, 2010, 17(3): 443-448.

[9] 高溥艺. 室温塑性变形对 Ti-7333 合金 α 相析出行为的影响[D].西安: 西北工业大学, 2020.

[10] WOLFER W G. Diffusion of point defects in a stress gradient[J]. Scripta Materialia, 1971(5): 1017-1022.

[11] SVOBODA J, FISCHER F D. Modelling of the influence of the vacancy source and sink activity and the stress state on diffusion in crystalline solids[J]. Acta Materialia, 2011, 59: 1212-1219.

[12] MYRJAM W. Grain boundary engineering by application of mechanical stresses[J]. Scripta Materialia, 2006, 54: 987-992.

[13] MYRJAM W, Carmen S. Influencing recrystallization behaviour by mechanical loads[J]. Materials Science and Engineering: A, 2006, 419: 18-24.

[14] 曹素芳, 潘清林, 刘晓艳, 等. 外加应力对 Al-Cu-Mg-Ag 合金时效析出行为的影响[J]. 中国有色金属学报, 2010, 10(8): 1513-1519.

[15] 杨培勇, 郑子樵, 胥福顺, 等. 外加应力对高 Cu/Mg 比 Al-Cu-Mg 合金沉淀动力学及析出相形态的影响[J]. 稀有金属, 2006, 30(3): 324-328.

[16] YANG K, GOU H Y, ZHANG B, et al. Microstructure and fracture features of cold-rolled low carbon steel sheet after annealing and mechanical stress concurrently load[J]. Materials Science and Engineering: A, 2009, 502: 126-130.

[17] 张珍宣. 应力对 Ti-1300 合金相变和组织的影响[D]. 贵阳: 贵州大学, 2016.

[18] SKROTZKI B, SHIFLET G J, JR E A S. On the effect of stress on nucleation and growth of precipitates in an Al-Cu-Mg-Ag alloy[J]. Metallurgical & Materials Transactions A, 1996, 27(11): 3431-3444.

[19] ZHU A W, STARKE JR E A. Materials aspects of age-forming of Al-x Cu alloys[J]. Journal of Materials Processing Technology, 2001, 117(3): 354-358.

[20] ZHU A W, STARKE JR E A. Stress aging of Al-x Cu alloys: Experiments[J]. Acta Materialia, 2001, 49(12): 2285-2295.

[21] ZHU A W, STARKE JR E A. Stress aging of Al-Cu alloys: Computer modeling[J]. Acta Materialia, 2001, 49(15): 3063-3069.

[22] 陈大钦, 郑子樵, 李世晨. 外加应力对 Al-Cu 及 Al-Cu-Mg-Ag 合金析出相生长的影响[J]. 金属学报, 2004, 40(8): 799-804.

[23] 宋振亚, 孙巧艳, 肖林, 等. 弹性压应力对 TB3 合金 α 相时效析出行为的影响[C]. 洛阳: 第十三届全国钛及钛合金学术交流会, 2008.

[24] 张临财, 张满, 郭啸栋, 等. Ti-2.5Cu 合金应力时效析出行为及其力学性能研究[J]. 稀有金属材料与工程, 2014, 43(8):1924-1927.

[25] SHI R., WANG Y. Variant selection during α precipitation in Ti-6Al-4V under the influence of local stress-A simulation study[J]. Acta Materialia, 2013, 61(16): 6006-6024.

[26] FURUHARA T, TAKAGI S, WATANABE H, et al. Crystallography of grain boundary α precipitates in a β titanium alloy[J]. Metallurgical and Materials Transactions A, 1996, 27: 1635-1646.

[27] FURUHARA T, MAKI T. Variant selection in heterogeneous nucleation on defects in diffusional phase transformation and precipitation[J]. Materials Science and Engineering: A, 2001, 312(1): 145-154.

[28] 樊江昆. Ti-5Al-5Mo-5V-3Cr 合金热力耦合作用下 α 相析出机制研究[D]. 西安: 西北工业大学, 2017.

[29] JONES N G, DASHWOOD R J, DYE D, et al. Thermomechanical processing of Ti-5Al-5Mo-5V-3Cr[J]. Materials Science and Engineering: A, 2008, 490: 369-377.

[30] FAN J K, KOU H C, LAI M J, et al. Hot deformation mechanism and microstructure evolution of a new near β titanium alloy[J]. Materials Science and Engineering: A, 2013, 584: 121-132.

[31] POLETTI C, GERMAIN L, WARCHOMICKA F, et al. Unified description of the softening behavior of beta-metastable and alpha+beta titanium alloys during hot deformation[J]. Materials Science and Engineering: A, 2016, 651: 280-290.

[32] SAUER C, LUETJERING G. Thermo-mechanical processing of high strength β-titanium alloys and effects on microstructure and properties[J]. Journal of Materials Processing Technology, 2001, 117(3): 311-317.

[33] MANSUR A, LI T, CASILLAS G, et al. The evolution of microstructure and mechanical properties of Ti-5Al-5Mo-

5V-2Cr-1Fe during ageing[J]. Journal of Alloys and Compounds, 2015, 629: 260-273.

[34] FAN J K, KOU H C, LAI M J ,et al. Characterization of hot deformation behavior of a new near beta titanium alloy Ti-7333[J]. Materials & Design, 2013, 49: 945-952.

[35] ZHEREBTSOV S, MURZINOVA M, SALISHCHEV G, et al. Spheroidization of the lamellar microstructure in Ti-6Al-4V alloy during warm deformation and annealing[J]. Acta Materialia, 2011, 59(10): 4138-4150.

[36] ROY S, SUWAS S. The influence of temperature and strain rate on the deformation response and microstructural evolution during hot compression of a titanium alloy Ti-6Al-4V-0.1B[J]. Journal of Alloys and Compounds, 2013, 548: 110-125.

[37] LENAIN A, CLÉMENT N, JACQUES P J, et al. Characterization of the α phase nucleation in a two-phase metastable β titanium alloy[J]. Journal of Materials Engineering and Performance, 2005, 14(6): 722-727.

[38] SONG Z Y, SUN Q Y, XIAO L, et al. Precipitation behavior and tensile property of the stress-aged Ti-10Mo-8V-1Fe-3.5Al alloy[J]. Materials Science and Engineering: A, 2011, 528(12): 4111-4114.

[39] ESHELBY J D. The determination of the elastic field of an ellipsoidal inclusion, and related problems[J]. Proceedings of the Royal Society of London A Mathematical Physical & Engineering Sciences, 1957, 241(1226): 376-396.

[40] HOSFORD W F, AGRAWAL S P. Effect of stress during aging on the precipitation of θ' in Al-4wt pct Cu[J]. Metallurgical Transactions A, 1975, 6(3): 487-491.

第 7 章　高强韧钛合金力学性能匹配与调控

随着长寿命结构件对钛合金损伤容限设计要求的提高，实现高强度与高韧性的匹配成为迫切需求。世界多国竞相发展了抗拉强度在 1000MPa 以上同时又具备 55MPa·m$^{1/2}$ 以上断裂韧性的钛合金，即高强韧钛合金。要求钛合金达到强度、塑性、断裂韧性、疲劳裂纹扩展速率的良好匹配[1]。高强韧钛合金在航空航天等领域的应用不可或缺，主要类型包括可热处理强化的 $\alpha+\beta$ 型钛合金和通过固溶时效强化的亚稳 β 型及近 β 型钛合金。这些合金含有较多的 Mo、V、Nb、Cr、Fe 等 β 稳定元素，经过适当的热处理强化可以获得优异的综合力学性能。

7.1　拉伸性能调控

高强韧钛合金广泛应用于航空航天领域，通过显微组织调控获得良好的强塑性匹配是高强韧钛合金的研究重点。固溶时效是高强韧钛合金最常用的热处理方法，能够在 β 相基体中析出细小的 α 相片层进行强化，两相界面有效地阻碍了位错滑移，提高了合金的强度。采用不同的固溶与时效温度、冷却速率可对 α 相的尺寸、形貌、分布及体积分数进行调节，进而调控合金的各项力学性能。高强韧钛合金在高于 T_β 固溶后，形成的过饱和亚稳 β 相将在时效后变成 β 相转变组织 (β_t)，同时不可避免地形成连续的 α_{GB} 相，此时合金具有高的强度和断裂韧性，而塑性较差。在低于 T_β 固溶时，少量等轴 α_p 相分散在 β 相基体中，经过时效处理后纳米尺度的针状 α_s 相形核析出并最终弥散分布在 β 相基体中，这样的双态组织具有较高的强度和塑性[2]。针对高强韧钛合金固溶时效后 α 相片层细小，导致高强度但断裂韧性和抗裂纹扩展能力相对较低的问题，通过 β 退火缓冷时效 (BASCA) 获得不同尺度的 α 相片层组织，该组织具有较高的断裂韧性，但在一定程度上牺牲了强度[3]。从工程应用来看，两相区固溶时效是最常用的调控高强韧钛合金的热处理工艺，双态组织也是多数高强韧钛合金构件在服役状态时的组织[4]。随着固溶温度的降低，α_p 相含量增加，塑性增加，但强度降低。随着时效温度的降低，α_s 相的尺寸减小，合金的强度增加，塑性和韧性降低。通过对固溶时效工艺的合理调控，能够实现高强韧钛合金优异的强塑性匹配。

7.1.1　初生 α 相对拉伸性能的影响

钛合金进行固溶处理的目的是获得可以时效强化的亚稳 β 相，通常将固溶处

理后所保留的 α 相称为初生 α 相(αp 相)。αp 相的体积分数为影响拉伸塑性的主要因素。当合金中存在 αp 相时，一方面，由于 αp 相呈较大的等轴状，其可开动的滑移系较多。当试样进行塑性变形时，滑移首先在个别施密特因子较大的 α 相晶粒内开动。αp 相含量较高时，变形能很快传递到其他晶粒，避免在个别晶粒中引起应力集中而开裂。另一方面，等轴状 αp 相能够限制合金在固溶过程中 β 相晶粒的长大，两者的共同作用使得合金具有较好的拉伸塑性[5]。αp 相体积分数减少会导致基体亚稳 β 相晶粒尺寸增加，滑移距离增大，从而降低合金的强度。基体亚稳 β 相中溶质原子浓度增加会提高强度，二者相互作用的结果导致 αp 相体积分数对强度的影响不明显[6]。

以 Ti-10V-2Fe-3Al 合金为例，选择在 β 相变温度以下的 α+β 相区固溶时效处理，以获得一定体积分数段 αp 相。随着固溶温度的升高，αp 相的体积分数逐步降低。当固溶温度由 740℃升高到 760℃时，αp 相的体积分数由 20%降低到 16%，变化不大；当固溶温度升高到接近相变温度 780℃时，αp 相的体积分数迅速减少为 6%；当固溶温度升高到 β 相变温度 800℃时，得到的是少许长大的再结晶 β 相晶粒组织。图 7.1 为 αp 相体积分数对 Ti-10V-2Fe-3Al 合金力学性能的影响[5]。可以看出，随着 αp 相体积分数的增加，合金的抗拉强度和屈服强度变化只有±50MPa，而延伸率和断面收缩率则迅速增加。

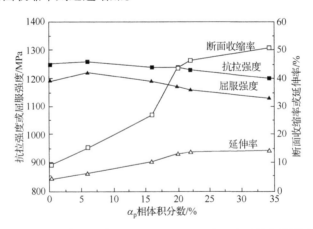

图 7.1　αp 相体积分数对 Ti-10V-2Fe-3Al 合金力学性能的影响

αp 相的尺寸和形貌对高强韧钛合金的力学性能有显著影响。针对 Ti-5553 合金，选择在两相区固溶温度为 770℃，固溶时间分别为 1h、5h、15h、48h，对固溶所得 4 组试样均进行 560℃保温 4h 后经空冷至室温的时效处理，来研究不同固溶时间对 αp 相尺寸和形态的影响，及其对合金力学性能的影响[7]。如表 7.1 所示，拉伸结果显示，随着固溶时间由 1h 增加至 15h，强度下降约 30MPa，而延伸率提高了 4%；固溶时间继续延长至 48h 塑性几乎不变，但强度持续降低，固溶 15h 时塑性与强度达到最佳配比，这是因为随着固溶时间的延长，α_p 相的尺寸增加，长宽比减小并伴随晶界断裂，强度降低而塑性增强，符合组织性能变化的基本规律。如图 7.2 所示，图中白圈标记处 2 个或多个 α_p 相相互连接，并且会逐渐合并以减小界面能；如图中黑圈所示，最终完全融合使 α_p 相在长度和宽度方向的尺寸都增大。固溶 5h 和 15h 时，α_p 相体积分数下降，尺寸增加且长宽比减小，在拉伸试验均匀变形阶段，α_p 相内滑移系易于开动，容许更大面积的位错塞积；α_p 相体积分数虽有所降低，但从形貌上分析未对 α_s 相的析出有明显影响，棒状 α_p 相对位错及滑移的阻碍作用要大于等轴 α_p 相。因此，等轴 α_p 相能够大幅提高合金的塑性，而强度略微降低。当固溶时间达到 48h 时显微组织发生了明显的变化，α_p 相的含量显著降低导致 α_p 相分布非常稀疏，β 相基体中析出的 α_s 相长度明显增大，使得强度持续降低。因此，α_p 相的尺寸适量增大能够有效提高材料的塑性而使强度损失较少。

表 7.1　不同固溶时间下 Ti-5553 合金经 770℃固溶和 560℃保温的时效拉伸性能

固溶时间/h	屈服强度/MPa	抗拉强度/MPa	延伸率/%	断面收缩率/%
1	1238	1316	10	31
5	1214	1284	13	36
15	1212	1280	14	30
48	1185	1265	14	28

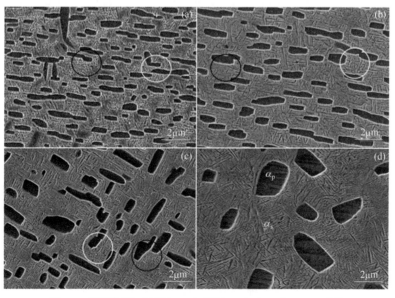

图 7.2　不同固溶时间下 770℃固溶 α_p 相和 α_s 相 SEM 形貌
(a) 1h；(b) 5h；(c) 15h；(d) 48h

7.1.2 β 相晶粒对拉伸性能的影响

减小 β 相晶粒尺寸可以起到细晶强化的作用,还能大大提高合金的拉伸塑性。有研究发现,获得强度接近 1500MPa 且具有良好塑性的 β 型钛合金,其 β 相晶粒尺寸需要控制在 10μm 以下。因此,在热处理过程中,严格控制 β 相晶粒尺寸成为合金在高强度的基础上同时具有良好塑性的关键所在。

当合金的固溶温度处于 $\alpha+\beta$ 两相区时,经时效处理后其 β 相晶粒不易于观测;固溶温度选择在 β 相变温度以上时,随着固溶温度的增加,β 相晶粒长大速度加快,同时 α 稳定元素向 β 相基体中的扩散速率增加,再结晶晶粒生长加快。如图 7.3 所示[8],将 TB8 合金经过 800℃、820℃、840℃、870℃、900℃、950℃和 1020℃固溶,研究固溶态合金拉伸性能。低于 β 相变温度的 800℃固溶合金中存在少量未溶解的初生 α 相,故合金的抗拉强度较高且塑性偏低。当固溶温度升高至 820℃,经过 60min 的充分固溶,热轧态合金中的初生 α 相基本转变成 β 相基体,且晶粒尺寸依然细小,在室温拉伸过程中,缺少了初生 α 相在晶界附近的钉扎作用,合金的塑性得到明显的提升,同时抗拉强度也显著降低。当合金在840℃以上温度固溶处理 60min 时,较高的温度为合金的晶粒生长提供了充足的热力学条件,再结晶晶粒过分长大,造成合金抗拉强度和塑性下降。当固溶温度继续升高时,合金抗拉强度和塑性同时呈现出下降趋势,主要原因是在高温下固溶,合金充分满足热力学条件,使初生 α 相向 β 相快速转变,随着固溶过程的持续,完全再结晶的 β 相晶粒急剧粗化。

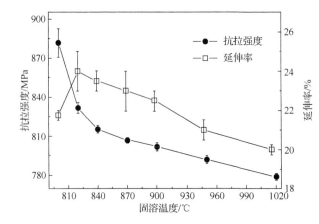

图 7.3　TB8 合金固溶温度与力学性能的关系

以 Ti-1023 合金变形热处理为例[5],Ti-1023 合金通过变形温度为 845℃的变形热处理工艺获得了 β 相晶粒尺寸为 75μm 的显微组织,经 500℃/8h 等温时效后,抗拉强度和屈服强度分别为 1330MPa 和 1270MPa,延伸率和断面收缩率分别为 7.5%和 13.0%[5]。未变形的固溶温度为 845℃热处理工艺获得的 β 相晶粒尺寸约为 146μm，经相同的时效工艺处理后，抗拉强度和屈服强度分别为 1300MPa 和 1245MPa，延伸率和断面收缩率分别为 3.8%和 5.8%。对比得出，随着 β 相晶粒尺寸由 75μm 提高到 146μm，合金的抗拉强度和屈服强度略有升高，分别提高了 2.3% 和 2.0%，延伸率和断面收缩率则下降比较明显，分别下降 49.3%和 55.3%。此外，如图 7.4 所示，随着变形温度由 700℃升高到 845℃，延伸率和断面收缩率均逐渐降低。初生 α 相的体积分数和 β 相晶粒尺寸决定材料的塑性，在 $\alpha+\beta$ 两相区 α 相会钉扎在 β 相晶界限制晶粒长大，相对于 780℃和 700℃的变形温度，合金在 845℃变形处理并经 500℃/8h 等温时效后，由于缺少了变形过程中初生 α 相的钉扎作用，再结晶 β 相晶粒迅速长大，合金的拉伸塑性明显降低。

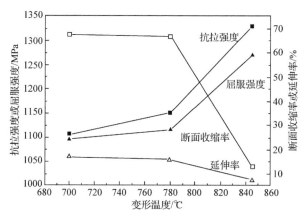

图 7.4　Ti-10V-2Fe-3Al 合金经不同变形温度并在 500℃等温时效 8h 后的力学性能

7.1.3　次生 α 相对拉伸性能的影响

高强韧钛合金通过固溶处理获得可以产生时效强化的亚稳 β 相，即将 β 固溶体以过饱和的状态保留到室温，随后进行时效处理，次生 α 相(α_s 相)就是合金在时效过程中由亚稳 β 相分解析出的 α 相，产生时效强化效果，时效强化后显微组织中的 α_s 相体积分数和形态决定了材料的强度水平。固溶温度、时效温度、时效时间等因素都会影响 α_s 相的形貌、含量、尺寸及分布等特征参数，最终影响合金的力学性能。

固溶温度对 α_s 相的影响主要是源于亚稳 β 相晶粒内溶质原子的浓度改变，这会对 α_s 相的形核析出、长大有不同程度的影响，从而造成力学性能变化。以 Ti-55531 合金为例，其相变点 T_β 为(850±5)℃，通过不同固溶温度 750℃、820℃、880℃及 900℃，固溶 2h 后空冷，再在 600℃时效 6h，获得不同等轴 α_p 相和 α_s 相的含量及尺寸的组织[9]。在相变点以下，随固溶温度的升高，α_p 相含量降低，尺寸减小。相变点以上温度固溶后，等轴 α_p 相消失，组织为全 β 相晶粒。在 T_β 以下温度，Ti-55531 合金的强度随着固溶温度的升高而上升，塑性则相反；温度超过 T_β 以后，随固溶温度的升高强度反而下降，塑性只是略有下降。在 T_β 以下时，温度的升高导致 α_p 相的含量减少，α_p 相平均尺寸减小。α_p 相含量越少，对应的固溶过饱和 β 相含量越多，在相同的时效工艺下，从过饱和 β 相中析出的 α_s 相越多，晶粒越细。同样，Ti-7333 合金在相变点以下 800℃、820℃ 和 840℃ 固溶后分别在 520℃ 时效，其拉伸性能变化如图 7.5 所示[10]。随着固溶温度的升高，合金强度降低，而塑性有所增加，这主要是因为 α_p 相的溶解及 β 相晶粒的长大；时效后合金的强度随着固溶温度的升高而明显增加，塑性有所下降。靠近相变点温度固溶后时效，抗拉强度和屈服强度的差值明显减小，屈服降落现象减小。这是因为随着固溶温度升高，α_p 相含量降低，β 相基体的 β 稳定元素含量降低，α_s 相的形核驱动力增大，析出的 α_s 相数量更多，尺寸更加细小。

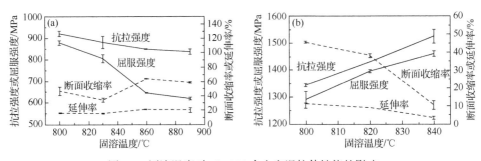

图 7.5　固溶温度对 Ti-7333 合金室温拉伸性能的影响
(a) 在不同温度下固溶处理; (b) 在不同温度下固溶处理后在 525℃ 下时效 8h

上述结果说明，一方面，由于次生细小片层 α_s 相的强度高于等轴 α_p 相强度，α_s 相含量增加，合金强度增加。另一方面，时效析出更多的 α_s 相片层，增加了组织内界面总数。变形时界面对位错的阻碍形成界面强化效应，界面增加使合金的强度提高，但引起的应变局部化使塑性降低。温度上升到 T_β 以上时，等轴 α_p 相对 α_s 相析出长大的阻碍减小，α_s 相发生粗化，界面减少，且随退火温度的升高，粗化程度越高，导致合金强度下降。

在两相区同一温度固溶处理后再经不同温度时效处理时，由于固溶温度相同，α_p 相的形貌及含量相同，其力学性能的变化主要与 α_s 相形貌和含量有关。Ti-7333 合金 820℃ 固溶处理后于 500℃ 和 570℃ 时效 8h，其拉伸试验结果如表 7.2 所示[11]，该合金在较低温度(500℃)时效时具有优异的屈服强度(>1500MPa)，但延伸率相对较差(<5%)。当材料在更高的温度(570℃)下时效时，这种情况就会逆转，屈服强度大大降低(<1300MPa)，但延伸率大大提高(>11%)。虽然合金的塑性主要由 α_p 相含量和形态决定，但 α_s 相尺寸粗化时，会引起合金断裂机制的变化。切过 α 相引起的应力集中机制减弱，变为裂纹在空位形核、长大，最后相互连接，使合金塑性有所提高[12]。不同热处理后的 Ti-7333 合金微观组织的 TEM 表征结果如图 7.6 所示，两种时效条件下获得的组织均由等轴 α_p 相、细针状 α_s 相和 β 相组成，其中 α_p 相在形态、大小和分布上无明显差异，这是由于低于固溶处理的时效温度变化对保留的 α_p 相几乎没有影响，纳米级 α_s 相分散分布在 β 相基体中，两种时效处理的显微组织差异主要在于 α_s 相上。据统计，α_s 相的尺寸随着时效温度的降低而明显减小。同时，如图 7.6(b)、(d)所示，随着时效温度的降低，α_{GB} 相的数量增加，在低温时效下，α_{GB} 相倾向于沿着 β 相晶界连续形成；在高温时效下 β 相晶界形成更多的魏氏晶界 α 相(α_{wGB} 相)，而不是连续的 α_{GB} 相。在上述分析基础上，设计正交试验，获得了 Ti-7333 合金强度和塑性匹配的最优组合，如表 7.3 所示，实现了超高的抗拉强度(超过 1400MPa)和良好的拉伸塑性(超过 10%的延伸率)，使得该合金在高强钛合金中更具竞争力。

表 7.2　Ti-7333 合金在 820℃固溶处理后在不同温度下时效的拉伸性能

热处理制度	抗拉强度/MPa	屈服强度/MPa	延伸率/%	断面收缩率/%
820℃/30min/WQ+ 500℃/8h/AC	1610	1530	3.0	8.0
	1720	1620	4.0	12.0
820℃/30min/WQ+ 570℃/8h/AC	1320	1280	12.0	46.5
	1300	1270	11.5	44.0

注：WQ 表示水淬；AC 表示空冷。

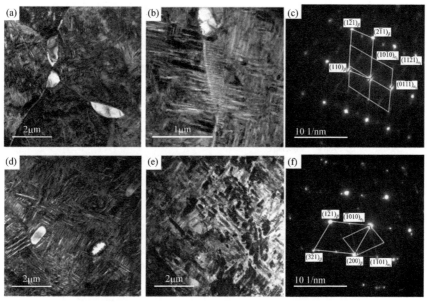

图 7.6　不同热处理后的 Ti-7333 合金的 TEM 显微照片
(a)～(c) 820℃/30min/WQ+500℃/8h/AC；(d)～(f) 820℃/30min/AC+570℃/8h/AC

表 7.3　Ti-7333 合金最优热处理工艺参数及拉伸性能

热处理制度	抗拉强度/MPa	屈服强度/MPa	延伸率/%	断面收缩率/%
820℃/50min/AC+520℃/6h/AC	1427	1369	14.0	62
	1457	1415	17.0	42
820℃/50min/AC+540℃/6h/AC	1468	1418	10.5	31
	1457	1404	8.5	32

　　除了上述尺寸对拉伸性能的影响外，α 相的体积分数也可能对高强韧钛合金性能有一定影响[3]。将 Ti-15V-3Cr-3Al-3Sn 合金在 β 相区 900℃固溶后经过不同时效温度处理[13]，组织参数统计结果及力学性能变化曲线如图 7.7 所示，时效温度升高，为 α 相的生长提供了更大的驱动力，同时降低了 α 相的形核速率，导致 α 相体积分数降低而尺寸增大，α 相间距也相应增加，因此合金强度降低但塑性增加。

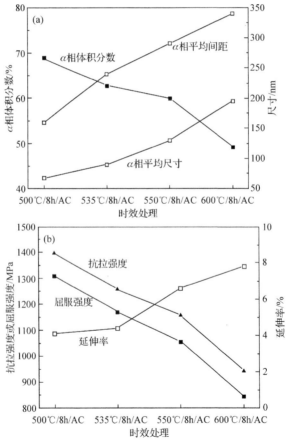

图 7.7　Ti-15V-3Cr-3Al-3Sn 合金在 β 相区 900℃固溶后经不同时效温度处理下组织特征及拉伸性能变化曲线

(a) 显微组织特征参数统计；(b) 拉伸性能变化曲线

有大量研究结果表明，双重时效相比于传统的单重时效对于高强韧钛合金的性能提升效果更好，主要是因为 ω 相对 α_s 相的辅助形核作用，双重时效产生大量细小而弥散的 α 析出相。Ti-10V-2Fe-3Al 合金变形温度分别为 780℃ 和 845℃，其在不同双重时效工艺处理后的拉伸性能如表 7.4 所示[5]。可以看出，相对于单重时效工艺，无论变形温度位于相变点之下的 780℃ 还是位于相变点之上的 845℃，合金通过双重时效工艺均获得了良好的强韧化匹配。在 β 型钛合金中，经双重时效工艺中的低温时效工艺(300℃/8h)析出 ω 相可以为 α 相的沉淀析出提供均匀的形核点，从而加快 α_s 相的析出，可以获得更加细小、均匀的 $\alpha+\beta$ 相显微组织，使得合金抗拉强度获得了较大的提高。当合金的变形温度为 780℃ 时，经 300℃/8h+500℃/8h 双重时效工艺处理后，抗拉强度和屈服强度分别较单重时效提高了 105MPa 和 113MPa，虽然延伸率和断面收缩率略有下降，但仍处在一个比较高的水平；当高温时效时间延长到 16h 后，合金呈现过时效的现象，即在合金延伸率提高的同时，强度下降比较明显，此时合金获得了更好的综合强韧性匹配。当合金的变形温度为 845℃ 时，经 300℃/8h+500℃/8h 双重时效工艺处理，由于合金在相变点之上进行变形处理后，α 相的析出速率较慢，经高温时效 8h 后，合金还没有达到峰值时效时的状态；当高温时效时间延长到 16h 后，Ti-10V-2Fe-3Al 合金获得了较好的强韧性匹配，抗拉强度和屈服强度分别较单重时效提高了 73MPa 和 80MPa，且延伸率和断面收缩率同样下降比较明显，尤其是断面收缩率，降低至单重时效处理工艺时的 50%。此外，Ti-10V-2Fe-3Al 合金以较低的升温速率加热到等温时效温度时，其析出相的演化过程类似于低温+高温双重时效工艺中的低温时效处理工艺，即细小弥散分布的等温 ω 相有充足的时间析出，从而为 α 相的析出提供有力的形核点，获得了更加细小、均匀的 $\alpha+\beta$ 相显微组织。因此，以较低的加热速率进行等温时效，可以获得与低温+高温双重时效相似的微观组织，其力学性能指标已经达到合金在低温+高温双重时效工艺处理后的水平。

表 7.4　Ti-10V-2Fe-3Al 合金经变形热处理不同时效工艺处理后的力学性能

变形温度/℃	时效处理	抗拉强度/MPa	屈服强度/MPa	延伸率/%	断面收缩率/%
	500℃/8h	1155	1120	16.8	67.0
780	300℃/8h+500℃/8h	1260	1233	13.2	65.5
	300℃/8h+500℃/16h	1230	1195	16.0	60.2
	500℃/8h	1330	1270	7.5	13.0
845	300℃/8h+500℃/8h	1355	1265	2.8	5.3
	300℃/8h+500℃/16h	1403	1350	5.0	6.5

时效析出弥散细小的 α_s 相能有效提高合金强度，但是有利于 α_s 相长大的因素(如时效温度的增加或时效时间的延长)都使合金塑性提高，而强度不同程度降低。

这一现象的出现主要受两个因素影响[6]：①变形过程中位错和 α_s 相相互作用；②时效过程中 α_s 相的析出导致的亚稳 β 相中溶质原子浓度的变化。当 α_s 相尺寸较小时，位错以切过机制在细小弥散的边界受阻，使材料强度升高，但是随着 α_s 相尺寸增加，空位形核、长大，最后相互连接，发生应变局部化导致断裂机制逐渐取代切过机制并占主导地位，因此材料塑性提高，但强化作用减弱。同时，α_s 相的析出及长大，使基体亚稳 β 相中溶质原子浓度降低，对基体相的固溶强化作用减弱，因此也能引起材料强度降低、塑性提高。

7.2　断裂韧性调控

损伤容限设计准则是现代飞机实现低成本、长寿命安全飞行需要遵守的重要准则，随着对飞机安全性和经济性的要求日益提高，对高强韧钛合金航空结构件的损伤容限性能要求也越来越高。断裂韧性是损伤容限设计的主要技术指标之一，因此断裂韧性的影响因素及如何提高断裂韧性受到越来越多的关注。断裂韧性是在恒定载荷下合金抵抗裂纹扩展的能力，通常，钛合金等轴组织具有更好的拉伸塑性，双态组织具有更好的抗拉强度，全片层组织的断裂韧性优于等轴或者双态组织。为了获得预期的性能，需要通过一些特殊的处理来改变微观结构。片层组织具备较高的疲劳裂纹扩展抗力及优异的断裂韧性，这都是大飞机等航空航天设备选材设计非常重要的性能指标。

7.2.1　断裂韧性及其影响因素

影响高强韧钛合金的断裂韧性的显微组织因素很多，包括原始 β 相晶粒尺寸及取向、晶界 α 相片层宽度及连续性、等轴 α_p 相的含量及直径、α_s 相的尺寸及取向、α_s 相集束尺寸及取向等[2]。当裂纹穿过 α_s 相时，裂纹扩展抗力主要取决于 α_s 相的宽度。当裂纹沿 α_s/β 相界面扩展时，裂纹扩展抗力主要取决于 α_s 相的长度。当裂纹穿过相邻 α_s 相或 β 相时，裂纹扩展路径的曲折度主要取决于相邻 α_s 相或 β 相的取向。实际上，高强韧钛合金中 α_s 相多呈细片状杂乱分布，裂纹多为穿过 α_s 相、沿 α_s/β 相界、穿过相邻 α_s 相或 β 相的混合扩展方式。因此，α_s 相的宽度、长度及取向等对裂纹扩展抗力都有影响。通常认为，片层组织尤其是网篮组织的断裂韧性比双态组织高，其原因是片层组织和网篮组织相邻 α_s 相较大的取向差促进裂纹扩展路径发生偏转，裂纹扩展路径曲折度增加，使裂纹扩展过程消耗更多的能量，从而提高合金的断裂韧性。通过对比 Ti-55531 合金片层组织和双态组织室温力学性能，如表 7.5 所示[2]。与双态组织相比，片层组织的强度低、延伸率高、断裂韧性高。有学者认为，合金的断裂韧性和屈强差(抗拉强度与屈服强度的差值)有一定的关系[14]。原因是屈强差增加，相应的屈强比就降低，促进了应力集中部位的重新分布，减缓了脆性断裂，从而提高了合金的断裂韧性。

表 7.5　Ti-55531 合金片层组织和双态组织的室温力学性能

微观组织	屈服强度/MPa	抗拉强度/MPa	延伸率/MPa	断面收缩率/%	K_{IC}/(MPa·m$^{1/2}$)
片层组织	1118	1200	10.5	17	67.2
双态组织	1248	1293	8.5	15	63.2

注：K_{IC} 表示断裂韧性。

　　TC21 合金经 1000℃固溶以不同冷却速率冷却形成片层组织，其断裂韧性测试结果如表 7.6 所示[15]。可以看到随着冷却速率的增大，合金的条件断裂韧性(K_q)及平面应力断裂韧性(K_{IC})有所减小。进而系统研究了 α 相片层集束尺寸、α 相片层宽度、晶界 α 相片层宽度三参数对片层组织 TC21 合金断裂韧性的影响。图 7.8(a)为 TC21 合金 α 相片层集束尺寸与断裂韧性的关系，可以看出随着 α 相片层集束尺寸增大，断裂韧性增大。集束尺寸是影响性能的最主要的显微组织特征参数，因为其决定有效滑移长度，集束边界是阻止滑移的主要屏障。当裂纹遇到不同集束时，由于不同集束的取向不同，在应力的作用下，使裂纹前沿的另一集束中 α/β 相界面发生剧烈的塑性变形。这样可使片层组织的断裂韧性增高，降低裂纹扩展速率。

表 7.6　TC21 合金不同冷却速率下断裂韧性测试结果

试样编号	冷却速率/(℃/min)	K_q/(N·mm$^{-1.5}$)	K_{IC}/(MPa·m$^{1/2}$)
1	1	3019.9	95.5
2	3	2861.0	90.5
3	5	2569.2	81.2

　　TC21 合金 α 相片层宽度对断裂韧性的影响如图 7.8(b)所示，随着 α 相片层宽度的增加，断裂韧性增大。断裂过程包括孔洞在裂纹尖端形成及孔洞连接汇入主裂纹。α 相片层宽度是决定合金断裂韧性的重要因素，孔洞在 α 相片层与转变 β 相之间的界面上形成，而这个过程是受 α 相片层宽度控制的。宽 α 相片层裂纹尖端的孔洞形成所需要的应力强度要大于细 α 相片层，若 α 相片层断裂所需的能量大于绕过 α 集束的能量，裂纹会向集束方向偏转。随着 α 相片层宽度的增大，也可以有效阻止裂纹直线扩展，发生较大的偏转，消耗能量较多。另外，裂纹在多取向交织析出的宽片层 α 相之间扩展，当裂纹尖端遇到不同取向的 α 相片层时，必然引起扩展方向不断改变。取向越混乱，裂纹方向改变次数越多，裂纹扩展路径曲折、分枝多，裂纹扩展阻碍作用更强，断裂前吸收更大的能量，因此断裂韧性较高。

　　TC21 合金晶界 α 相片层宽度对断裂韧性的影响如图 7.8(c)所示，晶界 α 相片层宽度增大，断裂韧性增大。裂纹越过晶界 α 相时方向发生改变，曲折的裂纹扩

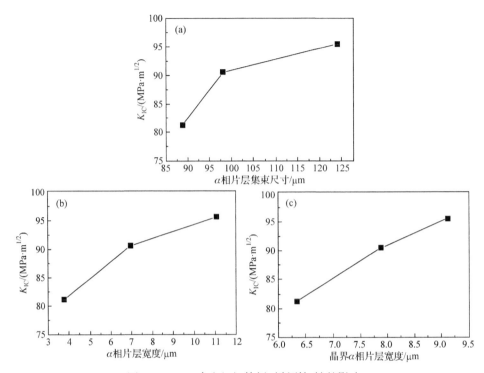

图 7.8　TC21 合金组织特征对断裂韧性的影响

(a) α 相片层集束尺寸与断裂韧性的关系；(b) α 相片层宽度与断裂韧性的关系；(c) 晶界 α 相片层宽度与断裂韧性的关系

展路径增加了裂纹的总长度。裂纹在扩展过程中吸收的能量增大，从而使裂纹扩展速率降低，断裂韧性增大。基体中的裂纹扩展到晶界，在晶界 α 相与基体 β 相没有取向关系的一侧生成裂纹，裂纹继续沿着两相的界面进行扩展。与裂纹相邻的 α 相中应力要比在此之前受周围 β 相约束时有所降低，当此应力降到等于自由 α 相中的流变应力时，裂纹尖端 α 相中产生塑性流变，使裂纹向 α 相中扩展，并延伸至晶界 α 相片层另一侧的 α/β 相交界面。晶界 α 相越宽，此过程消耗能量越多，且晶界 α 相中位错塞积可使相邻 β 相发生塑性变形而消耗能量，断裂韧性将随着 α 相片层宽度的增加而提高。此外降低晶界连续性，会使裂纹在晶界处方向多次改变，裂纹扩展路径更加曲折，从而提高断裂韧性。

晶内 α 相片层更宽、更长，α 相片层集束的多取向排列及晶界上不连续的 α 析出相使裂纹扩展路径更加曲折，断裂韧性更高。此外，裂纹尖端塑性区尺寸越大，其断裂韧性越高。如图 7.9(a)所示，裂纹尖端塑性区尺寸与材料的协调变形能力和微观组织尺寸有关[16]。在 Ti-7333 合金 BASCA 热处理时效后期，在 α 相片层的间隙处有大量细小针状 α 相析出[图 7.9(b)、(c)和(d)]，而且随着时效温度的升高，这些针状 α 相的数量和尺寸都有所增加，导致裂纹尖端的塑性区增大。裂纹尖端的形核位错穿过较小的 α 相导致应变局部化。因此，它将显著减小裂纹尖端塑性区的大小。

同时，裂纹尖端的塑性区可能是 α 相片层集束排列无显著差异的主要影响因素。

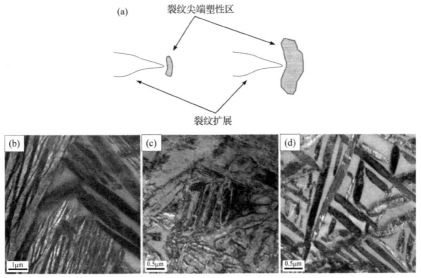

图 7.9　裂纹尖端塑性区对裂纹扩展影响

(a) 裂纹尖端塑性区尺寸对裂纹扩展影响示意图；(b) 880℃/2h，2℃/min FC→540℃/6h/AC；(c) 880℃/2h，
2℃/min FC→540℃/6h/AC；(d) 880℃/2h，2℃/min FC→600℃/6h/AC
FC-炉冷

7.2.2　裂纹扩展特征

片层组织断裂韧性优于双态组织，通过对比片层组织和双态组织裂纹扩展特征，总的来说，随裂纹扩展长度的增加，片层组织和双态组织的裂纹路径曲折度都增加，但片层组织的裂纹路径曲折度总体比双态组织大。片层组织存在大量的晶界，双态组织内没有明显晶界，而且片层组织中粗大 α_s 相的长度比双态组织中等轴 α_p 相及细小 α_s 相的尺寸都大，变形协调性更差，片层组织中裂纹易在晶界处或粗大 α_s 相界面处萌生并沿晶界或粗大 α_s 相界面扩展。当裂纹穿过晶界或 α_s 片层扩展时，裂纹扩展方向发生偏转。双态组织中有大量较软的等轴 α_p 相，易过早屈服产生大量滑移带，滑移带可为裂纹的扩展提供通道，促进裂纹的扩展[2]。

以 Ti-7333 合金为例，通过 BASCA 热处理获得片层组织的 Ti-7333 合金，在不同时效温度下对晶内 α 相片层宽度和晶界 α 相片层宽度进行统计，如表 7.7 所示[16]。在较高的时效温度下，元素的快速扩散导致 α 相片层集束、α 相片层和晶界 α 相片层的生长。较厚 α 相片层的裂纹尖端所需的应力强度大于较薄 α 相片层，随着时效温度的升高，一些较薄的 α 相片层组织比粗大的组织更有可能导致尖端应力集中。此外，由于应力集中区域通常是微裂纹的来源，所以裂纹更容易在较薄组织尖端处开始并扩展。对合金不同时效处理后的断裂分析发现，断口主要显示为具有韧窝典型特征。图 7.10(a)为 520℃时效下断口特征表现为韧窝及河流状特征解理面的混合断裂，这表明在该样品中裂纹通过晶粒的扩展更容易(低能量裂纹路径)；如图 7.10(d)所示最高断裂韧性(150.4MPa·m$^{1/2}$)样品经历了韧窝断裂，伴随着由箭头标记的二次裂纹，在更高的时效温度下，这些二次裂纹更大更深。此外，观察到大的、纤维状的和细长的韧窝。韧窝尺寸越大、越深，说明裂纹在组织中扩展所需吸收的能量越多，因此扩展越困难。二次裂纹的存在会进一步增加裂纹扩展的抗力，提高裂纹扩展所需能量，提高断裂韧性。断裂表面上较高的起伏深度表明裂纹路径的较大偏转，裂纹扩展需要大量的能量，断裂韧性也就越高。

表 7.7　Ti-7333 合金在 BASCA 热处理制度下 α 相特征统计

热处理制度	α 相体积分数/%	晶界 α 相片层宽度/μm	晶内 α 相片层宽度/μm
880℃/2h,2℃/min/FC→520℃/6h/AC	48.7	0.590	0.234
880℃/2h,2℃/min/FC→540℃/6h/AC	47.4	0.717	0.242
880℃/2h,2℃/min/FC→600℃/6h/AC	50.1	0.580	0.237
880℃/2h,2℃/min/FC→650℃/6h/AC	48.4	0.764	0.358

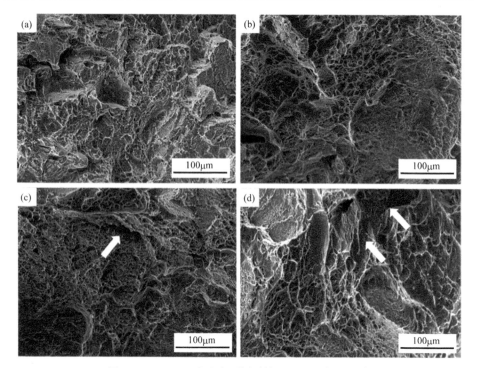

图 7.10　Ti-7333 合金在不同时效处理下的断口形貌

(a) 520℃/6h；(b) 540℃/6h；(c) 600℃/6h；(d) 650℃/6h

白色箭头表示二次裂纹位置

　　具有片层组织 Ti-7333 合金裂纹扩展特征如图 7.11(a)所示，当 α 相片层断裂所需能量高于穿过集束所需能量时，裂纹会改变方向，导致裂纹分支，形成之字形并产生二次裂纹，这些过程需要额外的能量，并导致材料的断裂韧性增加。α 相片层集束排列更紧密，取向更多，导致裂纹扩展路径更曲折，断裂韧性更高。较高时效温度处理的样品具有较粗的 α 相片层集束和较宽的不连续晶界 α 相，与较低时效温度处理的样品相比，裂纹前沿轮廓较粗糙，如图 7.11(b)、(c)所示。更粗糙的裂纹前缘几何形状导致更高的裂纹扩展阻力，从而获得更大的断裂韧性。

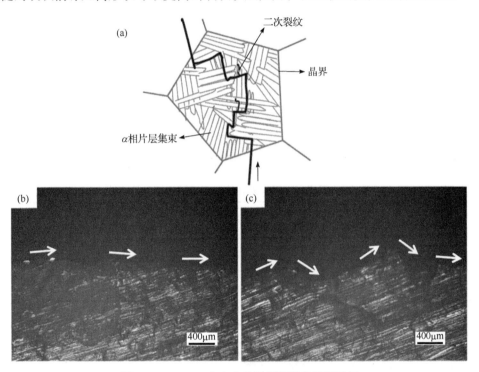

图 7.11　Ti-7333 合金全片层组织裂纹扩展特征
(a) β 相晶粒内裂纹扩展示意图；(b) 880℃/2h，2℃/min FC→520℃/6h/AC 断口侧面特征；(c) 880℃/2h，2℃/min FC→650℃/6h/AC 断口侧面特征
白色箭头表示裂纹前端几何形貌轮廓

　　片层组织中 β 相晶粒和 α 相片层集束尺寸会改变裂纹扩展的方式。Wen 等[17]对 TC21 在 β 相区不同固溶温度下固溶后在两相区退火处理，得到不同特征的片层组织，其特征参数统计如表 7.8 所示。随着固溶温度从 980℃增加到 1020℃，β 相晶粒的尺寸从 440μm 迅速增加到 594μm。同时，随着 β 相晶粒的粗化，α 相片层集束的尺寸也逐渐增大，进一步分析发现，α 相片层的尺寸随着固溶温度的升高略微减小。通过 EBSD 分析了合金局部扩展路径，由图 7.12(a)、(b)可以看出，裂纹穿过 α 相片层集束并沿着晶界 α 相和 α 相片层集束之间的交界扩展，还可以

观察到沿着 α 相片层集束的扩展路径。β 相晶粒尺寸增加，穿晶断裂更多地取代沿晶断裂模式，最终导致更高的断裂韧性。如图 7.12(c)所示，对于在 980℃固溶处理的样品，在沿晶裂纹区域附近发生严重变形，结果表明，滑移传递困难导致位错塞积，在晶界附近引起较高的应力集中，然后产生微裂纹并合并，沿晶界扩展。与图 7.12(c)类似，图 7.12(d)显示了 1020℃下固溶处理的试样，裂纹两侧的变形程度是均匀的。与沿晶断裂特征不同，穿晶断裂过程中不可避免地穿过大量的 α 相片层集束。一般来说，与沿晶界的裂纹扩展相比，穿过 α 相片层集束会消耗大量的能量，导致更加曲折的扩展路径。图 7.13 为裂纹扩展机制和详细过程的示意图，黑点表示微裂纹在 α 相片层集束表面成核，黑色曲线表示主裂纹扩展方向，两条平行蓝线之间的区域表示微裂纹与主裂纹之间的平均距离。微裂纹首先在 α 相片层集束表面形核，部分微裂纹扩展为主裂纹。固溶温度越高，β 相晶粒和 α 相片层集束尺寸越大。随着固溶温度的升高，裂纹起裂部位数量减少，微裂纹与主裂纹的平均距离增大。因此，在裂纹合并过程中，不可避免地会剪切一定数量的 α 相片层，最终使裂纹扩展路径延长。α 相片层集束尺寸越大，α 相片层被穿过的体积分数越大，从而产生更大的应变，吸收更多的能量，最终产生更高的断裂韧性。

表 7.8　不同固溶温度处理片层组织的特征参数统计

固溶处理	退火处理	α 相片层尺寸/μm	α 相片层集束尺寸/μm	β 相晶粒尺寸/μm
980℃/1h	770℃/2.5h	1.14±0.04	21.5±1.4	440±13
1000℃/1h	770℃/2.5h	0.99±0.02	26.9±0.9	531±9
1020℃/1h	770℃/2.5h	0.89±0.02	32.2±1.1	594±11

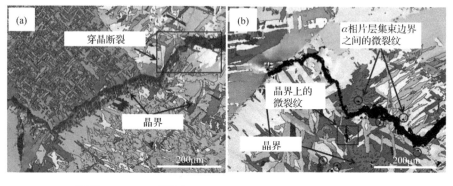

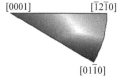

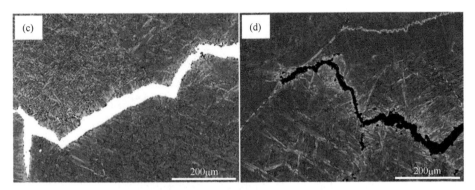

图 7.12　TC21 合金裂纹扩展路径的 EBSD 结果(扫描章前二维码查看彩图)
(a) 在 980℃固溶处理后 IPF 图；(b) 1020℃固溶处理后 IPF 图；(c) 980℃固溶处理后 KAM 图；(d) 1020℃固溶处理后 KAM 图

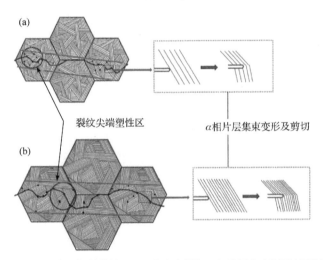

图 7.13　具有小 β 相晶粒和大 β 相晶粒的 TC21 合金多层级 α 相片层集束组织的裂纹扩展路径示意图
(a) 小 β 相晶粒；(b) 大 β 相晶粒

7.3　疲劳性能调控

在工程应用过程中，结构材料所受的应力总是低于材料的实际屈服强度，通常在低于屈服强度的应力作用下，材料是很难发生塑性变形的，尤其是难以发生材料断裂失效。但是，在应力的重复作用下，即使材料所受应力低于屈服强度，材料也有可能发生断裂，这种现象称为材料的疲劳断裂。引起疲劳断裂的应力往往小于屈服强度，并且断裂前也不会发生显著的塑性变形，因此疲劳断裂是很难提前发现并预防的。目前，钛合金疲劳性能的研究主要分为基础研究和应用研究两部分。基础研究为材料的工程应用服务，主要是包括了两个方面：疲劳宏观力学模型和疲劳的微观损伤机理。疲劳宏观力学模型的建立主要是为了探究疲劳损伤控制主要参数，从而更好地预测疲劳寿命。疲劳的微观损伤机理则是为了解释疲劳的一些宏观现象和规律，同时为建立疲劳宏观力学模型和新材料设计提供理论基础，其包括研究裂纹起始阶段，即裂纹萌生和裂纹扩展阶段。疲劳性能的研究是一个非常复杂的学科，涉及材料、物理、化学等诸多领域。

　　钛合金显微组织与热加工过程密切相关，通常按照 α 相的形态、分布、体积对组织进行分类。显微组织不同的钛合金力学性能差异较大。以疲劳性能为例，关于显微组织对钛合金高周疲劳性能的影响已有较多的研究成果[18]，结果表明，钛合金高周疲劳强度按照双态组织、片层组织、等轴组织依次降低。研究发现，具有较小的初生 α 相尺寸，以及使初生 α 相体积分数控制在 30%～50%能够获得更高的疲劳强度[18,19]。另外，合金中织构的存在也会显著影响疲劳性能，并且织构的影响是较为复杂的，尤其是当织构与材料内部缺陷相互作用，会形成非常复杂的损伤变形机制。因此，本节主要针对高强韧钛合金疲劳变形的过程中，组织特征和织构对疲劳行为的影响进行讨论。

7.3.1　组织特征对高周疲劳性能的影响

　　高周疲劳一般是在远低于材料屈服强度下发生的，宏观上没有明显的塑性变形，但局部会产生微塑性变形。虽然疲劳载荷较小，一次交变载荷作用下损伤很小，但是频率很高，累积损伤很大，足以引起裂纹萌生。其中，最主要的影响因素是显微组织的影响，尤其是等轴 α_p 相含量的影响。

　　以 Ti-7333 合金为例，通过不同热处理工艺处理可以得到不同的等轴 α_p 相含量[20]。其中，Ti-7333-A 代表 α_p 相含量为 20%，Ti-7333-B 代表 α_p 相含量为 23%，Ti-7333-C 代表 α_p 相含量为 7%。三种显微组织 Ti-7333 合金的应力-失效循环次数(S-N)疲劳曲线如图 7.14 所示。疲劳寿命(失效循环次数)呈现出典型的双重性，即数据点分布在两条独立的曲线上，因此疲劳寿命的离散性随着应力水平的降低显著增加，其范围几乎跨越了两个数量级，显示出更高的疲劳寿命离散性。短寿命和长寿命分布的数据重叠，表明存在两种疲劳机制的叠加。此外，可以看到疲劳寿命曲线在 Ti-7333-B 和 Ti-7333-C 中完全分离[图 7.14(b)和(c)]，而 Ti-7333-A 在高应力和低应力范围内分别占主导，并在中等应力范围内呈阶梯状[图 7.14(a)]。值得注意的是，在 10^5～10^6 失效循环次数之间的数据点非常少。Ti-7333-C 的短寿命分布疲劳寿命陡降[图 7.14(c)]，表明随着最大应力水平的增加，疲劳寿命迅速下降。结果表明，三种显微组织的疲劳强度相近，相较而言 Ti-7333-C 显示出最高的疲劳强度，为 335MPa。

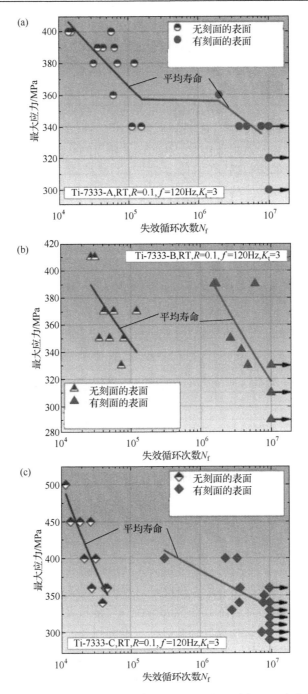

图 7.14　Ti-7333-A、Ti-7333-B 和 Ti-7333-C 的两阶段 S-N 疲劳曲线
(a) Ti-7333-A；(b) Ti-7333-B；(c) Ti-7333-C
箭头表示试样循环 10^7 后试验终止；RT-室温；K_t-弹性应力集中系数

如图 7.15 所示，Ti-7333 合金三种显微组织的疲劳强度相当，但抗拉强度有明显差异。通常，合金的疲劳强度与屈服强度呈正相关。这三种合金静态强度的差异与 α_s 相特性有关，因为亚稳 β 型钛合金的强化效果主要取决于 α_s 相的特性。大多数研究表明，疲劳裂纹萌生点是通过在 α_p 相晶粒上形成小刻面形成的，其中包括 Ti-7333 合金。这里所谓的刻面，也称为准解理面，即裂纹沿着特定晶体学平行形成的解理面，其大小往往与晶粒大小相当。Ti-7333-A 和 Ti-7333-B 中的 α_p 相晶粒尺寸、形状和分布非常相似，从而产生相当的疲劳强度。然而，Ti-7333-C 也显示出基本一致的疲劳强度，其原因在于疲劳试样缺口效应削弱了 α_p 相特征等微观结构因素对裂纹萌生的影响。

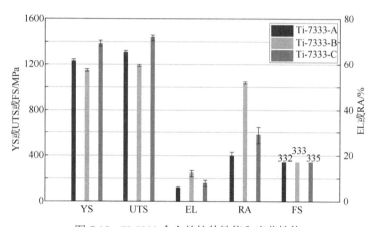

图 7.15　Ti-7333 合金的拉伸性能和疲劳性能

YS-屈服强度；UTS-抗拉强度；FS-疲劳强度；EL-延伸率；RA-断面收缩率

7.3.2　组织特征对疲劳裂纹萌生的影响

显微组织的差异也会对裂纹萌生行为产生影响。以 Ti-7333 合金 α_p 相含量分别为 4%(Ti-7333-D) 和 7%(Ti-7333-E) 的两种亚稳 β 型钛合金为例[21]。两种 Ti-7333 合金的断口特征分别如图 7.16、图 7.17 所示，所选疲劳样本的疲劳试验和断裂细节总结见表 7.9。将裂纹萌生深度 d 定义为从最近的试样表面到内部裂纹萌生中心的距离，标注在图像的左下角。由此可以看出，裂纹萌生深度与最大应力和疲劳寿命没有明确关系，而是在 10~520μm 的深度随机分布。通常，失效试样的裂纹萌生位置可以追溯到 α 相刻面，并进一步追溯到伸长 α 相刻面或几个孤立的 β 相刻面[图 7.16、图 7.17]。此外，裂纹萌生还展示了在 α 相刻面内具有连续 α 相刻面的现象[图 7.16(c₁)和图 7.17(c)、(f)]。这表明伸长 α 相晶粒和多个连续 α 相晶粒是最优先的裂纹萌生位置。疲劳裂纹扩展(fatigue crack growth，FCG)区域从裂纹萌生位置向各个方向扩展，并观察到大量来自伸长 β 相刻面的扩展射线。典型的疲劳条纹和二次裂纹可在 FCG 区域的早期阶段识别出来[图 7.16(c₂)和

图 7.17(d₂)]。然而，远离裂纹源的 FCG 区域通常显示静态拉伸断裂特征，即等
轴韧窝和撕裂棱[图 7.16(c₃)和图 7.17(d₃)]。

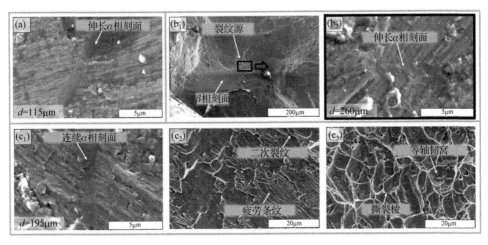

图 7.16 Ti-7333-D 疲劳断口的 SEM 图像
(a) S1；(b₁)(b₂) S2；(c₁)~(c₃) S3

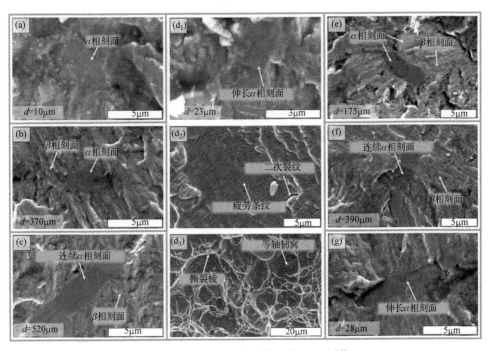

图 7.17 Ti-7333-E 疲劳断口的 SEM 图像
(a) S4；(b) S5；(c) S6；(d₁)~(d₃) S7；(e) S8；(f) S9；(g) S10

表 7.9　所选疲劳样本的疲劳试验和断裂细节总结

编号	合金	最大应力/MPa	失效循环次数 $N_f/10^6$	裂纹萌生深度/μm
S1	Ti-7333-D	960	3.500	115
S2	Ti-7333-D	1000	1.576	260
S3	Ti-7333-D	1000	1.642	195
S4	Ti-7333-E	900	4.940	10
S5	Ti-7333-E	900	7.057	370
S6	Ti-7333-E	900	7.649	520
S7	Ti-7333-E	900	8.818	23
S8	Ti-7333-E	1000	2.662	175
S9	Ti-7333-E	1050	1.176	390
S10	Ti-7333-E	1150	0.579	28

亚稳 β 型钛合金的双态组织由分布在 β 基体+α_s 相中少量孤立的 α_p 相组成。在 Ti-7333 合金中，一个伸长 α_p 相与多个相邻的有利于基面⟨a⟩滑移 α_p 相的组合，往往被认为是典型的微观结构缺陷，即包括了晶体几何缺陷和晶体取向缺陷。此外，易发生柱面⟨a⟩滑移的 α_p 相也可以作为裂纹的起始点。这种特定的微观组织形态，也被称为疲劳临界微观组织形态，可能与更快的局部塑性损伤积累有关，有助于疲劳裂纹成核过程。典型的三种疲劳临界微观组织形态，如图 7.18(a)～(c) 所示。这些结构可以描述如下：①易发生基面⟨a⟩滑移的 α_p 相与易发生{110}滑移的 β 相晶粒的组合；②易发生基面⟨a⟩滑移的 α_p 相与{110}滑移具有中等施密特因子的 β 相晶粒的组合；③多个相邻易发生基面⟨a⟩滑移的 α_p 相和有利于发生{110}和{112}滑移的 β 相晶粒的组合。

这种疲劳临界微观组织形态易发生裂纹萌生的机理，相关的唯象模型[22]指出相界-晶界(phase boundary-grain boundary，PB-GB)相互作用导致的残余边界位错积累是疲劳小刻面形成的原因。一般来说，疲劳小刻面的形成与相对较高的施密特因子

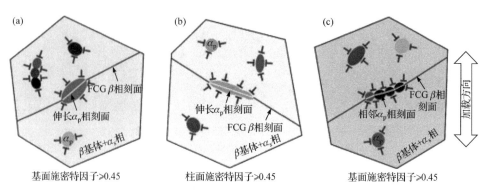

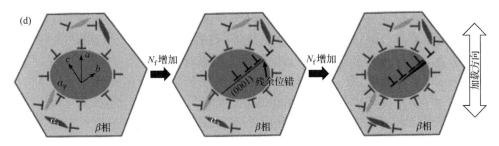

图 7.18　疲劳临界显微组织示意图

(a) 基面滑移取向的伸长 α_p 相；(b) 柱面滑移取向的伸长 α_p 相；(c) 以基面滑移为主的多个相邻 α_p 相；(d) 双态组织刻面形成模型示意图

a-疲劳载荷；b-滑移分量；c-拉伸分量

及垂直于基面的拉应力组合有关[23]。疲劳 α_p 相小刻面形成的可能机制如图 7.18(d) 所示。在疲劳初始阶段，任何位错源都可能激活滑移面，在 α_p 相和 α_s 相边界处形成位错堆积。随着失效循环次数的增加，以基面滑移取向的 α_p 相基面滑移被激活，导致基面沿滑移带位错滑移，并在相界处堆积。直至基面位错穿过相界，留下残留的界面位错。当残余界面位错累积到临界值时，形成沿基面滑移带扩展的疲劳微裂纹。这一过程导致疲劳 α_p 相小刻面的形成，随后沿着{110}或{112}滑移带生长形成 β 相刻面。

7.3.3　织构及缺陷特征对疲劳性能的影响

多晶体材料在塑性变形中各个晶粒的变形相互制约同时又相互协调，当外加载荷远低于材料的屈服强度时，构件整体处于弹性状态。由于晶粒取向的差异，各晶粒对宏观力学的响应存在明显的差别，个别薄弱晶粒已经提前进入塑性状态，只是其塑性变形量较小，宏观上难以觉察。循环加载过程中，局部区域的塑性变形不断积累，导致最终的疲劳失效，高周疲劳损伤即在于此。钛合金内部的变体选择等可能会引起微区织构，继而引起材料内部变形不均匀，作为裂纹成核和扩展的优先位置，从而大幅降低疲劳寿命及抗蠕变性。微区织构是多晶体变形存在各向异性的一个重要原因。由于多晶体各区域的晶体取向差异，微观上会影响晶体内部的应力应变响应及各个滑移系的开动情况：钛合金中 α 相的变形情况与其晶体取向密切相关，疲劳加载方向与 c 轴夹角越大时，晶粒越"软"，累积剪切应变越大；疲劳加载初期大部分晶粒达到塑性稳定状态，个别晶粒内部异常的应变累积可能成为疲劳裂纹萌生的源头[24]。

通过晶体塑性有限元模拟可以建立晶体取向与局部应力分布的定量关系，从而进一步反映不同取向的疲劳性能差异。以 Ti-55531 合金的双态组织为例，研究发现，在含有基面微区织构[(0002)基面平行于变形平面，c 轴与 ND 平行]的双态组织模型中，基面织构区域的应变和 GND 密度低于随机取向区域，如图 7.19 所示。模拟结果表明，基面微区织构的晶体取向择优分布，α 相晶体的 c 轴与疲劳加载方向接近于垂直，晶体取向较软，有利于变形。这种晶粒内部各个滑移系的累积剪切应变应该高于随机取向的晶粒平均值。尽管含织构材料内部变形存在不均匀性，但微区织构区域变形协调性好，导致该区域内的应力低于随机取向区域。相应地，虽然基面微区织构晶粒处于相对容易变形的软取向，但由于应力较低，滑移系的启动情况反而要低于随机取向区域。由于微区织构内各滑移系的累积剪切应变较低，对材料起到了很好的强化作用，因此随着基面微区织构含量的增加，模型的疲劳性能提高。

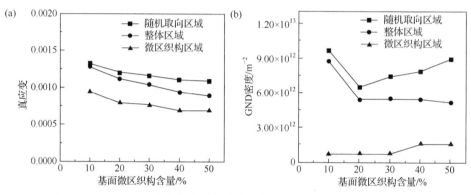

图 7.19　Ti-55531 合金各部分的变形情况与基面微区织构含量的关系曲线

(a) 真应变；(b) GND 密度

在含横向微区织构[(0002)基面垂直于变形平面，c 轴与 TD 平行]的双态组织模型中，研究表明，随着横向微区织构含量的增加，模型整体的真应变及 GND 密度增大，带状微区织构具有择优取向，相邻晶粒间晶体取向差较小，各晶粒变形协调性较好，因此微区织构区域比随机取向区域的 GND 密度低，当横向微区织构含量增大时，模型整体的真应变和 GND 密度随之增大。微区织构区域的 GND 密度较低，但是随着横向微区织构的含量增大，由于含织构区域与随机取向区域间变形协调难度急剧增大，模型整体区域的 GND 密度增加，如图 7.20 所示。同时发现，模型中不管是微区织构区域或者随机取向区域，都是柱面滑移系的开动程度最大，同时，片层结构对于滑移变形依旧存在阻碍作用。区别在于含基面微区织构的模型中微区织构内部滑移系的开动程度相比于随机取向区域较低，但在含横向微区织构的模型中情况则恰恰相反，这是因为横向微区织构内的真应变比较高，各个滑移系的分切真应变更早达到临界值，滑移系更容易开动，有利于滑移变形。横向微区织构对合金具有软化作用，会降低材料的疲劳强度。

金属材料的高周疲劳强度受微观组织的影响很大，并且会受到缺陷的显著影响，因此最重要的是能够量化缺陷对疲劳性能的有害作用。在外加载荷或环境作用下，由细观孔洞缺陷引起的裂纹萌生、扩展等不可逆变化将会导致材料或结构宏观

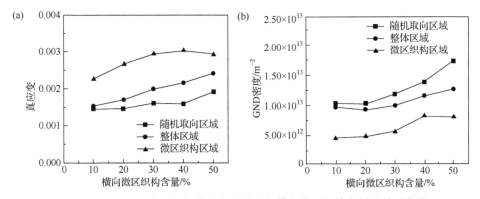

图 7.20　Ti-55531 合金各部分的变形情况与横向微区织构含量的关系曲线

(a) 真应变；(b) GND 密度

力学性能的劣化。因此，晶体塑性有限元模拟往往被用于分析和预测疲劳载荷下特定显微组织中裂纹萌生、缺陷演变等损伤变形行为。例如，通过在晶体塑性有限元模型中引入孔洞缺陷，并对高周疲劳过程进行模拟，可以直观地对孔洞附近的应力集中进行观测，对模拟结果进行分析，以量化孔洞对于合金疲劳行为的影响，可以为疲劳裂纹萌生分析提供指导，因此开展含孔洞的金属材料高周疲劳细观数值模拟具有重要意义。在近 β 型钛合金(Ti-55531 合金)中采用扩散连接的方法成功预制了孔洞，对含孔洞组织进行循环加载，试验及模拟结果如图 7.21、图 7.22 所示。可以看出，循环加载 1000 周次后，α/β 相界面上 GND 密度显著增加。通过对不同循环加载过程中的 GND 密度增量进行统计，并与试验结果进行对比，可以有效验证模型的准确性。

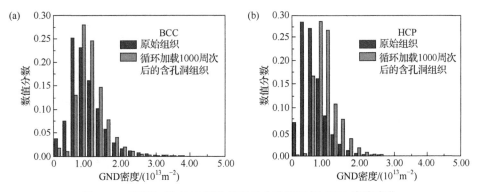

图 7.21　循环加载 1000 周次前后的含孔洞组织 GND 密度变化

(a) β 相；(b) α 相

模拟结果表明，孔洞的存在会引起强烈的应力集中，应力最大值约为远离孔洞区域应力平均值的千倍以上，随着圆形孔洞尺寸的增大，应力集中影响区越大；沿着椭圆形孔洞的短轴方向加载时，随孔洞纵轴与横轴之比的减小，应力最大值呈指数型增大，如图 7.23 所示。相比于横向分布与随机分布，孔洞聚集分布时应

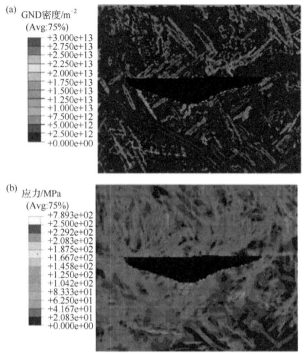

图 7.22　含孔洞组织循环加载 1000 周次的模拟结果(扫描章前二维码查看彩图)

(a) GND 密度；(b) 应力

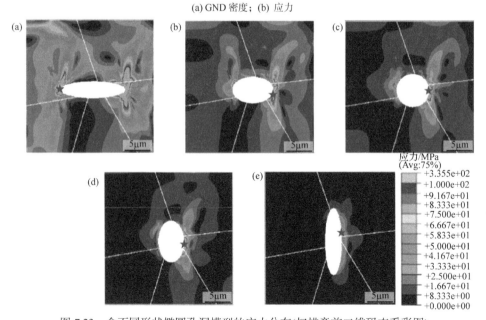

图 7.23　含不同形状椭圆孔洞模型的应力分布(扫描章前二维码查看彩图)

(a) 纵轴与横轴之比为 0.25；(b) 纵轴与横轴之比为 0.64；(c) 纵轴与横轴之比为 1；(d) 纵轴与横轴之比为
1.5625；(e) 纵轴与横轴之比为 4

力集中最为剧烈，会严重降低材料的疲劳性能。孔洞附近的应力集中与该区域的组织类型密切相关，应力主要集中于孔洞边缘的 α/β 相界面处，当 α 相 c 轴与疲劳加载方向夹角越大，以及片层空间取向与加载方向接近垂直时，应力集中更为显著，最大应力通常位于 α_s 相与晶界、孔洞的交会处。

参 考 文 献

[1] 王欢, 赵永庆, 辛社伟, 等. 高强韧钛合金热加工技术与显微组织[J]. 航空材料学报, 2018, 38(4): 56-63.

[2] 黄朝文. 显微组织对高强韧 Ti-55531 合金疲劳损伤的影响机制[D]. 西安: 西北工业大学, 2019.

[3] ZHAO Q Y, SUN Q Y, XIN S W, et al. High-strength titanium alloys for aerospace engineering applications: A review on melting-forging process[J]. Materials Science and Engineering: A, 2022, 845: 143260.

[4] 陈玮, 刘运玺, 李志强. 高强 β 钛合金的研究现状与发展趋势[J]. 航空材料学报, 2020, 40(3): 63-76.

[5] 商国强. 热机械工艺对 Ti-10V-2Fe-3Al 合金组织和力学性能的影响[D]. 西安: 西北工业大学, 2009.

[6] 王晓燕, 刘建荣, 雷家峰, 等. 初生及次生 α 相对 Ti-1023 合金拉伸性能和断裂韧性的影响[J]. 金属学报, 2007(11): 1129-1137.

[7] 张瑞雪, 马英杰, 黄森森, 等. 固溶时间对 Ti-5553 显微组织及拉伸性能的影响[J]. 稀有金属材料与工程, 2020, 49(3): 985-989.

[8] 徐铁伟. 高强 TB8 钛合金相变行为与组织控制研究[D]. 西安: 西北工业大学, 2016.

[9] 潘浩, 毛小南, 黄朝文, 等. α 相对高强韧 Ti-55531 合金强化及断裂机制的影响[J]. 稀有金属材料与工程, 2018, 47(1): 103-107.

[10] FAN J K, LI J S, KOU H C, et al. Influence of solution treatment on microstructure and mechanical properties of a near β titanium alloy Ti-7333[J]. Materials & Design, 2015, 83: 499-507.

[11] FAN J K, LI J S, KOU H C, et al. Microstructure and mechanical property correlation and property optimization of a near β titanium alloy Ti-7333[J]. Journal of Alloys and Compounds, 2016, 682: 517-524.

[12] 惠琼. Ti-7333 钛合金固溶时效过程的相变及组织演化[D]. 西安: 西北工业大学, 2013.

[13] SARKAR R, GHOSAL P, NANDY T, et al. Tensile and fracture behavior of boron and carbon modified Ti-15-3 alloys in aged conditions[J]. Materials Science and Engineering: A, 2016, 656: 223-233.

[14] 张旺峰, 曹春晓, 李兴无, 等. 钛合金断裂韧性与屈强差的关系初探[J]. 稀有金属材料与工程, 2005, 34(4): 549-551.

[15] 党薇. TC21 钛合金片层组织演变及其与性能的关系[D]. 西安: 西北工业大学, 2010.

[16] FAN J K, LI J S, KOU H C, et al. The interrelationship of fracture toughness and microstructure in a new near β titanium alloy Ti-7Mo-3Nb-3Cr-3Al[J]. Materials Characterization, 2014, 96: 93-99.

[17] WEN X, WAN M P, HUANG C W, et al. Effect of microstructure on tensile properties, impact toughness and fracture toughness of TC21 alloy[J]. Materials & Design, 2019, 180: 107898.

[18] WU G Q, SHI C L, SHA W, et al. Effect of microstructure on the fatigue properties of Ti-6Al-4V titanium alloys[J]. Materials & Design, 2013, 46(2): 668-674.

[19] HUANG C W, ZHAO Y Q, XIN S W, et al. High cycle fatigue behavior of Ti-5Al-5Mo-5V-3Cr-1Zr titanium alloy with bimodal microstructure[J]. Journal of Alloys and Compounds, 2016, 695: 1966-1975.

[20] WU Z H, KOU H C, CHEN N N, et al. Duality of the fatigue behavior and failure mechanism in notched specimens of Ti-7Mo-3Nb-3Cr-3Al alloy[J]. Journal of Materials Science & Technology, 2020, 50(15): 204-214.

[21]　WU Z H, KOU H C, CHEN N N, et al. Microstructural influences on the high cycle fatigue life dispersion and damage mechanism in a metastable β titanium alloy[J]. Journal of Materials Science & Technology, 2021, 70: 12-23.

[22]　BRIDIER F, VILLECHAISE P, MENDEZ J. Slip and fatigue crack formation processes in an α/β titanium alloy in relation to crystallographic texture on different scales[J]. Acta Materialia, 2008, 56(15): 3951-3962.

[23]　YANG K, HE C, HUANG Q, et al. Very high cycle fatigue behaviors of a turbine engine blade alloy at various stress ratios[J]. International Journal of Fatigue, 2017, 99(1): 35-43.

[24]　杨睿萌. 孔洞及微区织构对近 β 钛合金疲劳行为的影响[D]. 西安: 西北工业大学, 2020.

第 8 章　海洋工程钛合金蠕变–疲劳性能及其失效机理

本章彩图

钛合金因其耐腐蚀性强、焊接性能良好及比强度高等优点，在深海探测、海上平台和潜艇等关键装备和构件中得到广泛应用。海洋工程复杂且极端的服役环境对钛合金提出了更高的性能要求。首先，不同于钢铁材料，钛合金在深海高静水压力作用下会发生高压压缩蠕变，从而导致其发生塑性变形，造成重大装备的结构失稳。其次，应力水平较高时的低周疲劳性能是海洋工程装备耐久性的重要指标，如针对TC4 ELI 合金的低周疲劳性能研究发现，在最大应力水平下，不同组织的 TC4 ELI合金均表现出显著的循环软化现象。最后，对于需要在深海环境下重复作业的载人深潜器而言，其耐压壳体选用的钛合金则需要满足高保载疲劳耐受性的性能指标，这也是目前国内外海洋工程材料研究相对缺失的部分。因此，本章以典型海洋工程用钛合金 Ti6321 为主要对象(名义成分为 Ti-6Al-3Nb-2Zr-1Mo，牌号 Ti80)，从室温蠕变变形、室温疲劳变形及室温保载疲劳变形三个方面出发，对最新研究进展进行介绍，探讨海洋工程用钛合金失效形式及其变形损伤机理。

8.1　室温蠕变变形

研究发现，钛及钛合金的一个特点是在低温($<0.25T_m$，T_m 为熔点)和长时服役条件下容易发生变形(蠕变变形)[1]。因此，钛合金作为受力构件，在设计时必须考虑相对低温下蠕变变形的影响，否则可能引起结构极限承载能力的下降，甚至构件失效。对海洋钛合金在室温下的蠕变行为进行研究，分析其变形行为和变形机制，对于防止钛合金构件失效和提高构件服役寿命具有十分重要的意义。

8.1.1　初始组织对抗蠕变性的影响

以不同初始组织的 Ti6321 近 α 型钛合金板材为研究对象，包括热轧态及其退火处理后分别获得的等轴、双态及魏氏组织，并基于此研究其室温拉伸的蠕变行为。图 8.1 为试验所得不同显微组织的蠕变应变-蠕变时间曲线。从蠕变曲线中可以看到，在 0.9 倍屈服强度(YS)载荷条件下，蠕变 200h 后，热轧态合金的蠕变应变最小，为 1.3%左右；等轴组织合金的蠕变应变最大，约为 2.2%。此外，在室温高载荷的蠕变过程中，蠕变变形主要产生于蠕变过程的前 30h，之后蠕变应变速率逐渐降低，蠕变变形量的增长变得十分缓慢。

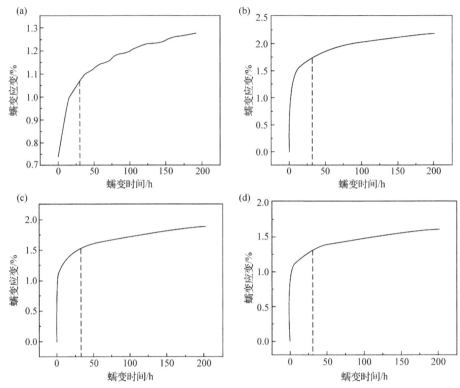

图 8.1　0.9YS 载荷下四种组织状态 Ti6321 合金轧制试样蠕变应变-蠕变时间曲线
(a) 热轧态(HR)；(b) 等轴组织(EQ)；(c) 双态组织(BM)；(d) 魏氏组织(WS)

　　蠕变过程中，试样在恒定载荷作用下，可动位错源被激活，在一些处于变形有利取向的晶粒中开始产生滑移，此时蠕变变形量增加。但是，在位错的滑移过程中晶界及相界都会对位错的运动产生阻碍，此时位错将会在晶界或者相界处形成塞积。随着可开动的位错数量减少，蠕变变形逐渐缓慢，蠕变速率下降。随着界面附近塞积的位错数量增加，当有新的位错源开动时，蠕变变形会继续进行。

8.1.2　加载条件对抗蠕变性的影响

　　应力加载方向与加载载荷水平不同，会显著影响合金的抗蠕变性，导致蠕变的各向异性。图 8.2 为分别对双态组织 Ti6321 合金板材在轧向(RD)、横向(TD)及 45°方向取样，并进行载荷为 0.6 倍、0.7 倍、0.8 倍、0.9 倍及 0.95 倍屈服强度(YS=785MPa)的持久载荷室温拉伸蠕变试验后所得的蠕变应变-蠕变时间曲线图。由图可知，在 0.6YS 和 0.7YS 条件下，双态组织的三种取向的试样的 200h 蠕变应变始终在 0.5%以下，且无明显上升趋势。因此，可以得知在这两种应力条件下，试样几乎不产生蠕变塑性变形，即双态组织的 Ti6321 合金作为结构件使用时，可在 0.6YS 和 0.7YS 载荷条件下长期服役。

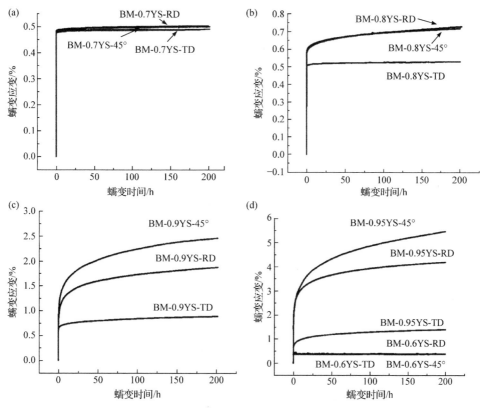

图 8.2　Ti6321 合金双态组织室温蠕变应变-蠕变时间曲线
(a) 0.7YS；(b) 0.8YS；(c) 0.9YS；(d) 0.6YS 和 0.95YS

当载荷水平为 0.8YS 时，双态组织轧向试样和 45°方向试样应变水平相当且明显高于横向试样。轧向试样和 45°方向试样已经产生了一定的塑性变形(蠕变变形)，而横向试样的蠕变抗力较高，产生的蠕变变形非常小，说明该板材在蠕变行为上会产生各向异性。如图 8.2(c)所示，当载荷为 0.9YS、蠕变时间为 200h 时，45°方向试样的蠕变应变最高，为 2.5%左右，轧向试样蠕变应变次之，而横向试样的蠕变应变最小。当载荷达到 0.95YS 时，其各向异性趋势与载荷为 0.9YS 时的趋势相同，但是三个取向的试样的蠕变应变均增加。

为了获取双态组织 Ti6321 合金的室温蠕变门槛应力，以对蠕变行为进行分析并指导实际应用过程，设计了如图 8.3(a)所示的载荷蠕变试验，初始载荷为 0.70YS，每隔 10h 载荷提升 0.02YS，蠕变试验共计 80h，最高载荷为 0.84YS。图 8.3(b)~(d) 中虚线为蠕变应变趋势，从图 8.3(b)、(c)中可以看到，Ti6321 双态组织板材的 RD

和45°方向试样在载荷达到0.78YS之前，几乎未产生蠕变变形，其曲线呈现略微上升的趋势是因为载荷增大后，其弹性变形的变形量有所增大。当载荷达到0.78YS之后，其蠕变应变-蠕变时间曲线出现明显的上升趋势，而当载荷达到0.80YS后，其蠕变应变-时间曲线的加速上升趋势则更加明显。因此，可以认为在双态组织中，RD试样和45°试样的蠕变门槛应力σ_0为0.78YS～0.80YS。

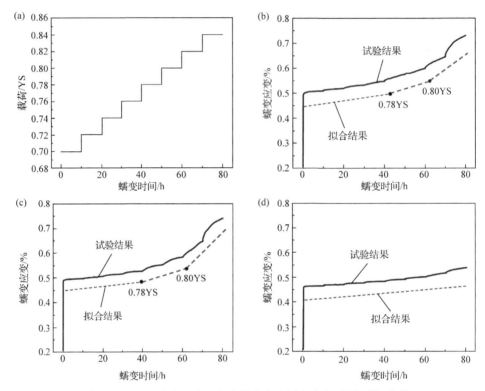

图 8.3　Ti6321 合金双态组织变载荷室温蠕变应变-蠕变时间曲线

(a) 载荷变化示意图；(b) 双态组织 RD 试样；(c) 双态组织 45°试样；(d) 双态组织 TD 试样

8.1.3　室温拉伸蠕变本构方程

建立室温拉伸蠕变本构方程对于描述蠕变变形的变形规律至关重要。蠕变变形在断裂之前会经历三个完整的蠕变阶段，即初始蠕变阶段、稳态阶段和加速阶段，在室温蠕变中主要的变形发生在初始蠕变阶段。常用的针对初始蠕变阶段的模型有以下几种：

幂律方程本构模型为

$$\varepsilon = Ata \tag{8.1}$$

式中，ε 为应变；t 为蠕变时间；A 为与材料微观组织有关的蠕变常数，可反映试样在加载后的瞬态应变(约 1h 内产生的应变)；a 为时间指数，可反映试样在产生瞬态应变后的应变速率。A 和 a 可以反映合金室温蠕变变形的难易程度。

对数方程本构模型为

$$\varepsilon = a\ln(1 + dt) \tag{8.2}$$

指数率方程本构模型为

$$\varepsilon = \beta[1-\exp(-rt)] \tag{8.3}$$

在不同组织、不同载荷条件下，使用关于时间的幂律方程 $\varepsilon = Ata$ 来描述 Ti6321 合金的室温蠕变规律，并可统计出 A 和 a 的参数范围。表 8.1 为 Ti6321 合金不同载荷下 Ti6321 合金幂律方程时间指数 a 统计表，轧态横向试样与等轴态横向试样因为未产生蠕变塑性变形而未进行拟合统计。Ti6321 合金的时间指数 a 在 0.007~0.210，时间指数 a 越大则蠕变速率越高，这说明 Ti6321 合金在室温下长时间受拉的情况下抵抗变形的能力较强。此外，由表 8.1 还可以看到，双态组织 Ti6321 合金即使在载荷达到 0.95YS 后，其蠕变变形最大的 45°试样的时间指数 a 仍未超过 0.210。

表 8.1　Ti6321 合金不同组织与不同载荷下的蠕变时间指数 a

方向	轧态	等轴态		双态		魏氏组织
	0.90YS	0.90YS	0.80YS	0.90YS	0.95YS	0.90YS
RD	0.110	0.127	0.0519	0.114	0.116	0.112
45°	0.064	0.210	0.0425	0.139	0.188	0.137
TD	—	—	0.007	0.064	0.120	0.052

8.1.4　蠕变微观机理

随着钛合金在海洋与深海工程领域的重要应用，以及高精尖仪器和设备的发展进步，越来越多的学者开始关注钛合金的室温蠕变行为，深入了解室温蠕变的变形机制，对开发出高强度、高损伤容限的新型钛合金有重要意义。

Ti6321 板材在室温蠕变过程中出现各向异性[2]。双态组织 Ti6321 合金室温蠕变过程中，45°方向试样的蠕变变形量最大，轧向试样变形次之，横向试样的蠕变变形量最小。基于准原位试验分析探究产生蠕变各向异性的原因，对滑移迹线进行分析以判定滑移系的启动情况。

图 8.4 为双态组织 Ti6321 合金在载荷 0.80YS 条件下蠕变 30h 后的 SEM 图和 EBSD 取向信息。从图中可以看到，蠕变后三个不同方向的试样均在初生 α 相中出现了滑移迹线，表现为一系列相互平行的直线，而转变 β 相组织中观察到的滑移迹线较少，说明在室温蠕变过程中，变形主要依靠初生 α 相中位错的滑移。此

外，滑移迹线通常被限制在初生 α 相内部，这是因为大角度晶界的抑制作用，说明相界面会对位错的滑动产生阻碍作用。从图 8.4(c)中可以看到，TD 试样中的滑移迹线的数量相较于 RD 和 45°试样更少，这说明在相同的试验条件下，横向试样中的滑移系可能更难开动。

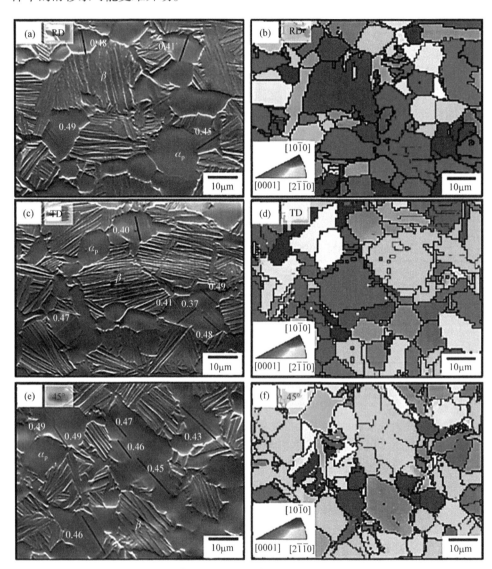

图 8.4 Ti6321 合金 0.80 YS 载荷下室温蠕变 30h 试样分布
(a)(c)(e) 滑移迹线 SEM 图；(b)(d)(f) IPF 图
(a)(c)(e)中数值为对应滑移系的施密特因子

综合上述结果讨论和分析，Ti6321 合金在室温下蠕变的主要变形机制为位错滑移，并且在室温蠕变过程常产生排列比较整齐的短棒状位错阵列。位错滑移的类型在一定程度上取决于 α 相晶体学取向，如图 8.5 所示，取向反极图中的等值线指示基底滑移系和柱面滑移系的最大施密特因子等值线，并展示了不同滑移系的高或低施密特因子的理论域。当试样中大部分晶粒的晶体学 c 轴方向都相近于载荷方向时，基面滑移、柱面滑移及锥面 $\langle a\rangle$ 型滑移的施密特因子都非常低，因此 $\langle a\rangle$ 型滑移难以启动，变形会较难进行。在三角形中间区域时，基面滑移的施密特因子较高，滑移主要以基面滑移为主。

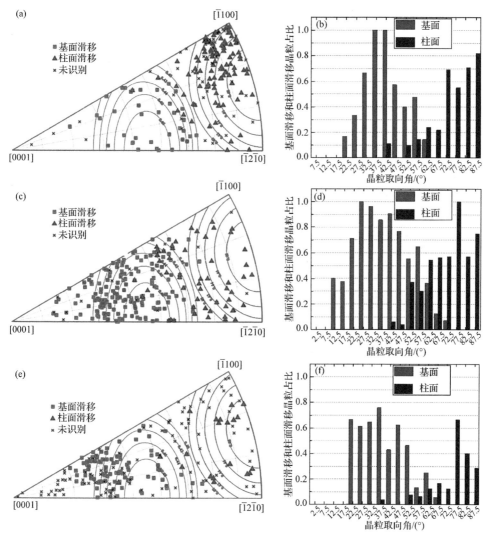

图 8.5　Ti6321 合金室温蠕变变形机制的取向
(a)(b) 轧向试样；(c)(d) 45°试样；(e)(f) 横向试样

8.2　室温疲劳变形

疲劳变形损伤广泛存在于多种材料的服役过程。在海洋环境中的一些服役部件,如轮船叶片、传动杆、管道固定件等会面临疲劳损伤的问题,因此研究室温疲劳对海洋工程钛合金而言同样重要。本节主要针对几种典型的海洋钛合金,讨论其在疲劳变形过程中的组织特征和微观织构对疲劳行为的影响。

8.2.1　显微组织对室温疲劳的影响

如前文所述,显微组织,尤其是初生 α 相含量对疲劳性能的影响是非常显著的。对不同热处理工艺处理得到的初生 α 相体积分数分别为 80%、60%、45% 和 38% 的 Ti-6Al-4V 合金进行拉压高周疲劳测试,结果如表 8.2 所示。发现初生 α 相体积分数从 80% 逐渐降低到 60%、45%、38% 时,Ti-6Al-4V 合金的疲劳极限也呈现降低趋势,在初生 α 相体积分数为 80% 时获得最大疲劳极限 496MPa,初生 α 相体积分数为 60% 和 45% 时疲劳极限差别不大。出现这种现象的一种原因是疲劳极限的影响因素较多,控制单一变量分析某一因素对疲劳极限的影响较困难。在本试验中四种显微组织最大的差异表现在初生 α 相体积分数不同,但其他组织参数,如片层宽度、片层团尺寸等也存在一些差异,而即使在热处理时控制冷却方式为空冷,也无法获得相同的片层尺寸。另一种原因是初生 α 相体积分数对疲劳极限的影响不符合线性规律,在不同的范围内可能对 Ti-6Al-4V 合金拉压高周疲劳性能的影响规律不同。

表 8.2　不同初生 α 相体积分数 Ti-6Al-4V 合金光滑试样条件疲劳极限

初生 α 相体积分数/%	80	60	45	38
疲劳极限/MPa	496	480	473	454

如图 8.6 和图 8.7 所示,对 Ti-6Al-4V 合金中初生 α 相体积分数为 60% 和 45% 的合金疲劳失效试样中的裂纹扩展路径进行了研究。观察裂纹扩展路径可以发现,初生 α 相体积分数为 45% 时裂纹扩展路径更加曲折,裂纹偏转、分支及闭合现象较多,裂纹扩展速率较慢。因此,初生 α 相体积分数越小,合金抗裂纹扩展能力越强。结合上面计算所得的不同显微组织对应的疲劳强度可知,高周疲劳寿命主要取决于裂纹萌生阶段,而不是裂纹扩展阶段。事实上,高周疲劳的裂纹萌生阶段占据整个疲劳寿命的 90% 以上。

疲劳裂纹(简称"裂纹")既可以沿 α/β 相界面扩展,也可以直接切过 α 相进行扩展;既可以沿片层团边界扩展,也可以穿过片层团扩展。当裂纹扩展遇到片层

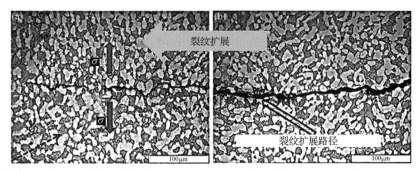

图 8.6　初生 α 相体积分数为 60%的 Ti-6Al-4V 合金试样组织和疲劳裂纹扩展路径

(a) 裂纹尖端组织照片；(b) 裂纹扩展路径组织照片

峰值应力=480MPa，疲劳周次=2.502×10⁶

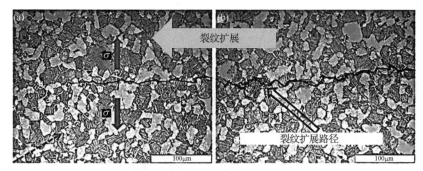

图 8.7　初生 α 相体积分数为 45%的 Ti-6Al-4V 合金试样组织和疲劳裂纹扩展路径

(a) 裂纹尖端组织照片；(b) 裂纹扩展路径组织照片

峰值应力=480MPa，疲劳周次=2.502×10⁶

团时也会发生偏转，由于片层团尺寸较小，因此裂纹偏转的角度较小。疲劳裂纹是沿晶界还是穿晶扩展的取决于晶界和晶内的强度，若晶内强度大于晶界强度，则裂纹沿晶界进行扩展，否则裂纹穿晶扩展。对疲劳裂纹扩展路径的深入分析发现，在开始阶段，裂纹主要沿相界面扩展，即倾向于绕过初生 α 相扩展；随着裂纹继续扩展，当遇到初生 α 相时，既能绕过又能直接切过初生 α 相扩展。因此，初生 α 相在裂纹扩展的不同阶段具有不同的影响。加载条件的变化也会使得初生 α 相对裂纹扩展产生不同的影响。一般认为，等轴初生 α 相的强度大于 β 相转变组织。在循环载荷作用下，裂纹扩展遇到初生 α 相时如果绕过其进行扩展，则说明初生 α 相的强度高于其与 β 相转变组织相界面结合强度。随疲劳加载继续进行，β 相转变组织逐渐强化，其强度可能大于初生 α 相的强度，裂纹可能穿过初生 α 相发生穿晶扩展，从而出现了既绕过又切过 α 相的疲劳裂纹扩展形式。

8.2.2　晶体取向对室温疲劳的影响

对于常见的海洋钛合金，如 TC4、TC4 ELI、Ti80 合金等，其主要强化相为 α

相，但由于 α 相 HCP 结构具有显著的各向异性，其不同方向的力学性能具有明显差异。因此，当组织中存在大面积相近取向的晶粒时，室温的疲劳裂纹萌生和裂纹扩展行为将受到显著影响。

通常可通过对疲劳断口进行分析，探究晶体取向对室温疲劳的影响。如图 8.8(a) 所示，通过表征 TC4 合金室温高周疲劳的疲劳断口裂纹源形貌[3]，发现了多个准解理面。如图 8.8(c)所示，对疲劳源进一步进行 EBSD 表征发现，其刻面所在晶粒作为疲劳裂纹源呈现出明显的晶体取向依赖性，主要集中在晶体取向角为 30°～60°，疲劳裂纹的萌生更倾向于形成利于基面滑移变形的取向织构内。这主要是因为该取向下，基面上同时存在较大的切应力和垂直基面的法向拉应力，在两种应力的共同作用下，裂纹更容易萌生，最终导致材料失效。因此，晶体取向对疲劳裂纹萌生有直接影响作用。由于宏区(macrozone)是由大面积取向相近的晶粒构成的，其内部或边界处常成为疲劳裂纹的形核位点或裂纹高速扩展区域，因此宏区对室温疲劳行为的影响不容忽视。图 8.9 为 TC4 合金裂纹附近晶粒的基面

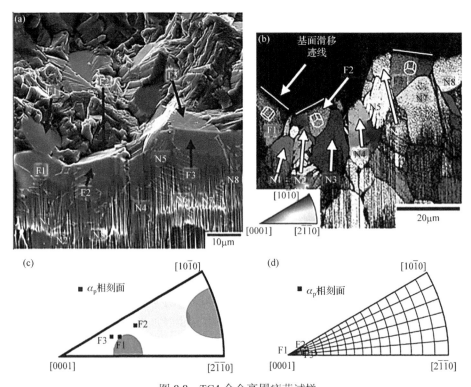

图 8.8　TC4 合金高周疲劳试样

(a) 断口疲劳源位置裂纹源刻面 SEM 图；(b) 裂纹源刻面对应的 EBSD 图；(c) 裂纹源刻面的晶体取向分布图；
(d) 刻面空间法向取向分布图
Fi-刻面；Ni-非刻面

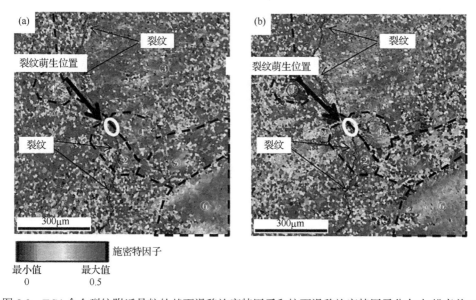

图 8.9　TC4 合金裂纹附近晶粒的基面滑移施密特因子和柱面滑移施密特因子分布(扫描章前二维码查看彩图)

(a) 基面滑移施密特因子分布图；(b) 柱面滑移施密特因子分布图

①～⑥-裂纹萌生位置附近不同宏区

滑移施密特因子和柱面滑移施密特因子分布,通过观察具有明显宏区的 TC4 锻棒材料疲劳裂纹的萌生位置[4],发现裂纹更倾向于在两个具有较大取向差宏区的边界处形成。由此可以看出,裂纹位于宏区①和宏区②的交界处,其中宏区②更容易发生柱面滑移,其柱面滑移施密特因子较高,而宏区①则具有较高的基面滑移施密特因子。裂纹形成的原因主要是柱面滑移变形大量开动,从而在宏区边界处累积大量应变,边界晶粒开裂。因此,具有不同取向的宏区边界处也可能成为疲劳裂纹萌生的位点。

晶体取向会对疲劳裂纹扩展速率产生显著影响,进而决定疲劳寿命。一般而言,疲劳裂纹扩展的过程呈明显的分段特征,按照扩展行为特征和控制机理的不同,疲劳裂纹扩展可划分为微观结构小裂纹(microstructurally small crack,MSC)、物理小裂纹(physically small crack,PSC)及长裂纹(long crack,LC)三个阶段。这些阶段特征是宏观机制和微观机制共同作用的结果,其中微观结构小裂纹尺寸与材料组织特征尺度相当。由于材料微观组织的不均匀性,如晶粒大小不一、包含夹杂和第二相颗粒等,小裂纹阶段扩展行为具有明显的波动性,往往占据了疲劳寿命的 50%以上,因此小裂纹扩展对疲劳寿命具有决定性影响[5]。如图 8.10(a)、(b)所示,通过预制 TC4 合金疲劳裂纹[6],使其在不同取向宏区内扩展,通过观察可知裂纹沿 A、B 两个方向分别穿过了倾向柱面滑移变形的宏区 AFM-2-Ⅰ和倾向基面滑移变形的宏区 AFM-2-Ⅱ。对其扩展速率进行计算发现，裂纹在基面滑移主导宏区内扩展速率明显大于柱面滑移主导宏区[图 8.10(c)]。这种在不同取向宏区内裂纹扩展速率存在差异的主要原因是不同滑移系滑移面分布的差异[7]。对于如图 8.10(d₁)、(d₂)所示的基面滑移而言，由于滑移面为(0001)单一晶面，当裂纹在基面滑移主导宏区内沿着基面扩展时裂纹不会发生显著的偏折，扩展阻力较小；对于如图 8.10(e₁)、(e₂)所示柱面滑移而言，其存在三个互相呈 60°的 $\{10\bar{1}0\}$ 滑移面，当裂纹在柱面滑移主导宏区内沿柱面扩展时，裂纹则会沿着具有高几何适配因子(m')的滑移面进行扩展，导致裂纹往往会出现明显偏折和分叉等现象，扩展阻力较

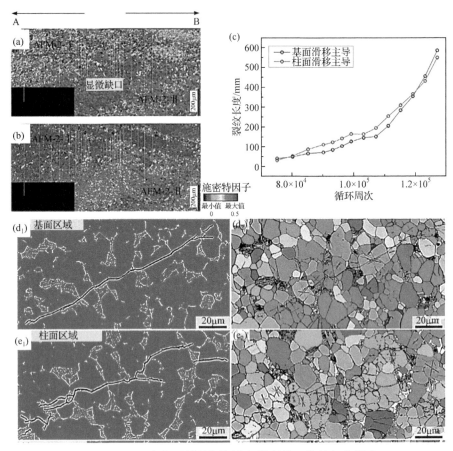

图 8.10　TC4 合金预制裂纹扩展(扫描章前二维码查看彩图)

(a) 裂纹区域基面滑移施密特因子分布图；(b) 裂纹区域柱面滑移施密特因子分布图；(c) 裂纹不同方向扩展速率比较；(d₁)(d₂) 基面滑移变形主导宏区内的裂纹 SEM 图及 EBSD 分布图；(e₁)(e₂) 柱面滑移变形主导宏区内的裂纹 SEM 图及 EBSD 分布图

AFM-2-Ⅰ为倾向柱面滑移变形的宏区；AFM-2-Ⅱ为倾向基面滑移变形的宏区；A、B 表示裂纹扩展方向

大。宏区会显著影响疲劳寿命，然而宏区的形成在钛合金热加工中几乎是难以避免的，一般来说，宏区的尺寸越大，取向越有利于滑移变形，疲劳裂纹在其内扩展速率越大，合金疲劳寿命越低。因此，在实际生产中，需要对热加工工艺进行优化，规避宏区的形成或改变材料应力加载方向，减弱宏区对疲劳寿命的恶化。

8.3　室温保载疲劳变形

在工程实践中，很多结构和构件都会承受循环加载的应力或变形，如桥梁、飞机机身、汽车发动机及各类机械设备等。这些循环加载的工况往往会导致材料的渐进性损伤和失效，严重影响结构的安全性和可靠性。保载疲劳是一种特殊的疲劳失效模式，一般在材料的应力水平和应变范围保持恒定的情况下进行疲劳试验。相比于其他类型的疲劳加载，保载疲劳更为严峻和复杂，因为材料在不间断地循环加载下，会逐渐累积损伤，从而萌生裂纹并扩展。保载疲劳现象的研究对于确保材料的长期使用和工程结构的寿命设计至关重要。因此，本节主要对保载疲劳现象进行综合介绍，通过介绍保载疲劳现象、保载疲劳影响因素、保载疲劳显微变形行为及保载疲劳的显微损伤机理，让读者从宏观和微观角度了解保载疲劳现象。

8.3.1　保载疲劳影响因素

不同影响因素的保载疲劳失效程度不同，其一般可以分为内在材料因素和外在环境因素两类。内在材料因素包括合金显微组织形貌(相的尺寸、形貌、占比与结构等)、合金化成分、显微织构、间隙原子和宏区等，这些都是钛合金保载疲劳敏感性产生的本质原因；外在环境因素包括峰值应力、载荷保持时间、应力比 R 和应力状态(双向应力、三向应力等)等，研究保载疲劳的影响因素对实际应用具有重要的指导作用。

1) 初生 α 相的影响

初生 α 相体积分数会直接影响保载疲劳寿命。一般而言，近 α 型钛合金在高的峰值应力时，初生 α 相的体积分数越高，越容易受到保载疲劳效应的影响。通常认为，疲劳寿命越低，保载疲劳敏感性越大[8]。例如，通过改变 Mo 的质量分数，从而改变 Ti-6Al-2Sn-4Zr-xMo($x = 2 \sim 6$，即 Ti6242、Ti6243、Ti6244 和 Ti6246 合金)的低周疲劳与保载疲劳行为[9]，结果如图 8.11(a)所示。从 Ti6242 到 Ti6246 的保载疲劳效应和保载疲劳敏感性是逐次降低的，该现象产生最主要原因是织构强度的降低，裂纹形核的概率随之显著降低。另外，Mo 质量分数的递增使得初生 α 相体积分数及晶粒尺寸减小，而初生 α 相是显微变形的主要承担者，因此晶粒尺寸的减小会使得保载疲劳产生的累积应变显著减小，但其并非影响保载疲劳效应的主要因素。

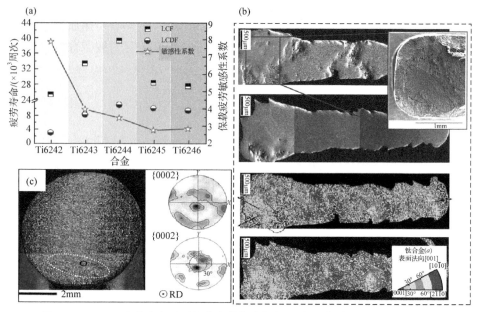

图 8.11　Ti624x 合金中宏区对保载疲劳行为的影响(扫描章前二维码查看彩图)
(a) Ti624x 合金的低周疲劳与保载疲劳行为；(b) 不同打磨抛光深度后的断口 SEM 图与 EBSD 图；(c) 试样断口
主裂纹源 100μm 下的 EBSD-IPF 图及对应的极图
LCF-常规低周疲劳；LCDF-低周保载疲劳

2) 宏区的影响

钛合金加工变形过程中不可避免会形成宏区，其特指具有相同或相近取向的大尺寸(往往超过 1mm)晶粒团簇。宏区会显著影响保载疲劳的裂纹萌生和扩展行为。例如，在对 Ti6242 合金保载疲劳试样的断口进行不同深度的打磨[10]，并逐层进行了 EBSD 表征，从而追踪断口疲劳源与宏区分布的关系。试验结果如图 8.11(b)所示，疲劳源断裂区域往往和晶体(0001)面法向与应力方向呈 0°～30°的硬取向宏区位置范围吻合，这是因为该取向下的晶粒会受到很高的基面法向拉应力，使得裂纹更容易萌生。萌生后的裂纹由于相邻晶粒取向相近，扩展阻力小，从而沿着宏区快速扩展，直至达到临界尺寸后失稳断裂。一些研究在对 IMI834 合金断口的 EBSD 表征后表明[11]，疲劳初期裂纹萌生和扩展路径均发生在一硬取向宏区内，如图 8.11(c)所示，该宏区的大部分 α_p 相的晶体 c 轴均与加载方向呈 10°～30°的夹角。因此，组织中特定取向的宏区存在会显著影响保载疲劳寿命，硬取向宏区面积和织构密度越大，其对材料疲劳寿命的危害越严重。

3) 加载波形的影响

加载波形对保载疲劳行为的影响是非常复杂的，其中峰值应力、保载时间和应力比是主要的影响因素。在对 IMI834 合金的研究中发现[12]，降低峰值应力，其保载疲劳和常规疲劳的寿命都会延长，保载疲劳敏感性也会随之降低。如图 8.12(a)所示，当峰值应力降低到大约 70%拉伸断裂强度时，保载疲劳寿命与常规疲劳寿命相近，此时保载疲劳敏感性趋于 1。另外，保载时间的增加会使得其疲劳寿命显著降低。在相同峰值应力下，正应力比($R = 0.5$)会使得疲劳寿命相对于较小应力比($R = 0.1$)显著降低。负应力比($R = -0.5$)则会使得疲劳寿命增加，如图 8.12(b)所示。这主要是因为正应力比越大，其平均应力越大，促进了应变累积，更容易形成裂纹；负的应力比则会使得位错发生反方向滑移，从而位错堆垛应力松弛，裂纹萌生被延缓。

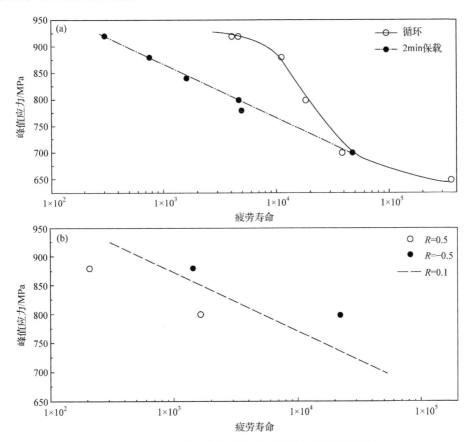

图 8.12　IMI834 合金中加载条件对保载疲劳行为的影响

(a) IMI834 合金低周疲劳与保载疲劳行为；(b) 保载疲劳应力比 R 的影响作用

相关研究指出，保载疲劳峰值应力和保载时间对保载疲劳行为的影响存在门槛值。例如，针对 Ti-6Al-4V ELI 合金的峰值应力展开研究[13]，如图 8.13(a)所示，当峰值应力低于 0.7 倍屈服强度的门槛值时，保载疲劳效应并不明显，高于这一门槛值时，保载疲劳效应会随着峰值应力的增大而增大；当峰值应力水平高于屈服强度时，保载疲劳效应则会随着峰值应力进一步增大而减小。如图 8.13(b)所示，更长的保载时间同样会使得保载疲劳效应增大，保载疲劳敏感性增加；当保载时间超过 2min 时，其对保载疲劳效应的影响趋于饱和，继续延长保载时间并不会影响保载疲劳寿命。

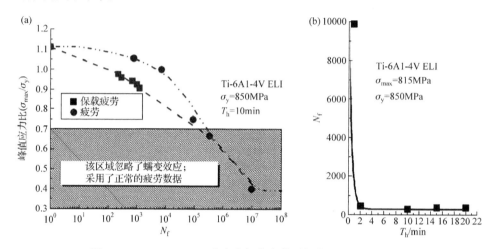

图 8.13　Ti-6Al-4V ELI 合金中加载条件对保载疲劳行为的影响
(a) 峰值应力比-疲劳寿命曲线分布；(b) 保载时间 T_h 与疲劳寿命 N_f 之间的分布关系
σ_{max}-峰值应力；σ_y-屈服强度

8.3.2　保载疲劳显微变形行为

钛合金在室温和低温变形时常见的变形机制包括位错滑移、孪晶变形、应力诱发马氏体相变及晶界滑移等，同样在保载疲劳变形中，这些变形模式也不同程度地参与变形过程。

位错滑移是保载疲劳的主要变形模式，而位错滑移会在样品表面形成滑移迹线。图 8.14 展示了保载 1s、保载 30s 和保载 120s 的试样在应变 1%时的标距段 SEM 形貌以及对应位置的 EBSD-IPF 图。由 SEM 图可以看出，三种条件下大部分的等轴 α 相及少数 β 相转变组织出现了典型的呈平行条带状分布的滑移迹特征，由此说明保载疲劳中应变较小(应变≤1%)时显微变形行为以平面位错滑移为主；同时观察到形貌曲折的滑移迹线，如图 8.14(a)箭头所指的位置，属于典型的位错交滑移产生的滑移迹线特征。通过滑移迹线的分析，在 SEM 图中将基面、柱面和锥面滑移迹线分别标识为红色、蓝色及黄色，并计算其对应的最大施密特因子。通过 EBSD 表征可知，平面位错滑移以基面滑移和柱面滑移为主，其施密特因子大部分在 0.3～0.5。同时存在较少⟨a⟩型锥面滑移，其施密特因子在 0.4 以上，说明⟨a⟩型锥面滑移在保载过程中启动是相对较难的，并非主要开动的滑移系。

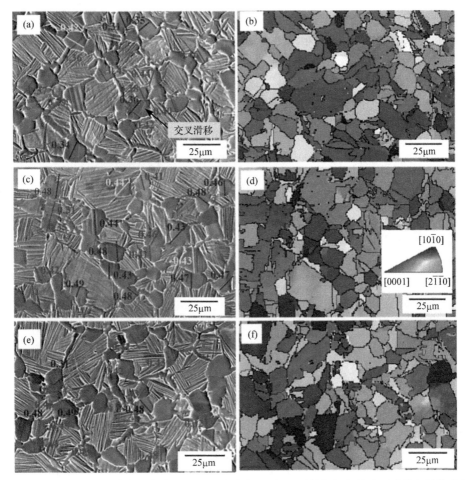

图 8.14　三种保载疲劳条件的保载疲劳试样在应变达到 1%时其标距段的表面形貌与晶体取向
分布(扫描章前二维码查看彩图)

(a) 保载 1s 试样的 SEM 图；(b) 保载 1s 试样的 EBSD-IPF 图；(c) 保载 30s 试样的 SEM 图；(d) 保载 30s 试样的
EBSD-IPF 图；(e) 保载 120s 试样的 SEM 图；(f) 保载 120s 试样的 EBSD-IPF 图
彩图中基面、柱面和$\langle a \rangle$型锥面滑移迹分别用红色、蓝色和黄色线标识，数值对应施密特因子

　　除了平面位错滑移以外，保载疲劳中还存在孪晶变形和晶界滑移等显微变形
方式。图 8.15(a)、(b)展示了 120s 保载疲劳变形后在等轴 α_p 相晶粒中产生的
$\{101\bar{2}\}\langle101\bar{1}\rangle$拉伸孪晶[14]。研究发现，在图 8.15 中的孪晶是 S2 等轴 α 相晶粒中
施密特因子为 0.48 的柱面滑移变形与晶界的交互作用激活形成。孪晶所在的晶粒
取向角小于 20°，是典型的硬取向晶粒(硬晶粒)，因此$\{101\bar{2}\}\langle101\bar{1}\rangle$孪晶的产生可
以很好适配 HCP 晶体 c 轴方向的变形，从而使得滑移变形在晶界处堆垛的应力得
以释放，延缓了应力集中。对于钛合金，尤其是保载疲劳效应较为突出的近 α 型

钛合金而言，室温条件下孪晶变形是相对难以发生的，同时其形成受晶体取向、晶界条件、位错堆积等多种因素的影响，因此其对保载疲劳变形的贡献是相对有限的。

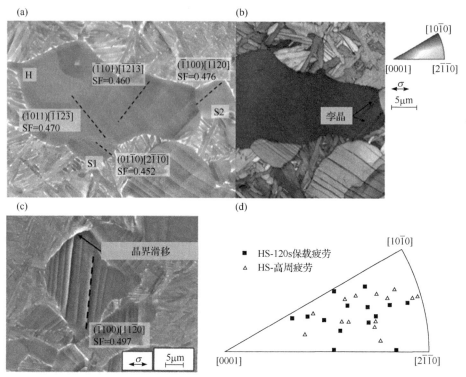

图 8.15　三种保载疲劳条件下的几种显微变形模式的晶体取向分布图
(a) 保载 1s；(b) 保载 30s；(c) 保载 120s；(d) 保载 120s 疲劳和高周疲劳的 α 相晶粒取向分布
H-硬取向晶粒；Si-软取向晶粒，i=1,2；HS-硬取向-软取向晶粒组合

　　一些研究者在变形试样表面的观察中发现了晶界台阶[14]，如图 8.15(c)所示，可以观察到在高度变形的晶粒与相邻晶粒之间的界面上出现了典型晶界滑移。在等轴 α 相晶粒表面上可以观察到柱面滑移的痕迹，这些滑移痕迹在界面处由于变形被偏转至晶界处。柱面滑移和晶界的交互作用触发了晶界滑移形成晶界台阶。如图 8.15(d)所示，对保载 120s 保载疲劳和高周疲劳条件下，发生晶界滑移的 α 相晶粒的晶体学取向进行统计。通过统计结果可以看出，晶界滑移行为受载荷保持时间影响较小，晶体取向呈现相对随机的分布，但有一点可以肯定，晶界滑移行为与位错滑移与晶界的交互作用有关。

8.4　保载疲劳失效机理

　　深入理解保载疲劳的失效机理，对于确保工程构件在重复加载下的安全可靠

性能至关重要。本节旨在探讨保载疲劳失效的基本方面,重点关注以下四个要点:
①保载疲劳断口特征,旨在通过介绍疲劳断口特征,了解失效的模式和过程;
②保载疲劳微观损伤机理,旨在介绍保载疲劳问题发现以来建立的保载疲劳微观
机理模型;③保载疲劳位错变形行为,旨在揭示位错在疲劳中的行为与特征,讨
论其与保载疲劳损伤的联系;④保载疲劳裂纹萌生机理,旨在讨论现有试验,验
证发现的裂纹萌生模式及其形成的显微机理。基于对以上内容的深入研究,可以
更好地理解保载疲劳的失效机理,从而为材料的疲劳寿命评估和工程设计提供重
要参考。

8.4.1　保载疲劳断口特征

分析断口对于理解保载疲劳行为具有重要意义,典型的保载疲劳试样宏观断
口如图 8.16 所示。图 8.16(a)与(b)分别展示了保载 1s 和保载 10s 的宏观断口形貌,
断口可分为疲劳源区与疲劳瞬断区。其中,疲劳源区的裂纹扩展速率较慢,主要
以疲劳准解理面扩展模式、疲劳条带扩展模式两种脆性断裂为主,同时在远离裂
纹萌生位置的区域也存在少量的韧窝断裂模式。疲劳瞬断区内裂纹扩展速率非常
快,此时断裂模式主要以韧性断裂为主。

放大观察图 8.16(c)、(d)可以发现,疲劳源区存在着显著的棱线,并在试样表
面附近的位置收敛。这种特征也称作疲劳源放射线,它能够反映 FCG,沿着 FCG
路径找到其收敛的地方便可以找到保载疲劳源。两种条件下疲劳源均位于材料表
面(距离表面加工层 $10\sim25\mu m$)。如图 8.16(e)、(f)所示,在高倍下进行观察,保载
疲劳断口的疲劳源区呈现出一种光滑连续分布的准解理面的特征,一般称作准解
理面或者刻面。这种刻面特征常见于疲劳加载中,包括低周疲劳和保载疲劳,也
存在于静态拉伸和蠕变拉伸断口中。对于保载疲劳而言,刻面萌生模式是疲劳源
区裂纹萌生与扩展的主要模式。如图 8.17 所示,保载疲劳断口疲劳源区存在大量
平滑形貌的刻面特征,这些刻面彼此相连,可以很好地揭示疲劳裂纹的扩展方向。
这里以图 8.17(a)中的区域①为例,其放大图见 8.17(b),可看出裂纹萌生位置为
F1,随即扩展延伸至 F2。此时疲劳裂纹扩展路径分为两条,一条路径依次扩展至
F5、F6、F7,另一条则扩展至 F4。研究表明,当裂纹以准解理面的形式进行扩展
时,其生长速度是常规疲劳条带模式生长速度的 $10\sim100$ 倍,因此小裂纹能以更
快的速度生长,达到临界裂纹长度后快速扩展,直至材料失效,这也是保载疲劳
效应产生的主要原因之一。

为了揭示这种刻面特征的形成机理,现在主要采取的方法是对刻面的空间形
貌特征与晶体学取向特征进行分析表征。刻面法向的空间取向与刻面晶粒的晶体
取向定义如图 8.18 所示。刻面空间取向是指刻面的空间法向相对于宏观样品坐标
系的取向分布,其中 α 为刻面空间法向与宏观加载应力方向的夹角;晶体取向也

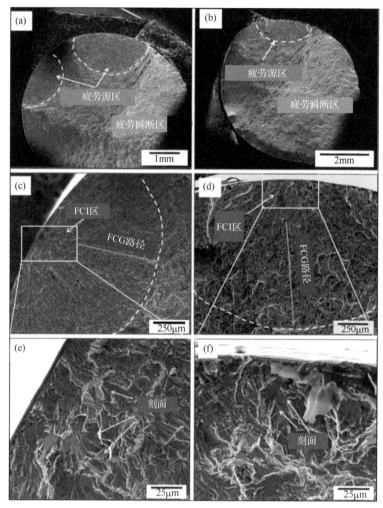

图 8.16　不同倍数下的保载疲劳试样宏观断口形貌图
(a)(c)(e) 保载 1s 的试样断口；(b)(d)(f) 保载 10s 的试样断口
FCI-疲劳源；FCG-疲劳裂纹扩展

称为晶粒倾斜角，是指 HCP-α 相的晶体 c 轴与宏观加载应力方向的夹角，通过这两个参数便可以判断刻面与 HCP 晶体基面之间的几何分布关系。

刻面空间取向主要是通过定量倾斜断口分析(quantitative tilt fractography analysis，QTF)法进行计算[15,16]。该方法主要是通过 SEM 二次电子表征的方式获得两个相同倍数下不同倾转角的刻面形貌特征，在所得的两张 SEM 照片上选定特征点建立坐标系，然后通过建立空间取向矩阵的方式，确定出刻面法向的取向信息。

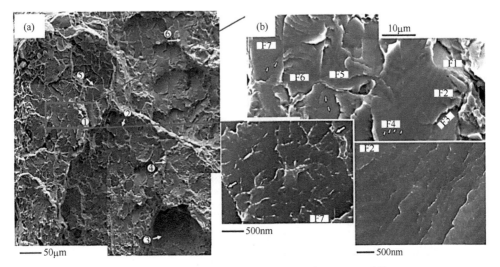

图 8.17　Ti-8Al-1Mo-1V 保载疲劳试样断口 SEM 形貌

(a) 低倍；(b) 区域①高倍放大图

①～⑥-不同区域的裂纹源；F*i*-刻面

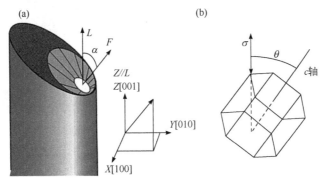

图 8.18　刻面表征所需的两个参数定义示意图

(a) 空间取向；(b) 晶体取向

L-应加载方向；*F*-刻面法向方向

　　晶体学取向信息的获得可以通过两种方式。第一种是直接在刻面表面进行晶体取向表征，具体而言是通过手动旋转 EBSD 探头电子束照射角度，从而直接在断口刻面上衍射出足够清晰的菊池花样，随后通过软件计算的方式计算出刻面位置的晶体取向。这种方法不需要进行额外的加工处理，实际操作起来较为简单。对于实际应用而言，断口形貌非常复杂，EBSD 荧光屏往往很难接收到可信的背散射信号，从而导致这个方法的成功率非常低。该方法对断口要求比较高，往往需要断口刻面较为平整，一些情况下还需要对断口额外进行电解抛光或离子抛光处理。第二种是采用聚焦离子束微纳加工与 EBSD 表征结合的方式测得刻面晶体取向。具体而言，如图 8.19(a)和(c)所示，采用 FIB 的 Ga$^+$聚焦离子束微纳加工的方式横切刻面晶粒，加工出一个平行于加载轴方向的、可适用于 EBSD 表征的平面，并对该加工平面进行 EBSD 表征。这种方法具有较高的成功率，并且能够获得较为稳定和高解析率的 EBSD 取向分布信息，但缺点是只能加工距离材料表面较近(一般小于 100μm)的刻面晶粒，对于材料内部的刻面，则需要进行额外的打磨处理，后者则很容易破坏断口刻面特征。

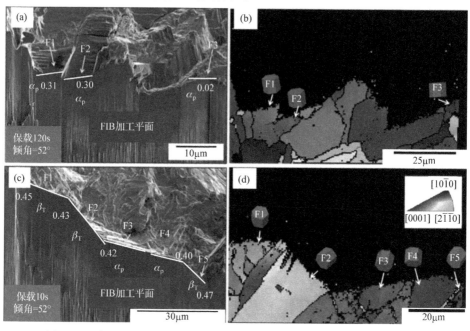

图 8.19　采用 FIB+EBSD 结合的方式进行的保载疲劳断口刻面晶体学表征
(a)(c) 加工的用于 EBSD 表征的平面；(b)(d) 为其平面的 EBSD 表征结果
F*i*-刻面；β_T-β 转变组织；(a)(c)中的数值为施密特因子

由图 8.19 的结果可以看出，保载疲劳裂纹源刻面大部分形成于 HCP 晶体基面之上，近似与(0001)基面平行，并且这些晶粒的基面滑移具有较高的施密特因子(大部分>0.3)。通过对不同疲劳条件所有刻面的晶体取向进行统计，如图 8.20 所示，可以看出其晶体取向分布具有一定的择优性，晶体取向角主要集中在 20°～60°。由于这一取向下基面滑移均具有较高的施密特因子，因此可以推测裂纹源刻面的产生与基面滑移塑性变形有关，并且软硬取向晶粒对的组合也并非保载疲劳刻面产生的必要条件。

8.4.2　保载疲劳微观损伤机理

虽然研究者们对钛合金保载疲劳的研究已有近 50 年的历史，但对钛合金保载疲劳微观机制的理解仍不全面。关于钛合金保载疲劳损伤微观机制中位错平面滑移模型和载荷重分配模型认可度较高，此外还有其他相关机制或观点[17]。

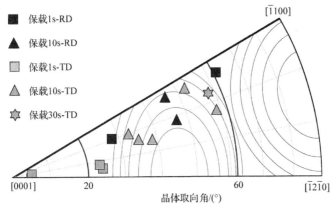

图 8.20　不同条件保载疲劳裂纹源刻面晶体取向分布

1) 位错平面滑移模型

位错平面滑移模型的主要观点如下：假定一对软、硬(有利位错开动取向、不利位错开动取向)晶粒受到恒定应力的作用，由于不同取向的 α 相晶粒具有不同的弹性模量及屈服强度，软、硬晶粒将分别产生不同的应变。晶粒变形需要相互协调，导致软/硬晶粒内部应力不一致，硬晶粒的应力大于软晶粒，保载疲劳裂纹萌生。此外，保载疲劳裂纹一般萌生于试样次表面，在裂纹萌生区域可观察到解理小平面，这些解理小平面通常与应力轴垂直或倾斜，沿初生 α 相基面形成。对于解理小平面的形成，研究认为，位错会在软晶粒内滑移，并在相邻硬晶粒的晶界处发生塞积，从而在硬取向晶粒中引起剪切应力并促使滑移带的形成，在外加循环拉应力和附加剪切应力的不断作用下，造成疲劳裂纹沿硬晶粒基面滑移带萌生[18]。该模型为理解保载疲劳解理小平面的形成提供了一定帮助，但并未解释保载疲劳损伤的时间依赖性，相应的位错行为也需要进一步开展研究。

2) 载荷重分配模型

虽然钛合金的宏观应变速率敏感性与其他金属相比并无显著差异，但低对称性的 HCP 结构 α 相固有的弹塑性各向异性会对合金的局部应力及位错运动造成影响，使软、硬晶粒组合对力学性能产生重要影响。后续研究中通过建立应变速率相关的晶体弹塑性模型，以理解合金在不同应变速率下蠕变及保载疲劳过程中的整体和局部力学行为，并提出了时间依赖性的载荷释放模型[19]。该模型考虑了钛合金 α 相本身的各向异性和变形的时间依赖性，认为局部应力集中和应力重分配是时间相关的函数。位错滑移首先发生在软取向晶粒(软晶粒)上，而硬晶粒应变小，为了保持应变协调性，软、硬晶粒会尽量保持同一应变。合金在保载过程中，软晶粒将部分载荷转移到硬晶粒，软晶粒中应力减小，而硬晶粒，尤其是晶界附近的硬晶粒应力不断增加，产生应力集中；保载时间越长、应变速率敏感指数越大，则应力集中越严重，最终形成裂纹。

基于这一理论，一些学者进一步研究了晶粒取向对载荷重分配的影响[20]，研究表明：当晶粒组合由 c 轴近似垂直于和平行于加载轴的软晶粒和硬晶粒组成，且其中软晶粒柱面滑移系的滑移面与加载轴法线方向夹角呈 70° 软-硬-软的晶粒组合时，晶界的局部应力最高，也最容易形成解理小平面，将其命名为"软硬晶粒组合"；当应变速率敏感指数和保载时间增加时，硬晶粒中的局部应力增大，最终导致疲劳裂纹萌生。

3) 冷蠕变相关的机制

除上述 2 个保载疲劳机制外，还有观点认为钛合金保载疲劳问题的关键是合金的室温蠕变，即冷蠕变[21]。保载疲劳往往具有比普通疲劳更大的应变，且保载疲劳应变曲线与蠕变曲线非常相似，说明保载阶段合金发生了冷蠕变。如前文所述，室温蠕变对疲劳性能不利，一般地，保载疲劳累积应变越大，保载疲劳寿命越低，这也可以解释为何具有网篮组织的合金具有较低的保载疲劳敏感性。此外，冷蠕变过程中往往出现变形局部化，导致应力集中，增加了疲劳裂纹萌生的倾向。因此，进一步研究钛合金室温蠕变相关机制，降低保载疲劳过程中的冷蠕变，对钛合金保载疲劳性能的提高有重要意义。

4) 应变速率敏感性相关的机制

虽然保载疲劳裂纹的萌生与合金中软、硬晶粒组合有关，但其他多晶金属材料，如钢铁材料中，并不存在明显的保载疲劳敏感性，因此软、硬取向晶粒组合似乎也并不能从根本上彻底解释钛合金保载效应的本质。载荷释放模型表明，应变速率敏感性对钛合金的保载效应具有重要影响。有研究通过二维离散位错塑性的应变速率敏感性模型[22]指出，在低应变速率下($<10^3s^{-1}$)，应变速率敏感性主要来自位错的热激活过程，即被钉扎的位错脱离障碍的过程；在保载期间合金内部位错密度显著增加，这是因为在持续应力作用下，位错源持续激活及脱离障碍的能力随着时间的推移逐渐增强。钛合金 α 相主要有柱面滑移、基面滑移及锥面滑移 3 种滑移系，虽然基面及柱面滑移都易开动，但基面滑移比柱面滑移具有更高的应变速率敏感性，保载有利于软晶粒中基面滑移激活并造成更大的载荷释放，开裂可能优先出现在软取向(基面滑移)-硬取向晶粒组合。因此，硬晶粒内部的局部高应力可能不是基面滑移的直接原因，而保载阶段长时间施加应力造成的应力集中，对疲劳裂纹的形成有更大的作用。此外，不同晶体取向的 α 相晶粒应变速率敏感性不同，具有较弱保载效应的 Ti6246 钛合金晶粒的应变速率敏感性与晶体取向无关，而具有较强保载效应的 Ti6242 合金则表现出很强的晶体取向依赖性。尽管在分析钛合金保载效应的应变速率敏感性方面做了大量工作，但为何基面滑移与柱面滑移的应变速率敏感性不同，以及应变速率敏感性如何影响保载疲劳裂纹萌生等问题尚需开展深入研究。

5) β 相及次生 α 相的影响机制

除了相邻初生 α 相的晶体取向对合金的保载疲劳性能有影响外，β 相及次生 α 相的影响也不可忽视[23]。β 相阻碍了合金中位错在 α-β-α 基体内的滑移，这种阻碍作用随 β 相板条宽度的增加而增加。这主要是因为 β 相板条的存在产生了位错塞积，相比无 β 相钛合金增加了位错塞积的位置，降低了每个应力集中处塞积位错的数量，这有利于减少疲劳过程中合金的变形局部化；然而，β 相板条本身对合金保载性能的影响有限，伴随 β 相板条产生的多种 α 相变体对抑制位错塞积和应力集中起了更大的作用，这可能也是网篮组织比集束组织具有更低保载疲劳敏感性的原因[24,25]。对含有小体积分数初生 α 相的 Ti6242s 合金的保载疲劳性能研究发现，初生 α 相晶体取向与 β 相转变区中 α+β 集束排列方向之间的关系是影响初生 α 相位错行为的关键。张广平团队对 TC4 合金局部初生 α 相与次生 α 相组合损伤程度的定量表征发现，发生大量滑移的初生 α 相相邻的次生 α 相在长时间疲劳载荷作用下逐渐发生损伤，这进一步加剧了合金的疲劳损伤。

8.4.3　保载疲劳裂纹萌生机理

钛合金保载疲劳裂纹萌生是受多个因素影响的复杂过程，如合金元素、热处理状态、应力状态等。目前，主流的观点认为保载疲劳的裂纹萌生主要与滑移变形导致的刻面开裂有关，其中，基面滑移变形普遍被认为是疲劳刻面产生的必要条件。除此之外也有研究者总结出其他裂纹萌生机理，如相界开裂、孪晶界开裂、基面开裂、扭转晶界开裂等。

1) 相界开裂

一种相界开裂如图 8.21(a)所示，保载疲劳裂纹产生于 β_t 内，其裂纹在 α_s 相片层之间萌生，沿着 α_s 相片层方向扩展，其裂纹两端在与 α_p 相界面接触后扩展受阻。对裂纹对应区域进行 EBSD 表征，其 IPF 图及对应的 KAM 图分别如图 8.21(c)、(e)所示。通过 EBSD 结果可以看出，裂纹产生于一对晶粒倾斜角 θ 分别为 13.3°与 86°的晶粒对之间。虽然该晶粒对组合属于典型的软硬取向晶粒对，但并不符合位错平面滑移模型所述的裂纹萌生模式。由 KAM 图可以看出，裂纹右侧与硬取向晶粒接触的位置产生显著的晶格畸变，这意味着硬取向在变形过程阻碍了软取向晶粒中的位错滑移，使得软取向晶粒内产生了高的位错塞积应力，导致随着疲劳加载的持续进行，裂纹更倾向于沿着相对脆弱的 α_s 相片层相界处萌生，并且在拉应力作用下沿着 α_s 相片层界面纵向快速延伸扩展。

另一种相界开裂如图 8.21(b)所示，裂纹产生于一对 α_p 与 β_t 的相界面处，在与相邻的 β_t 相接触后停止扩展。裂纹两侧的晶粒中均能观察具有高施密特因子(倾斜角分别为 46.6°与 48.8°)的基面滑移迹线，证明两相中发生了显著的基面滑移变形。由 IPF 图可以计算出裂纹相邻的两相之间存在着 67.5°的取向差，分别计算两

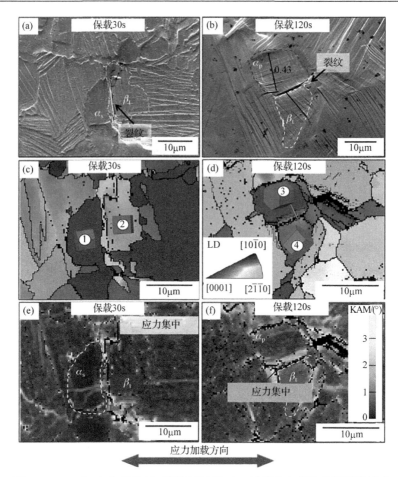

图 8.21 Ti6321 合金保载 30s 试样与保载 120s 试样中出现的相界开裂模式
(a) 保载 30s 裂纹 SEM 图；(b) 保载 120s 裂纹 SEM 图；(c) 保载 30s 对应 EBSD-IPF 图；(d) 保载 120s 对应
EBSD-IPF 图；(e) 保载 30s KAM 图；(f) 保载 120s KAM 图
①~④-软硬晶粒对晶体取向；(b)中数值为施密特因子

个相之间基面滑移的几何适配因子 m'，其基面滑移的最大 m'仅为 0.115。一般而言，m'的计算值在 0~1，m' 越接近 1 说明位错滑移越容易在两相之间穿过，由此说明两个相之间基面滑移是很难穿过相界，其会在相界处塞积。这一点从 KAM 图中也可以看出：α_p 相内与裂纹相邻的位置产生了较大的晶格畸变。这种基面滑移的位错塞积往往会产生较大的应力集中，进而导致裂纹沿着塑性变形协调性差的相界处开裂并扩展。

2) 孪晶界开裂

保载疲劳过程中合金显微变形主要是通过位错的平面滑移进行的，除此之外合金微观组织中还存在孪晶变形的方式。图 8.22(b)白色箭头处产生了变形孪晶，经过对比轴校对，确认该孪晶类型为 $\{10\bar{1}2\}\langle 10\bar{1}\bar{1}\rangle$ 孪晶，孪晶所在的基体相取向主要集中在晶体倾斜角 θ 在 15°以下的取向范围内。该孪晶的产生与相邻晶粒具有高施密特因子的基面滑移或柱面滑移变形有关，即晶界处由位错堆垛产生的应力集中容易激发硬取向晶粒内孪晶的形成。

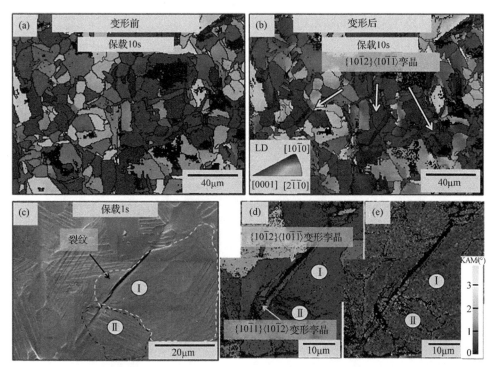

图 8.22　Ti6321 合金保载中的孪晶变形与孪晶界开裂模式
(a)(b) 保载 10s 试样中保载疲劳变形前后相同区域；(c) 保载 1s 试样中变形孪晶界裂纹 SEM 图；(d) 对应的
EBSD-IPF 图；(e) KAM 图
Ⅰ-Ⅰ号 β_t 基体相；Ⅱ-Ⅱ号 β_t 基体相

图 8.22(c)展示了一裂纹于Ⅰ号 β_t 基体相之中产生，其下方裂纹尖端在与 β_t 相Ⅱ相界接触后扩展受阻。由其 EBSD-IPF 图可判断出Ⅰ号 β_t 基体相中存在一处典型的 $\{101\bar{2}\}\langle10\bar{1}\bar{1}\rangle$ 变形孪晶，Ⅱ号 β_t 基体相中为 $\{10\bar{1}1\}\langle10\bar{1}2\rangle$ 变形孪晶。裂纹则是沿着 $\{10\bar{1}1\}\langle10\bar{1}2\rangle$ 变形孪晶界面的方向扩展，并在 $\{10\bar{1}1\}\langle10\bar{1}2\rangle$ 变形孪晶处停止扩展。一般而言，HCP 晶体中变形孪晶的形成与裂纹的开裂属于相互竞争的变形行为，变形孪晶的形成可以缓解应力集中，从而消除裂纹形核位点，而裂纹的产生也会使得弹性应变得到释放，从而增加变形孪晶的形成难度。因此，可以推测该处裂纹的产生发生于变形孪晶形成之后的交变载荷加载过程中。由图 8.22(e)的 KAM 图可以发现，裂纹两侧未产生明显的晶格畸变，因此可以推测孪晶界开裂属于脆性断裂行为，并无塑性变形过程的参与。另外，在Ⅱ号与Ⅰ号 β_t 基体相

的交界处出现较大的晶格畸变，这是因为Ⅱ号β_t基体相中$\{10\bar{1}1\}\langle10\bar{1}2\rangle$变形孪晶冲击相界。此处应力集中除了可能诱发Ⅰ号$\beta_t$基体相中$\{101\bar{2}\}\langle10\bar{1}1\rangle$变形孪晶产生，也可能在Ⅰ号$\beta_t$基体相中产生较大切应力，导致裂纹沿着塑性较差的$\{101\bar{2}\}\langle10\bar{1}\bar{1}\rangle$变形孪晶与基体相交界处开裂。

3）基面开裂

图 8.23 展示了 Ti6321 合金保载 120s 和保载 30s 试样的两处裂纹沿着滑移面开裂的情况。由图8.23(a)可以看出，裂纹产生于α_p相晶粒Ⅱ中，其裂纹方向平行

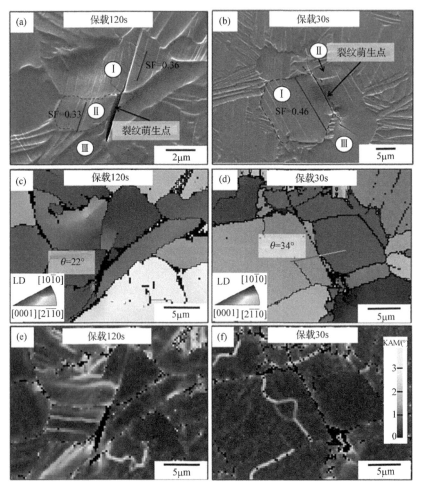

图 8.23　Ti6321 合金保载 120s 与保载 30s 试样中出现的基面开裂模式
(a)(b) 裂纹 SEM 图；(c)(d) 对应 EBSD-IPF 图；(e)(f) KAM 图
Ⅰ-晶粒Ⅰ；Ⅱ-晶粒Ⅱ；Ⅲ-晶粒Ⅲ

于晶粒内的基面滑移带(施密特因子为 0.33)，同时还可以观察到晶粒 I 中裂纹沿着基面滑移带扩展开裂(施密特因子为 0.36)。另外，经计算可知晶粒 II 与晶粒 III 之间的基面滑移的几何适配因子最大值为 0.58，说明基面位错可以穿过晶界，但存在一定的阻力。因此，图 8.23(e)的 KAM 图中晶粒 II 与晶粒 III 之间会出现较大的晶格变形，表现出显著的晶格畸变，并由此可以推测，该晶界位置的高应力集中导致了裂纹沿着晶粒 II 基面萌生开裂。

图 8.23(b)中的裂纹同样萌生于 α 相晶粒中，经滑移迹线分析发现，其裂纹方向平行于晶粒内的基面滑移迹线(施密特因子为 0.33)。该裂纹在扩展至晶粒 II 和晶粒 III 时，裂纹扩展路径发生了不同程度的偏折。对于晶粒 II 而言，该裂纹方向依然平行于施密特因子为 0.37 的基面滑移迹线；对于晶粒 III 而言，裂纹的方向与该晶粒施密特因子为 0.45 的柱面滑移迹线平行。采用同样的方法可以计算出晶粒 III 与晶粒 I 之间基面滑移的最大几何适配因子仅为 0.15，因此晶粒 I 中的基面滑移难以穿过两个晶粒的交界处，从而在晶界处产生了如图 8.23(f)所示的显著晶格畸变，导致了裂纹于该位置萌生。

4) 扭转晶界开裂

典型的扭转晶界开裂模式如图 8.24 所示。如图 8.24(a)所示，裂纹于 α 相之中产生，贯穿整个 α 相并在晶界处受阻停止扩展。由图 8.24(c)的 IPF 图可以计算得出，裂纹所在的位置为一扭转角为 29°的(0001)扭转晶界。在图 8.24(b)中则能观

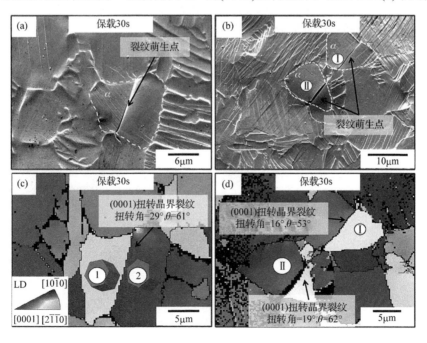

图 8.24　Ti6321 合金保载 30s 试样中出现的(0001)扭转晶界开裂模式
(a)(b) 裂纹 SEM 图；(c)(d) 对应 EBSD-IPF 图；(e)(f) KAM 图
①②-扭转晶界两侧晶粒晶体取向；Ⅰ、Ⅱ-晶粒Ⅰ、Ⅱ

察到两个方向一致的裂纹产生在两个 α 相之中，同样由图 8.24(d)的 IPF 图可计算出两个裂纹所在的位置分别为扭转角 16°和 19°的(0001)扭转晶界。

由图 8.24(e)、(f)关于裂纹的 KAM 图可以看出，裂纹两侧并未产生任何显著的晶格畸变，而是在裂纹两端与相邻晶粒的交界处产生了较大的晶格畸变。因此，可以认为扭转晶界开裂过程并不包括沿垂直裂纹方向的拉应力变形，而是由于(0001)面上的剪切应变。一些研究者采用原位拉伸与高分辨 DIC 技术[26]对 TC4 合金标距段应变过程进行了表征，发现即使在较低的应力下大部分滑移变形还难以发生时,(0001)扭转晶界位置便已经产生了很大的局部剪切应变，这也可能是裂纹更早地沿着扭转晶界位置形成的原因。

除了(0001)扭转晶界开裂模式，还存在其他晶面的扭转晶界开裂情况。如图 8.25(a)、(b)所示，裂纹分别产生于扭转角为 56.6°的 $(\bar{2}110)$ 扭转晶界和扭转角为 32.9°的 $(0\bar{1}10)$ 扭转晶界上，但相对于(0001)扭转晶界开裂而言，试验中观察到的 $(\bar{2}110)$ 和 $(0\bar{1}10)$ 扭转晶界开裂数量极少，其并非主要的保载疲劳扭转晶界开裂模式。

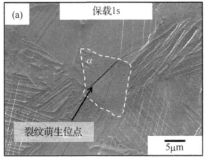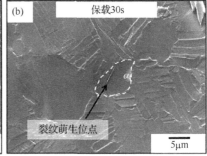

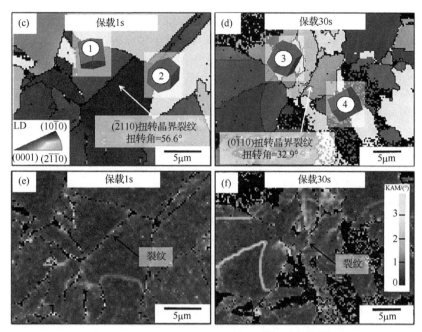

图 8.25　Ti6321 合金保载 1s 与保载 30s 试样中出现的 $(\bar{2}110)$ 与 $(0\bar{1}10)$ 扭转晶界开裂模式

(a) 保载 1s 裂纹 SEM 图；(b) 保载 30s 裂纹 SEM 图；(c) 保载 1s 对应的 EBSD-IPF 图；(d) 保载 30s 对应的
EBSD-IPF 图；(e) 保载 1s 的 KAM 图；(f)保载 30s 的 KAM 图
①～④-扭转晶界两侧晶粒晶体取向

参 考 文 献

[1] HAMID POURIAN M, PILVIN P, BRIDIER F, et al. Modeling the elastoplastic behaviors of alpha Ti-alloys microstructure using cellular automaton and finite element methods[J]. Computational Materials Science, 2015, 99: 33-42.

[2] ZHANG W Y, FAN J K, HUANG H, et al. Creep anisotropy characteristics and microstructural crystallography of marine engineering titanium alloy Ti6321 plate at room temperature[J]. Materials Science and Engineering: A, 2022, 854: 143728.

[3] JHA S K, SZCZEPANSKI C J, GOLDEN P J, et al. Characterization of fatigue crack-initiation facets in relation to lifetime variability in Ti-6Al-4V[J]. International Journal of Fatigue, 2012, 42: 248-257.

[4] ZHANG K, YANG K V, HUANG A, et al. Fatigue crack initiation in as forged Ti-6Al-4V bars with macrozones present[J]. International Journal of Fatigue, 2015, 80: 288-297.

[5] HUSSAIN K. Short fatigue crack behaviour and analytical models: A review[J]. Engineering Fracture Mechanics, 1997, 58(4): 327-354.

[6] ZHANG K, YANG K V, LIM S, et al. Effect of the presence of macrozones on short crack propagation in forged two-phase titanium alloys[J]. International Journal of Fatigue, 2017, 104: 1-11.

[7] BRIFFOD F, BLEUSET A, SHIRAIWA T, et al. Effect of crystallographic orientation and geometrical compatibility on fatigue crack initiation and propagation in rolled Ti-6Al-4V alloy[J]. Acta Materialia, 2019, 177: 56-67.

[8] KASSNER M E, KOSAKA Y, HALL J A. Low-cycle dwell-time fatigue in Ti-6242[J]. Metallurgical and Materials Transactions A-Physical Metallurgy and Materials Science, 1999, 30(9): 2383-2389.

[9] QIU J K, MA Y J, LEI J F, et al. A comparative study on dwell fatigue of Ti-6Al-2Sn-4Zr-xMo (x=2to6) alloys on a microstructure-normalized basis[J]. Metallurgical and Materials Transactions A, 2014, 45(13): 6075-6087.

[10] SINHA V, MILLS M J, WILLIAMS J C, et al. Observations on the faceted initiation site in the dwell-fatigue tested Ti-6242 alloy: Crystallographic orientation and size effects[J]. Metallurgical and Materials Transactions A, 2006, 37(5): 1507-1518.

[11] UTA E, GEY N, BOCHER P, et al. Texture heterogeneities in α_p/α_s titanium forging analysed by EBSD-Relation to fatigue crack propagation[J]. Journal of Microscopy, 2009, 233(3): 451-459.

[12] BACHE M R, COPE M, DAVIES H M, et al. Dwell sensitive fatigue in a near alpha titanium alloy at ambient temperature[J]. International Journal of Fatigue, 1997, 19(93): 83-88.

[13] WANG F, CUI W C. Experimental investigation on dwell-fatigue property of Ti-6Al-4V ELI used in deep-sea manned cabin[J]. Materials Science and Engineering: A, 2015, 642: 136-141.

[14] LAVOGIEZ C, HÉMERY S, VILLECHAISE P. Analysis of deformation mechanisms operating under fatigue and dwell-fatigue loadings in an α/β titanium alloy[J]. International Journal of Fatigue, 2020, 131: 105341.

[15] SINHA V, MILLS M J, WILLIAMS J C. Determination of crystallographic orientation of dwell-fatigue fracture facets in Ti-6242 alloy[J]. Journal of Materials Science, 2007, 42(19): 8334-8341.

[16] SINHA V, JHA S K, PILCHAK A L, et al. Quantitative characterization of microscale fracture features in titanium alloys[J]. Metallography, Microstructure, and Analysis, 2017, 6(3): 261-269.

[17] 张滨, 田达, 宋竹满, 等. 深潜器耐压壳用钛合金保载疲劳服役可靠性研究进展[J].金属学报, 2023, 59(6):713-726.

[18] BACHE M. A review of dwell sensitive fatigue in titanium alloys: The role of microstructure, texture and operating conditions[J]. International Journal of Fatigue, 2003, 25(9-11): 1079-1087.

[19] HASIJA V, GHOSH S, MILLS M J. Deformation and creep modeling in polycrystalline Ti-6Al alloys[J]. Acta Materialia, 2003, 51(15): 4533-4549.

[20] DUNNE F P E, RUGG D, WALKER A. Lengthscale-dependent, elastically anisotropic, physically-based hcp crystal plasticity: Application to cold-dwell fatigue in Ti alloys[J]. International Journal of Plasticity, 2007, 23(6): 1061-1083.

[21] DICHTL C, LUNT D, ATKINSON M. Slip activity during low-stress cold creep deformation in a near-α titanium alloy[J]. Acta Materialia, 2022, 229: 117691.

[22] ZHENG Z, BALINT D S, DUNNE F P E. Discrete dislocation and crystal plasticity analyses of load shedding in polycrystalline titanium alloys[J]. International Journal of Plasticity, 2016, 87: 15-31.

[23] LEFRANC P, DOQUET V, GERLAND M. Nucleation of cracks from shear-induced cavities in an α/β titanium alloy in fatigue, room-temperature creep and dwell-fatigue[J]. Acta Materialia, 2008, 56(16): 4450-4457.

[24] GERLAND M, LEFRANC P, DOQUET V. Deformation and damage mechanisms in an α/β 6242 Ti alloy in fatigue, dwell-fatigue and creep at room temperature. Influence of internal hydrogen[J]. Materials Science and Engineering: A, 2009, 507(1): 132-143.

[25] JOSEPH S, BANTOUNAS I, LINDLEY T C. Slip transfer and deformation structures resulting from the low cycle fatigue of near-alpha titanium alloy Ti-6242Si[J]. International Journal of Plasticity, 2018, 100: 90-103.

[26] HÉMERY S, STINVILLE J C, WANG F. Strain Localization and fatigue crack formation at (0001) twist boundaries in titanium alloys[J]. Acta Materialia, 2021, 219:117227.

第 9 章 高温钛合金力学性能优化及各向异性特征

本章彩图

高温钛合金，指在 350℃以上环境中应用的无序固溶强化型钛合金，主要分为 $\alpha+\beta$ 型和近 α 型两类，多用于航空航天发动机领域。其中，近 α 型钛合金具有高含量的 α 稳定元素和有限的 β 稳定元素(β 稳定系数<0.25)，高温下展现出优异的抗拉强度和抗蠕变性，代表性合金有 IMI834 和 Ti60 等。然而，随着合金化程度的增加和塑性变形方式的限制，高温钛合金在加工和服役过程中存在三大问题与挑战：一是合金元素的增多导致热加工难度增加，失稳区域扩大，易引发失稳变形和表面裂纹；二是板材变形过程中易形成强烈织构，且难以控制，导致力学性能的各向异性，影响材料的服役表现；三是当温度>500℃时，合金的抗拉强度急剧下降，蠕变强度的衰减速率加快，其高温失效机制复杂多变，受织构、塑性变形方式、微观组织及第二相等多种因素的共同影响。基于此，本章以耐高温650℃钛合金 Ti65 为主要案例，梳理讨论组织和织构调控工艺，深入剖析室温和高温强韧化机制及各向异性产生的根本原因。

9.1 微观组织及织构调控

以板材轧制为例，板材在热机械加工过程中除了实现外形和尺寸的改变，更重要的是实现显微组织和织构的调控，最终获得符合使用要求的目标材料。就钛合金显微组织调控而言，通常包括晶粒尺寸、组织类型、再结晶分数、析出相等要素。织构控制则包括宏观织构和微区织构，变形和热处理过程均可显著影响织构特征。以上这些因素均会对板材不同方面的性能产生决定性的影响。通常，通过控制轧制和热处理工艺可以得到不同组织类型(等轴组织、双态组织、魏氏组织)的板材；通过控制轧制方向和热处理温度可以获得不同织构分布的板材；通过控制变形量和轧制温度可以改善微区织构；通过控制热处理温度可以获得不同晶粒尺寸的板材；通过控制固溶、时效过程可以控制第二相的析出行为，如 Ti$_3$Al、硅化物。

9.1.1 轧制工艺的影响

轧制变形量对织构的影响是一个渐进演变过程。通过对 Ti65 合金进行 $\alpha+\beta$ 两相区热轧[1]，自 18.0mm 厚度至 2.0mm 厚度共经历 3 个轧程，然后对板材进行

990℃/30min/AC+700℃/4h/AC 成品热处理。图 9.1 给出了板材在轧制过程中片层组织逐渐球化为等轴组织的过程。图 9.1(a)、(b)为原始均一化处理的片层组织，其片层无规则排列，厚度为 5～10μm，长度可达 100μm，内部红色的亚晶界较少，平均泰勒(Taylor)因子为 3.2。经过在 990℃下轧制到 9.0mm 厚度时，原始片层组织部分破碎球化，部分保持原有的长条状，如图 9.1(c)所示。钛合金的动态球化一

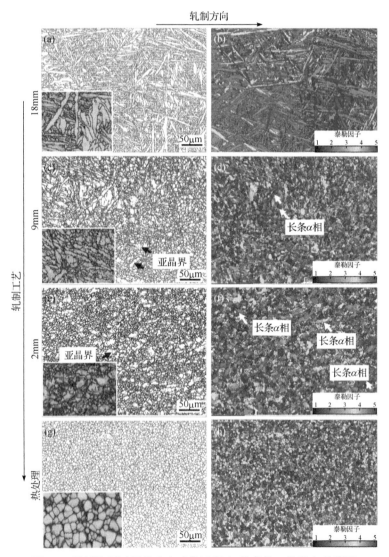

图 9.1　板材轧制过程的动态球化过程(扫描章前二维码查看彩图)

(a) 18mm 板材晶界分布图；(b) 18mm 板材泰勒分布图；(c) 9.0mm 板材晶界分布图；(d) 9.0mm 板材泰勒分布图；(e) 2.0mm 板材晶界分布图；(f) 2.0mm 板材泰勒分布图；(g) 2.0mm 板材经 990℃/30min/AC+700℃/4h/AC 热处理晶界分布图；(h) 2.0mm 板材经 990℃/30min/AC+700℃/4h/AC 热处理泰勒分布图

般是通过滑移变形横向穿过片层宽度形成亚界面(界面分离机制)和 β 相渗透穿过这种层间界面(热至沟槽机制)形成球状晶粒[2]。晶界分离机制依赖于基面和柱面滑移的可动性，如图 9.1(c)中箭头所示的片层内，位错滑移聚集形成了横向穿过片层的亚晶界，为球化提供条件；热至沟槽机制依赖于界面能量，通过 β 相扩散穿透轧制过程中形成的剪切带和亚晶界，形成球状晶粒。变形过程中最不易球化的晶粒是 c 轴与应力轴夹角小于 15°的硬取向晶粒，因为这些硬取向晶粒基面和柱面滑移都不活跃，如图 9.1(c)中的残余长条晶粒；当 c 轴与应力轴的夹角在 15°～75°时，基础滑移的施密特因子在 15°和 75°时约为 0.23，在 45°时为 0.5，而柱面滑移的施密特因子在 15°和 75°时为 0.04，在 75°时为 0.46，由于柱面和基面滑移具有同时开动的可能，动态球状化的过程更为显著。

　　初始取向对不同 α 相片层组织的滑移开动和球化的影响可以通过泰勒因子来表征，泰勒因子越高球化效率越低。轧制到 9.0mm 厚度时，板材的平均泰勒因子高达 3.2，说明轧制至 9.0mm 时球化过程并不显著。此外，如图 9.1(d)箭头所示，泰勒因子在 4～5 的红色区域多集中在长条状未球化晶粒处。如图 9.1(e)所示，板材在 990℃下从 4.5mm 轧制到 2.0mm 厚度后，原始片层组织大量破碎球化，残余少量长条 α 相。经过 89%的累积变形，在残余的长条 α 相内也形成了大量的亚晶界，如图 9.1(e)中箭头所示，这为后续热处理过程的球化行为奠定了基础。图 9.1(f)表明板材的平均泰勒因子为 3.0，小于 9.0mm 厚度板材的泰勒因子，说明轧制至 2.0mm 厚度时球化过程得到加强，这与图 9.1(e)显示的显微组织一致，此外，箭头所指红色区域的长条未球化晶粒处，泰勒因子在 4～5。2.0mm 板材经 990℃/30min/AC+700℃/4h/AC 热处理后片层 α 相基本全部球化，如图 9.1(g)所示，几乎没有残余的可见长条 α 相，说明热处理对球化过程的促进作用是非常显著的。此外，在热处理的轧制过程中形成的大量亚晶通过球化行为转变为大角度晶界，因此在图 9.1(g)中红色的亚晶界大量减少。此时板材的平均泰勒因子为 2.8，小于轧制状态的 2.0mm 厚度板材。

　　此外，Ti65 合金板材在轧制过程中，还有一个必须关注的组织特征是微观织构的宏观区域，即宏区织构。宏区织构在钛合金塑性加工过程中比较常见，主要是因为 HCP 结构的钛合金不易充分变形，通常表现为具有相似取向的晶粒聚集区域。这种微区特征容易造成应力集中和微裂纹聚集，对材料的疲劳性能有较大影响。图 9.2 为 Ti65 合金板材在轧制过程中宏区织构的演变情况。从厚度 18mm 轧制到 9.0mm 的 IPF 图中可以看出，长条 α 相在球化过程中如果变形不充分或者硬取向 α 相片层不易变形，则会形成取向近似的等轴 α 相晶粒聚集区，如图 9.2(c)、(d)中的 a、b、c 区域，即宏区织构。这个过程通常称为取向球化过程[3]。宏区织构一旦形成，常规轧制工艺不易消除。如果在随后的轧制变形中，轧制力无法迫使宏区织构区域内晶粒开动滑移或协调转动，则宏区织构难以消除。在图 9.2(e)、 (f)中可以看到，990℃/30min/AC+700℃/4h/AC 热处理的板材经过了 89%的累积变形后，仍然存在明显的宏区织构(A、B、C、D)。从图 9.2(e)、(f)中可以看出，在这些宏区织构内部，晶粒的晶向和晶面取向相近，IPF 图表现为颜色相近。例如，A 类宏区织构，接近于 $(\bar{1}2\bar{1}0)[10\bar{1}0]$ 取向。

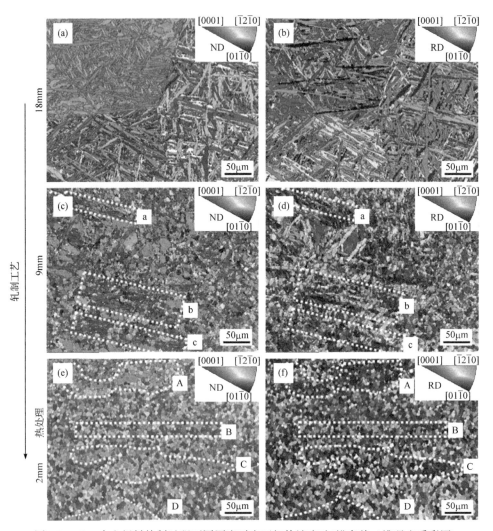

图 9.2　Ti65 合金板材轧制过程不同厚度时宏区织构演变(扫描章前二维码查看彩图)

(a) 18mm 厚度 ND 方向；(b) 18mm 厚度 RD 方向；(c) 9mm 厚度 ND 方向；(d) 9mm 厚度 RD 方向；(e) 2mm 板材经 990℃/30min/AC+700℃/4h/AC 热处理 ND 方向；(f) 2mm 板材经 990℃/30min/AC+700℃/4h/AC 热处理 RD 方向

钛合金板材织构受轧制温度影响较大。不同钛合金的相变温度不同，获得不同厚度和组织类型的板材所需的轧制温度也不尽相同。为了探究轧制温度对板材组织的影响，选取三种轧制温度分别将板材从 18mm 轧制到 2.0mm，在18mm 轧制至 9.0mm 时进行一次旋转 90°轧制，对 Ti65 板材组织和织构进行分析(图 9.3)[1]。B#板材持续在两相区轧制变形，最终获得拉长的加工组织，局部区域已经形成等轴晶粒。C#板材中间火次在 1070℃轧制，最终在两相区 990℃完成加工，可以看出成品组织较 B#板材粗大，有明显的轧制流线和拉长组织。D#板材在单相区 1070℃完成轧制，因而形成粗大的魏氏组织，β 相晶界内有大量的 α 相片层。

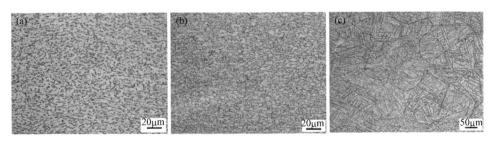

图 9.3　不同温度轧制 Ti65 板材的热轧态显微组织(横向)

(a) B#板材；(b) C#板材；(c) D#板材

　　三种不同温度轧制的 2.0mm 板材的宏观织构如图 9.4 所示。B#板材持续在两相区轧制变形，最终形成织构强度 4.22 的横向织构，c 轴偏向轧向 20°的基面织

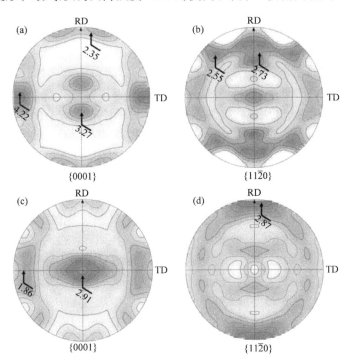

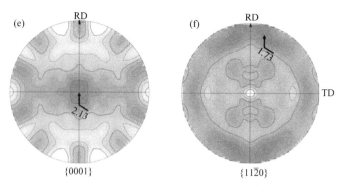

图 9.4　不同温度轧制 Ti65 板材的{0001}和{11$\bar{2}$0}极图

(a) B#板材{0001}极图；(b) B#板材{11$\bar{2}$0}极图；(c) C#板材{0001}极图；(d) C#板材{11$\bar{2}$0}极图；(e) D#板材
{0001}极图；(f) D#板材{11$\bar{2}$0}极图

图中数值为对应的织构强度

构和 c 轴指向轧向的织构。C#板材中间火次在 1070℃轧制，最终在两相区 990℃
完成加工，整体织构强度减弱，说明提高轧制温度有利于降低织构强度。最终形
成了两种变形织构，横向织构和基面织构。D#板材在单相区 1070℃完成轧制，板
材的变形织构进一步减弱，只形成部分基面织构。

　　换向轧制是钛合金板材制备工艺中常用的技术手段，根据换向的次数可以分为
单向轧制、一次换向轧制、两次换向轧制、交叉轧制(每道次换向)、可逆交叉轧制
(每道次换向且可逆轧制)。换向轧制的目的在于避免累积变形形成单一的强变形织
构。此外，换向轧制有利于硬取向晶粒滑移系开动，实现均匀球化，避免长条 α 相
组织的形成。为了探究轧制方向对板材组织的影响，选取三种轧制工艺分别从
18mm 厚度轧制到 2.0mm 厚度，分别为单向轧制(A#板材)、一次换向轧制(B#板材)
和两次换向轧制(E#板材)，最后对 Ti65 板材组织和织构进行分析(图 9.5)。A#板材持
续沿着轧向轧制变形，最终获得拉长的加工组织，局部区域已经出现球化的晶粒，
整体轧制变形带明显。B#板材在 18mm 时沿着原板材横向轧制，实现一次换向，轧
制至 2.0mm 时，轧制变形带明显，显微组织包括拉长的 α 相和球化的 α 相。E#板材
在 18mm 时沿着原板材横向轧制，完成第一次换向；在 9.0mm 时将板材再转动 90°
轧制，完成第二次换向；最终轧制至 2.0mm 厚时，轧制变形带明显，显微组织为两
相区加工组织，包括拉长的 α 相和球化的 α 相。整体而言，换向次数并没有明显地
改变板材的显微组织，三种工艺的板材均得到两相区加工组织。

　　三种不同换向轧制工艺的 2.0mm 厚板材的宏观织构如图 9.6 所示。A#板材持
续沿着轧向轧制变形，最终形成横向织构和基面织构。说明单方向轧制变形过程
中基面和柱面滑移是主要的变形方式。B#板材在 18mm 时沿着原板材横向轧制，
实现一次换向，最终轧制至 2.0mm 厚板材形成的织构，主要包括基面织构、横向

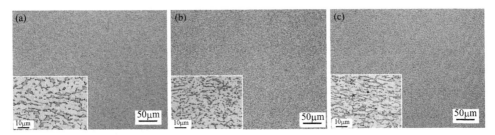

图 9.5　不同换向工艺轧制 Ti65 板材的热轧态显微组织(横向)

(a) 单向轧制(A#板材)；(b) 一次换向轧制(B#板材)；(c) 两次换向轧制(E#板材)

织构和轧向织构。很明显，板材转动 90°后轧向织构出现，在后续的变形过程中再次形成基面织构和横向织构。E#板材在 18mm 时沿着原板材横向轧制，完成第一次换向，在 9.0mm 时将板材再转动 90°轧制，完成第二次换向，最终轧制至 2.0mm厚度，经过两次换向轧制的板材最终形成单一的强基面织构。

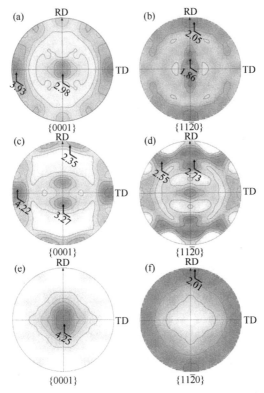

图 9.6　不同轧制换向工艺 Ti65 板材的 $\{0001\}$ 和 $\{11\bar{2}0\}$ 极图

(a) 单向轧制板材 $\{0001\}$ 极图；(b) 单向轧制板材 $\{11\bar{2}0\}$ 极图；(c) 一次换向板材 $\{0001\}$ 极图；(d) 一次换向板材

$\{11\bar{2}0\}$ 极图；(e) 两次换向板材 $\{0001\}$ 极图；(f) 两次换向板材 $\{11\bar{2}0\}$ 极图

图中数值为对应的织构强度

9.1.2 热处理工艺的影响

通过控制热处理温度可以获得不同晶粒尺寸和组织类型的板材。对热轧态 Ti65 板材分别进行 800℃/30min 和 990℃/30min 的普通退火[1]。随着普通退火温度的增加，晶粒尺寸逐渐增加(图 9.7)。热轧态板材的组织为两相区加工组织，以长条状 α 相组织为主，经低温热处理后，长条 α 相减少，得到细小的等轴组织。相较而言，经高温热处理后，得到的组织为典型的等轴组织，等轴状的 α_p 相晶界处析出 α_s 相片层，α_p 相晶界清晰。

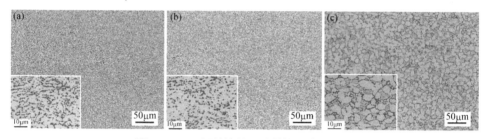

图 9.7　Ti65 板材热处理对晶粒尺寸的影响
(a) 热轧态；(b) 800℃/30min；(c) 990℃/30min

Ti65 板材经双重退火的显微组织如图 9.8 所示。Ti65 板材经 990℃ 和 1020℃ 固溶时效后分别形成等轴和双态组织，主要表现为 α_p 相体积分数不同，分别为 70%、60%和 30%。随着固溶温度的提高，α_p 相的体积分数减少，α_s 相增加。随着时效温度的提高，α_s 相片层宽度增加。

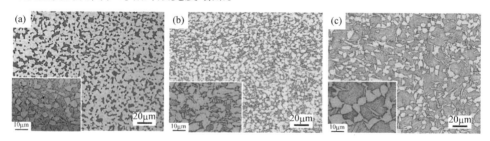

图 9.8　Ti65 板材不同制度双重退火后的显微组织
(a) 990℃/30min/AC+600℃/4h/AC；(b) 990℃/30min/AC+700℃/4h/AC；(c) 1020℃/30min/AC+700℃/4h/AC

图 9.9 为 Ti65 板材经 1020℃ 固溶温度下不同固溶时间的显微组织，发现在 1020℃固溶均可得到双态组织，不同的是随着固溶时间的增加，等轴 α_p 相的含量逐渐减少，α_p 相晶粒尺寸有减小的趋势。

通过分别对三种热处理工艺板材内部的组织特征和析出行为进行观测，研究固溶时效热处理过程对 Ti65 合金薄板的组织和析出行为。三种热处理工艺分别如下：固溶后未时效工艺(990℃/30min/AC)、600℃时效工艺(990℃/30min/AC+600℃/4h/AC)和 700℃时效工艺(990℃/30min/AC+700℃/4h/AC)。

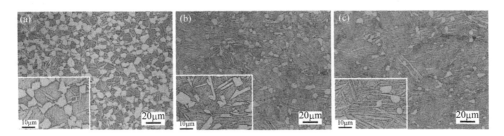

图 9.9　固溶时间对显微组织的影响

(a) 1020℃/15min+700℃/4h；(b) 1020℃/60min+700℃/4h；(c) 1020℃/90min+700℃/4h

　　板材中形成的纳米尺度组织和析出相的 TEM 照片如图 9.10 所示。未时效板材的微观组织由等轴 α 相晶粒、少量分布于等轴 α 相晶粒界面间的纳米 α 相片层和许多白色箭头标出的球状析出相组成。尺寸为 0.3～1.2μm 的球状析出相是 $(Ti,Zr)_6Si_3$ 硅化物，其结构为 HCP 结构。球状硅化物的选区电子衍射图也显示其与基体 α 相没有取向关系，即非共格相。纳米 α 相片层宽度为 50～80nm。经过 600℃和 700℃时效后，α 相片层宽度增加，球状非共格硅化物的数量急剧减

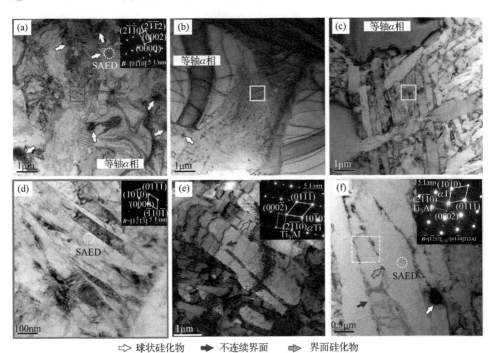

⇨ 球状硅化物　➡ 不连续界面　⇨ 界面硅化物

图 9.10　Ti65 合金板材纳米尺度组织和析出相的 TEM 图片

(a) 未时效工艺，插入球状硅化物和基体的 SAED 图；(b) 600℃时效工艺；(c) 700℃时效工艺；(d) 为图(a)框选区域放大图并插入 SAED 图；(e) 为图(b)框选区域放大图并插入 SAED 图；(f) 为图(c)框选区域放大图并插入 SAED 图

少。此外，600℃和700℃时效后的选区电子衍射图上出现了两套斑点，这表明时效过程有 HCP 结构的 Ti₃Al 有序相在 HCP 结构钛基体上析出。图 9.10(d)中插入的选区电子衍射图显示未时效的板材没有析出 Ti₃Al 有序相，这意味着 Ti₃Al 是 600～700℃时效过程中在 α 基体上析出的。

　　一个很重要的现象是经 600℃和 700℃时效后 α 相片层界面变得不连续。在片层界面处形成了一些棱形析出物，此析出物的大小为 100～200nm，随着时效温度从 600℃提高到 700℃，界面析出物的数量增加。图 9.11 是 α 相片层界面和析出相的 TEM 图像，此区域的微观特征主要包括硅化物(Ⅰ)、析出相(Ⅱ)和基体(Ⅲ)。根据图 9.11(c)中的选区电子衍射图可以确定 Ⅰ 析出物为 HCP 结构的硅化物，称为界面硅化物。根据表 9.1 中 EDS 检测的硅化物 Ⅰ 的成分可以确定沉淀为 (Ti,Zr)₆Si₃。图 9.11(b)中 Ⅱ 析出物的选区电子衍射图证明了该析出相具有立方结构，表 9.1 中成分显示 Ⅱ 析出物是一个富钨相。图 9.11(b)所测得的平面间距 $d(110)$ 和 $d(200)$ 分别为 0.228nm 和 0.159nm，通过对比标准 PDF 卡片可以确定立方结构的富钨相为面心立方的 Ti$_x$W$_{1-x}$ 相，空间结构为 Im3m。

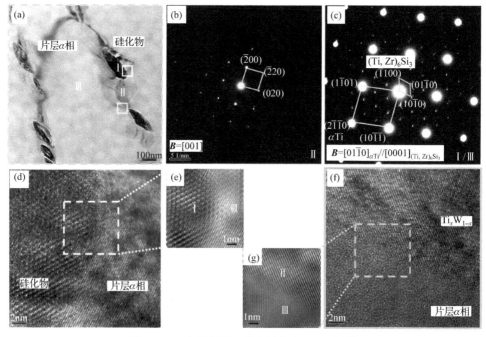

图 9.11　α 相片层界面和析出相的 TEM 图像

(a) Ⅰ、Ⅱ析出相和Ⅲ基体的明场像；(b) Ⅱ析出相的 SAED 图；(c) Ⅰ析出相和Ⅲ基体的 SAED 图；(d) Ⅰ析出相和Ⅲ基体的 HRTEM；(e) 图(d)方框区域的逆傅里叶图片；(f) Ⅱ析出相和Ⅲ基体的 HRTEM；(g) 图(f)方框区域的逆傅里叶图像

表 9.1 EDS 化学分析

位置	项目	Ti	Al	Sn	Zr	Mo	Si	Nb	Ta	W
I	质量分数/%	40.36	—	—	35.74	—	23.90	—	—	—
	原子分数/%	43.91	—	—	20.34	—	35.75	—	—	—
II	质量分数/%	62.26	2.82	1.95	1.86	12.22	2.39	1.82	4.02	10.66
III	质量分数/%	82.93	5.58	2.99	3.17	1.41	0.23	0.8	2.1	0.79
IV	质量分数/%	38.11	—	—	43.35	—	18.54	—	—	—
	原子分数/%	42.16	—	—	25.18	—	32.66	—	—	—

注：I 为界面硅化物；II 为钨化物；III 为基体；IV 为球状硅化物。

图 9.11(c)表明，界面硅化物 I 和 α 基体 III 之间存在着取向关系。通过晶体学计算得到的取向关系具体为晶面 $(04\overline{4}0)_{(Ti,Zr)_6Si_3}$ // $(\overline{2}110)_{\alpha Ti}$ 和晶向 $[01\overline{1}1]_{\alpha Ti}$ // $[0001]_{(Ti,Zr)_6Si_3}$，即界面硅化物与基体呈特定的取向关系析出。图 9.11(d)的 HRTEM 图像表明，界面硅化物 I 和 α 基体 III 之间的界面存在着良好的共格关系。相反，在图 9.11(f)和(g)中可以发现析出相 II 和基体之间的界面并不连续，处于非共格状态。

高温钛合金 Ti65 可以通过控制固溶处理的参数优化相比例，而时效过程除析出纳米尺寸的 α_s 相片层外还可以析出两种硅化物，分别是分布在基体上较大尺寸的球状硅化物(0.3~1.2μm)和时效过程中形成的片状界面硅化物(0.1~0.2μm)。

9.2 室温力学性能优化

9.2.1 相比例优化

高温钛合金随着使用温度提升，其合金化元素种类和含量均有所增加，不可避免地导致材料塑性恶化，因此研究合金的强韧化过程和机理很有必要。高温钛合金的强韧化过程可以通过调控相比例和析出相来实现。以 Ti65 合金板材为例[1]，其经不同温度普通退火后的显微组织如图 9.12 所示，对应的板材横向室温拉伸性能如表 9.2 所示。从图 9.12(a)可以看出，热轧态的组织发生明显变形，沿轧制方向有拉长的晶粒和变形带，整体看来组织细小。对应的拉伸性能强度(抗拉强度和屈服强度)均较高，这与变形态的加工硬化作用有关。此外，经 98.7%的累积变形(150mm→2.0mm)后得到细小组织，这保证了充分变形的热轧态板材延伸率可以达到 10%。

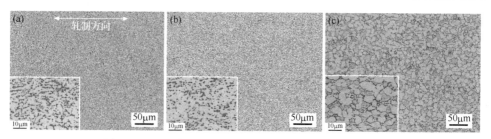

图 9.12 Ti65 合金板材不同温度普通退火后的显微组织

(a) 热轧态；(b) 800℃/30min；(c) 990℃/30min

表 9.2 Ti65 合金板材三种普通退火工艺的横向室温拉伸性能

状态	方向	抗拉强度/MPa	屈服强度/MPa	延伸率/%
热轧态	横向	1177	1071	10.0
		1182	1069	7.0
800℃/30min	横向	1160	1049	6.5
		1176	1056	11.0
990℃/30min	横向	1090	1027	3.5
		1099	1025	3.0

板材经 800℃/30min 热处理后的显微组织如图 9.12(b)所示。原始变形组织和变形带基本消失，形成均匀的等轴组织，α_s 相片层组织基本未析出，等轴 α_p 相晶粒尺寸增大至 8μm 左右。对应的抗拉强度有所下降，这与热处理后内应力释放并获得均匀的再结晶组织有关，延伸率变化不大。经 990℃/30min 热处理后的显微组织如图 9.12(c)所示，等轴 α_p 相晶粒迅速长大至 15μm 左右，并伴随有大量的 α_s 相片层析出，图 9.12(c)中的副图清晰地呈现了界面处的 α_s 相片层。对应的拉伸性能表现为抗拉强度和屈服强度平均分别下降了 73.5MPa 和 26.5MPa，平均延伸率下降 5.25 个百分点，这与晶粒尺寸迅速长大有直接关系，同时 α_s 相片层的析出也会降低材料的塑性。

Ti65 合金板材经不同制度双重退火后的显微组织如图 9.13 所示，对应的板材

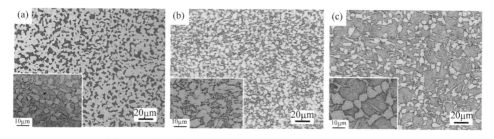

图 9.13 Ti65 合金板材不同制度双重退火后的显微组织

(a) 990℃/30min/AC+600℃/4h/AC；(b) 990℃/30min/AC+700℃/4h/AC；(c) 1020℃/30min/AC+700℃/4h/AC

横向(TD)室温拉伸性能见表 9.3。整体来看，双重退火的组织均由等轴 α_p 相和 α_s 相片层组成，只是两者的比例和尺寸不同。从图 9.13(a)可以看出，600℃低温时效的组织为双态组织，黑色区域为 α_s 相片层组织，等轴 α_p 相含量为 60%。对应的拉伸性能强度(抗拉强度和屈服强度)均较低，延伸率保持在 7.4%～8.4%，这与 α_s 相未充分析出和长大有关。

表 9.3 Ti65 合金板材三种双重退火工艺的室温拉伸性能

状态	方向	抗拉强度/MPa	屈服强度/MPa	延伸率/%
990℃/30min/AC+600℃/4h/AC	横向	1104	1018	8.4
		1113	1017	7.4
990℃/30min/AC+700℃/4h/AC	横向	1160	1064	9.5
		1149	1044	11.5
1020℃/30min/AC+700℃/4h/AC	横向	1186	1083	7.0
		1180	1077	7.5

板材经 990℃/30min/AC+700℃/4h/AC 热处理后形成均匀的双态组织[图 9.13(b)]，等轴 α_p 相尺寸变化不大，α_s 相片层有明显长大趋势且比例增加。700℃高温时效对应的抗拉强度有所增加，延伸率也得到提高，这与相比例改善和析出相有关。经 1020℃/30min/AC+700℃/4h/AC 高温固溶处理的组织如图 9.13(c)所示，形成双态组织，等轴 α_p 相迅速减少至 25%，晶粒尺寸也有所减小，片层 α_s 相含量迅速增加，片层宽度增大。700℃时效条件下相对于 990℃固溶，高温 1020℃固溶板材的拉伸性能抗拉强度和屈服强度平均分别增加 28.5MPa 和 26MPa，延伸率下降至 7.0%～7.5%，因为片层组织大量增加会降低材料的室温塑性。

通过热处理工艺控制析出相含量种类以及 α_p 相和 α_s 相的比例可实现板材室温力学性能在一定范围调控。

9.2.2 析出相强化

对 Ti65 合金拉伸变形后断口区域的显微组织进行表征，得到三种热处理制度板材室温拉伸变形过程析出相与位错之间的相互作用图像。在图 9.14 中出现了两种硅化物，一种是在基体上随机分布的大尺寸球状硅化物，为非共格硅化物 $(Ti,Zr)_6Si_3$；另一种是分布于片层界面的梭状纳米硅化物。图 9.14(a)显示了未时效板材的变形特征，位于 α_p 相基体上的球状硅化物与位错相互作用，由于球状硅化物具有高的硬度并和 α 基体保持非共格的关系，变形过程中大量的位错在其周围塞积缠结，实现强化。

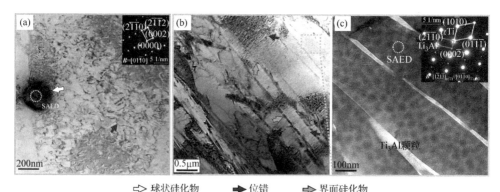

⇨ 球状硅化物　　➡ 位错　　⇨ 界面硅化物

图 9.14　拉伸过程析出强化相行为的 TEM 和高角环形暗场透射电子显微图
(a) 990℃/30min/AC；(b) 990℃/30min/AC+600℃/4h/AC；(c) 990℃/30min/AC+700℃/4h/AC

时效板材的强度增加可以归因于界面强化、界面硅化物和 Ti_3Al 沉淀强化。如图 9.14(b)和(c)所示，时效后球状硅化物和等轴 α_p 相的数量大幅减少。在图 9.14(b)中大量位错形成于 α_s 相片层内部，位错线方向垂直于片层界面，片层界面阻碍位错运动，位错在界面处堆积。经 700℃时效的板材会形成大量的片层组织(体积分数高达 67.2%)，显著提升其抗拉强度。此外，图 9.14(c)中，在 700℃时效板材内部随机选取一个区域进行观察，可以看出片层中有大量平均直径为 37.2nm 的富铝纳米析出相，通过选 SAED 副图可以证实其为 HCP 结构的 Ti_3Al 相。大量文献报道 Ti_3Al 相是共格的有序沉淀相，纳米 Ti_3Al 相可以通过应变场与位错相互作用来提高 α 基体的强度。700℃时效板材的高延伸率也从侧面说明，Ti_3Al 相的增加不一定会对材料的塑性有明显影响。

大尺寸球状硅化物数量的减少和不连续片层界面的产生对提高塑性都起到了积极作用。图 9.15(a)和(b)显示在未时效板材拉伸变形过程大量位错堆积在球状硅化物周围和片层内部。大尺寸球状硅化物的析出可能是未时效板材塑性下降的原因，球状硅化物析出会导致准解理面扩展和微空隙形成。经 700℃时效板材大尺寸球状硅化物几乎消失，α_s 相片层宽度和体积分数增加，位错滑移限制在 α_s 相片层内，如图 9.15(c)所示。试验证明[4]，约含有 65%(体积分数)α_s 相片层的双态组织可实现对强度和塑性同时优化，这与 Ti65 板材经 700℃时效过程获得的相比例基本一致。综上，α_p 相和 α_s 相体积分数的优化(约为 2∶1)和球状大尺寸硅化物的减少对促进强塑性匹配起到重要作用。

片层内位错运动的过程也是影响塑性和强度的重要因素。在片层组织中含有大量的平直界面，如图 9.15(b)和(d)所示，可以有效地阻碍位错运动，增加材料的强度。在 Ti65 合金中，大量的位错线垂直于片层界面分布，其 $\boldsymbol{b}$ 矢量可以通过 $g \cdot \boldsymbol{b}$(g 为相机常数)消光定律确定为 $(0001)\left[\bar{1}\bar{1}20\right]$。图 9.15(b)中的所有位错线均

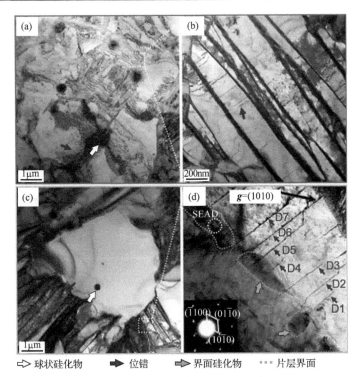

☞ 球状硅化物　➡ 位错　⇨ 界面硅化物　∵∵∵ 片层界面

图 9.15 硅化物和界面对拉伸过程位错滑移的作用

(a) 990℃/30min/AC；(b)为(a)的局部放大图；(c) 990℃/30min/AC+700℃/4h/AC；(d)为(c)的局部放大图
D1~D7-位错线

终止于片层界面，而图 9.15(d)中的一些位错线(D2、D3、D6 和 D7)却在界面不连续部分穿过片层界面继续滑移。这种不连续界面在 700℃时效的板材内部是大量存在的，它的形成可能是界面相(硅化物和 Ti_xW_{1-x})的析出沉淀引起的元素扩散。总之，位错穿过断续界面继续滑移可以显著促进材料的塑性变形。此外，界面硅化物阻挡了位错线(D1、D4 和 D5)的滑移，但在应力作用下，位错线(D5)在界面硅化物中可以继续滑移。说明界面硅化物的强化作用与球状硅化物不同，位错很难通过大尺寸球状硅化物[图 9.15(a)]。界面硅化物与基体的共格结构可以实现增强材料基体而不降低其塑性。

经 990℃/30min/AC 固溶和 700℃/4h/AC 时效的板材，其不连续的片层界面有利于提高塑性，界面共格硅化物可以提高合金强度，同时对合金的塑性没有明显的负面影响。

9.2.3 晶内亚结构的强化作用

晶内亚结构存在于变形组织中，是滑移启动和位错运动需要克服的首要阻碍。虽然晶内亚结构与显微结构和织构一样是影响强度的主要因素，但其易被忽略。

在对 Ti60 合金进行室温拉伸的过程中发现，在单相区到两相区热处理的过渡阶段，板材强度会最大幅度地降低(图 9.16)，同时横向和轧向强度差值由小变大，该区域也是晶内亚结构由大量存在到消除的过渡区[5]。因此，分析强度和各向异性的异常变化，晶内亚结构是首先应当考虑的因素。

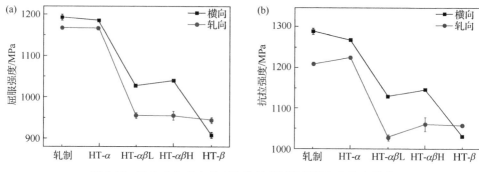

图 9.16　Ti60 合金单向轧态和热处理后板材横向和轧向强度

(a) 屈服强度; (b) 抗拉强度

HT-α 表示 α 单相区热处理；HT-αβL 表示两相区下部温度；HT-αβH 表示两相区上部温度；HT-β 表示 β 单相区热处理

为研究晶内亚结构对轧态和三种热处理态 HT-α(α 单相区热处理)、HT-αβL(两相区下部温度)和 HT-αβH(两相区上部温度)板材中随机选择的区域进行了局部取向差分析，结果见图 9.17。由局部取向差分布图可见，轧态和 HT-α 板材中局部取向差在 1°~5°时呈接近正态分布，而 HT-αβL 板材和 HT-αβH 板材中局部取向差集中于小于 1°的区间。一般认为晶内取向差小于 1°时不存在亚结构，取向差在 1°~10°时存在晶内亚结构。由此可见，轧态和 HT-α 板材存在明显的晶内亚结构，而 HT-αβL 板材和 HT-αβH 板材中高温热处理消除了晶内亚结构，导致 α 单相区到 α+β 相热处理过渡阶段室温强度显著降低。因此，晶内亚结构是 HT-αβL 板材室温强度较轧态和 HT-α 板材明显降低的主要原因[5]。

由于轧态和 HT-α 板材中存在晶内亚结构，使轧向本应容易开动的柱面滑移受到阻碍变得难以启动，或在启动后很快受到晶内亚结构的阻碍，使原本应该较低的室温强度升高，而横向上的滑移依然由于施密特因子较小而难以启动滑移，缩小了两个方向上的强度差；在 HT-αβL 板材和 HT-αβH 板材中，晶内亚结构的作用可以不考虑，板材表现出应有的各向异性水平。由此可得，晶内亚结构的另一个作用是减弱了织构导致的各向异性[5]。

9.2.4　各向异性特征及机理

α 型钛为 HCP 结构并且受限于轧制变形的方向性，钛合金板材通常存在强烈的织构，导致其力学性能，如拉伸、蠕变等易表现出明显的各向异性。织构对钛

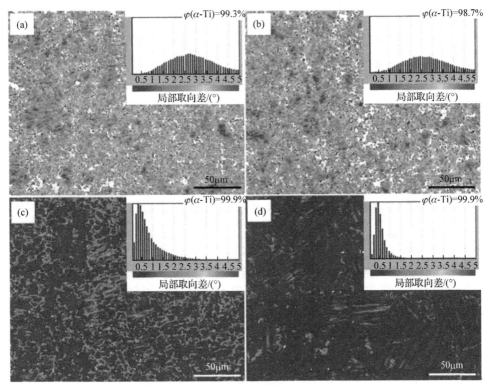

图 9.17 轧态和不同温度热处理的 2-UDR#板局部取向差分析(扫描章前二维码查看彩图)
(a) 轧态；(b) HT-α；(c) HT-$\alpha\beta$L；(d) HT-$\alpha\beta$H
$\varphi(\alpha$-Ti)-α-Ti 的体积分数

合金室温强度的影响通常体现在加载方向与晶体学 c 轴集中取向的不同角度，这导致滑移启动的情况存在差异。在室温下，具有 HCP 结构的 α-Ti 容易启动柱面滑移和基面滑移两个滑移系，由于其滑移方向均为 $\langle 11\bar{2}0\rangle$，当加载方向与 c 轴接近平行时，其施密特因子都很低，不利于滑移开动[5]。当加载方向与 c 轴接近垂直时，柱面滑移容易开动。因此，在 c 轴集中取向的方向上，其塑性变形难度较大，屈服强度和抗拉强度较高。结合室温强度和板材织构可见，屈服强度和抗拉强度较高的方向上基本存在 c 轴的集中取向。

通过对比 Ti65 合金板材(990℃/30min/AC+700℃/4h/AC)的横向和轧向的拉伸性能[1]，分析织构对板材力学性能的影响。厚度 2.0mm 的 Ti65 合金板材横向和轧向的室温拉伸曲线和断后试样如图 9.18 所示。

从应力-应变曲线(图 9.18)可以看出，轧向和横向的拉伸应力-应变曲线的变化趋势相似，经过弹性阶段后有一个阶段的塑性变形，塑性变形过程加工硬化并不明显，直到应变增大到 10%左右断裂。在塑性变形过程，拉伸应力随应变逐渐

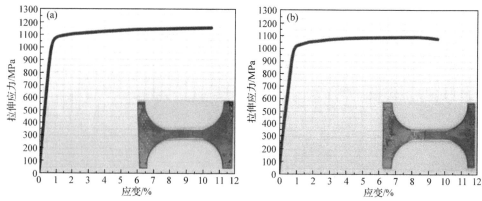

图 9.18　Ti65 合金板材不同方向的室温拉伸应力-应变曲线和断后试样
(a) 横向; (b) 轧向

增加,几乎没有颈缩应力下降过程,最终拉伸应力随应变的增加达到峰值后断裂。
表 9.4 为 Ti65 合金板材横向和轧向的室温拉伸性能,结果表明,在室温下横向的
抗拉强度和屈服强度均高于轧向,分别高出 53～68MPa 和 59～84MPa。屈服强度
在轧向低于横向是单向轧制钛合金板材的一个共同特征,这与形成横向织构有关。
此外,扎向的延伸率也有所下降。

表 9.4　Ti65 合金板材的横向和轧向的室温拉伸性能

状态	方向	抗拉强度/MPa	屈服强度/MPa	延伸率/%
990℃/30min/AC +700℃/4h/AC	横向	1160	1064	9.5
		1149	1044	11.5
	轧向	1096	985	8.5
		1092	980	8

　　Ti65 合金板材在横向和轧向的施密特因子分布如图 9.19 所示。室温拉伸的塑
性变形过程受位错滑移控制,板材不同方向的性能差异可以用 Ti65 合金板材在不
同方向的施密特因子的变化规律来解释。施密特因子的大小变化可以表示塑性变
形过程中滑移系开动的难易程度。图 9.19 为初始 Ti65 合金板材分别沿横向和轧
向加载时的施密特因子分布图和直方图。初始具有轧制织构的板材导致了沿横向
和轧向的施密特因子有较大区别。对比横向[图 9.19(a)～(c)]和轧向图[图 9.19(f)～
(h)]方向的基面、柱面、锥面的施密特因子分布图发现,轧向(RD)上的三个滑移系
的施密特因子均高于横向(TD)。具体沿横向和轧向的施密特因子统计直方图分别
在图 9.19(d)和(e)中呈现。横向沿基面、柱面和锥面滑移系的平均施密特因子分别
为 0.25、0.34 和 0.37,轧向的沿基面、柱面和锥面滑移系的平均施密特因子分别
为 0.26、0.38 和 0.41。这表明沿横向的基面⟨a⟩、柱面⟨a⟩和锥面⟨a⟩的滑移系开动
所需要的外力均高于轧向,这就是横向的抗拉强度和屈服强度均高于轧向(表 9.4)

的根本原因。

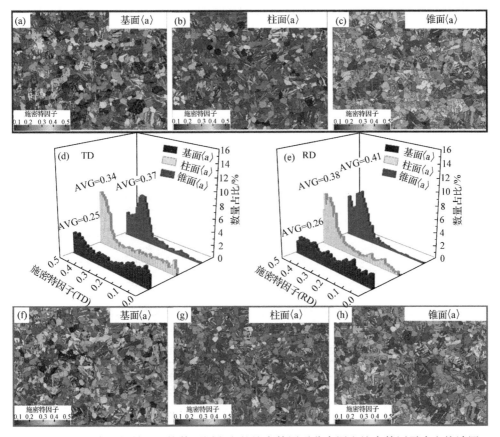

图 9.19　Ti65 合金板材室温拉伸不同方向的施密特因子分布图和施密特因子直方统计图
(扫描章前二维码查看彩图)

(a) 横向基面⟨a⟩施密特因子分布图；(b) 横向柱面⟨a⟩施密特因子分布图；(c) 横向锥面⟨a⟩施密特因子分布
图；(d) 横向施密特因子直方统计图；(e) 轧向施密特因子直方统计图；(f) 轧向基面⟨a⟩施密特因子分布图；
(g) 轧向柱面⟨a⟩施密特因子分布图；(h) 轧向锥面⟨a⟩施密特因子分布图
AVG-平均施密特因子

　　为了进一步分析热处理工艺对各向异性的影响，绘制了横向和轧向强度差值
和热处理工艺的关系曲线，如图 9.20 所示。从图中可以明显看出，热处理会影响
板材各向异性。经过 800℃普通退火后横向与轧向的抗拉强度和屈服强度的差异
均有下降趋势。随着温度的增加，横向与轧向屈服强度的各向异性有增大趋势，
其差值逐渐增大，最大可达到 76MPa。抗拉强度则是经过双重退火后，各向异性
有增大趋势，差异最大可达到 81MPa。经过双重退火后抗拉强度和屈服强度的各
向异性均有增加趋势，可以推断各向异性增加的原因有两点：①双重热处理后板材

析出大量 α_s 相，横向织构加强，改变了板材的变形织构分布，从而各向异性改变；②板材在轧向和厚度方向(轧板 ND 方向)有大量的变形应力，双重退火后板材内部残余应力充分释放，从而降低轧向的屈服强度。B#板材经过不同热处理后横向和轧向的室温拉伸性能见表 9.5。

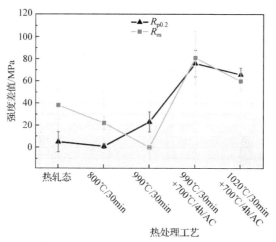

图 9.20　Ti65 合金板材横向与轧向的强度差值和热处理工艺的关系

$R_{p0.2}$-规定塑性延伸率为 0.2%时的工程应力；R_m-抗拉强度

表 9.5　B#板材经过不同热处理后横向和轧向的室温拉伸性能

状态	方向	抗拉强度/MPa	屈服强度/MPa	延伸率/%
热轧态	横向	1177	1071	10.0
		1182	1069	7.0
	轧向	1139	1057	11.5
		1144	1073	5.0
800℃/30min	横向	1160	1049	6.5
		1176	1056	11.0
	轧向	1145	1046	12.0
		1148	1057	13.0
990℃/30min	横向	1090	1027	3.5
		1099	1025	3.0
	轧向	1091	995	4.0
		1098	1012	5.0
990℃/30min/AC +700℃/4h/AC	横向	1160	1064	9.5
		1149	1044	11.5
	轧向	1055	976	9.0
		1092	980	8.0

续表

状态	方向	抗拉强度/MPa	屈服强度/MPa	延伸率/%
1020℃/30min/AC +700℃/4h/AC	横向	1186	1083	7.0
		1180	1077	7.5
	轧向	1117	1011	7.1
		1129	1018	9.1

9.3　高温力学性能优化

9.3.1　相比例优化

等轴 α_p 相含量是影响持久和抗蠕变性的关键因素。

首先,通过控制固溶温度来控制 Ti65 合金等轴 α_p 相含量,如图 9.21 所示,可以看出随着固溶温度从 800℃增加至 1020℃,等轴 α_p 相明显减少,等轴 α_p 相晶粒尺寸变化不大,显微组织由等轴组织转变为双态组织[1]。图 9.21 中的具体等轴 α_p 相含量分别为 80%、35%、25%。对三种不同固溶状态的板材沿横向经 650℃/240MPa 持久试验后横向试样的持久位移-时间曲线及断后试样如图 9.22 所示。从持久位移-时间曲线可以发现,持久时间随着等轴 α_p 相的减少而显著提升,持久

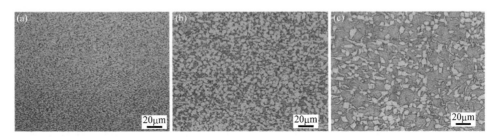

图 9.21　固溶温度对显微组织的影响

(a) 800℃/30min/AC+700℃/4h/AC;(b) 990℃/30min/AC+700℃/4h/AC;(c) 1020℃/30min/AC+700℃/4h/AC

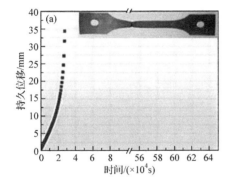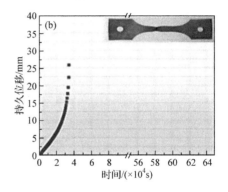

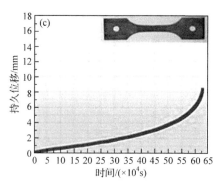

图 9.22　Ti65 合金不同固溶温度板材沿横向的 650℃/240MPa 持久位移–时间曲线及断后试样
(a) 800℃/30min/AC+700℃/4h/AC；(b) 990℃/30min/AC+700℃/4h/AC；(c) 1020℃/30min/AC+700℃/4h/AC

位移随着等轴 α_p 相的减少而逐渐减小，应变速率也随着等轴 α_p 相的减少而减小。其中，经 1020℃/30min/AC+700℃/4h/AC 热处理的等轴 α_p 相含量 25%的板材持久性能最为优异。三种固溶温度的 Ti65 合金板材经 650℃/240MPa 的持久性能见表 9.6。

表 9.6　三种固溶温度的 Ti65 合金板材经 650℃/240MPa 的持久性能

状态	方向	温度/℃	应力/MPa	持久时间/h
800℃/30min/AC +700℃/4h/AC	横向	650	240	7.71
		650	240	9.206
990℃/30min/AC +700℃/4h/AC	横向	650	240	9.08
		650	240	8.55
1020℃/30min/AC +700℃/4h/AC	横向	650	240	196
		650	240	243

其次，通过调整固溶时间来控制等轴 α_p 相的含量，从而调控持久性能。图 9.23 为 15~90min 不同固溶时间的显微组织，可以看出，在 1020℃固溶均可得到双态组织，不同的是随着固溶时间的增加，等轴 α_p 相的含量逐渐减少，α_p 相晶粒尺寸

图 9.23　固溶时间对显微组织的影响
(a) 1020℃/15min/AC+700℃/4h/AC；(b) 1020℃/60min/AC+700℃/4h/AC；(c) 1020℃/90min/AC+700℃/4h/AC

有减小的趋势，具体 α_p 相含量分别为 30%、20%、10%。对三种不同固溶时间的 Ti65 合金板材沿横向经 650℃/240MPa 持久试验后，T1 试样的持久位移-时间曲线及断后试样如图 9.24 所示。从持久位移-时间曲线可以发现，持久性能随着固溶时间先提高后降低。表 9.7 为四种固溶时间的 Ti65 合金板材经 650℃/240MPa 的持久性能统计见表 9.7，可以发现固溶时间增加，平均持久时间先增加至峰值 172.6h，而后降低至 153.2h。

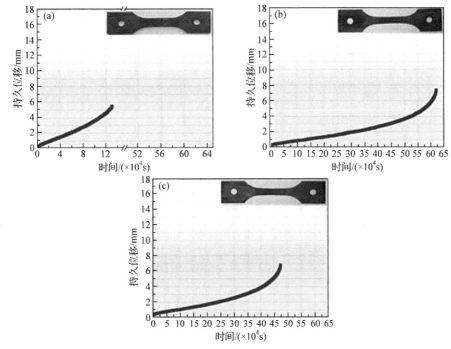

图 9.24　经 1020℃不同时间固溶的板材沿横向的 650℃/240MPa 持久位移-时间曲线及断后试样
(a) 1020℃/15min/AC+700℃/4h/AC；(b) 1020℃/60min/AC+700℃/4h/AC；(c) 1020℃/90min/AC+700℃/4h/AC

表 9.7　四种固溶时间的 Ti65 合金板材经 650℃/240MPa 的持久性能

状态	方向	温度/℃	应力/MPa	持久时间/h	平均持久时间/h
1020℃/15min/AC +700℃/4h/AC	横向	650	240	39	41.5
		650	240	44	
1020℃/60min/AC +700℃/4h/AC	横向	650	240	192.6	172.6
		650	240	152.5	
1020℃/90min/AC +700℃/4h/AC	横向	650	240	174.5	153.2
		650	240	131.8	

Ti65 板材的持久性能与等轴 α_p 相含量的关系如图 9.25 和表 9.8 所示。通过不同的热处理制度可以实现在 0%～80%对等轴 α_p 相含量进行调控。图 9.25 表明随着等轴 α_p 相含量减少，持久时间先缓慢增加，在等轴 α_p 相含量 35%后持久时间迅速增加至峰值 219.5h(等轴 α_p 含量 25%)，而后随着等轴 α_p 相含量减少缓慢下降至 134.3h(等轴 α_p 含量 0%)。

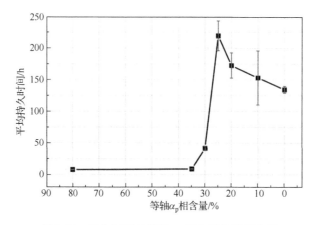

图 9.25　持久时间与等轴 α_p 相含量的关系曲线

表 9.8　等轴 α_p 相含量与持久性能的关系

项目	B#-A	B#-B	B#-G	B#-C	B#-D	B#-E	B#-F
等轴 α_p 相含量/%	80	35	30	25	20	10	0
平均持久时间/h	7.79	8.82	41.5	219.5	172.6	153.2	134.3

9.3.2　片层调控

探究 α_s 相片层宽度对板材持久性能的影响。如图 9.26(b)所示，通过在 700℃保温 20h 后可以成功提高片层宽度，同时保证等轴 α_p 相含量基本不变，保持双态

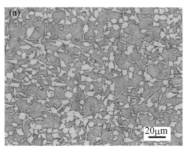
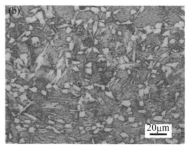

图 9.26　Ti65 合金板材不同时效时间的显微组织
(a) 1020℃/30min+700℃/4h；(b) 1020℃/30min+700℃/20h

组织。对比两种片层宽度 Ti65 合金板材的持久位移-时间曲线(图 9.27)可以发现，片层宽度增加，持久时间降低，稳定阶段的应变速率接近，说明减小片层宽度，有利于改善持久性能。两种片层宽度的 Ti65 合金板材经 650℃/240MPa 的持久性能见表 9.9。

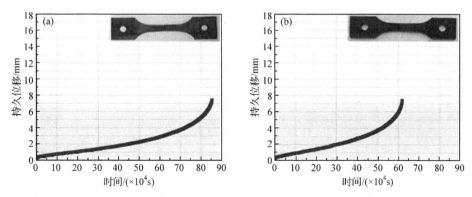

图 9.27　板材经 1020℃保温 30min 后 700℃保温不同时间时效的持久位移-时间曲线
(a) 时效 4h；(b) 时效 20h

表 9.9　两种片层宽度的 Ti65 合金板材经 650℃/240MPa 的持久性能

状态	方向	温度/℃	应力/MPa	持久时间/h
1020℃/30min/AC +700℃/4h/AC	横向	650	240	196
		650	240	243
1020℃/30min/AC +700℃/20h/AC	横向	650	240	175
		650	240	—

9.3.3　各向异性特征及机理

　　板材织构最直接的影响就是力学性能的各向异性。对 Ti60 合金板材沿横向和轧向分别取样进行 600℃持久试验[5]，加载应力为 310MPa，所得试验结果如表 9.10所示。试验结果显示，横向试样的持久寿命约为轧向试样的 4 倍，但延伸率约只有轧向的 1/2，这表明横向上的持久变形速率大大低于轧向。

表 9.10　Ti60 合金板材 600℃/310MPa 持久试验数据

试样方向	应力加载时间/h	延伸率/%
横向	246.82	26.6
	239.25	34.2
轧向	58.92	66.1
	58.07	65.1

对持久试样断口形貌进行观察，如图 9.28 所示，可发现两个方向上的试样存在

明显差异: 对比试样圆周表面, 横向的试样存在很多垂直于轴向的裂纹[图 9.28(a)], 而轧向的试样表面形成平行于加载方向的纹路, 且断口呈杯锥状[图 9.28(c)]。这种差异表明两个方向上试样发生断裂的机制存在差异。从断口截面形貌可以看出, 横向试样存在一些小平面, 呈现出类似于准解理断裂的特征, 而轧向断口布满韧窝, 是典型的延性断裂特征。

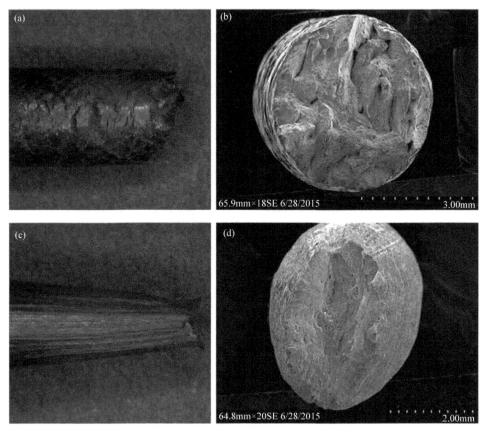

图 9.28　Ti60 合金板材不同方向持久试样断口形貌
(a)(b) 横向; (c)(d) 轧向

　　为了明确横向和轧向上持久试样的断裂机制, 将断口纵向剖开, 观察断口附近微裂纹, 如图 9.29 所示。在横向试样中, 晶粒之间变形存在不协调, 裂纹于晶界处萌生并拓展, 而在轧向试样中, 晶粒沿加载方向充分变形, 相互之间可以协调变形, 裂纹的形成是由于拉长的晶粒中形成了孔洞。

　　钛合金中晶粒变形的难易程度主要取决于晶体取向和加载方向夹角的关系, 可将晶体分为软取向晶粒和硬取向晶粒。对于 Ti60 合金板材, 其横向织构明显, 因此在横向的试样中, 大部分为硬取向晶粒, 可变形的晶粒较少, 一方面, 导致

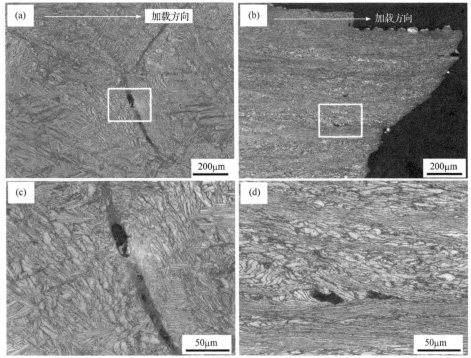

图 9.29 Ti60 合金板材不同方向持久试样断口纵剖面金相组织
(a) 横向；(b) 轧向；(c)为(a)中白色矩形处放大图；(d)为(b)中白色矩形处放大图

材料变形速率较低；另一方面，变形集中在少数晶粒，晶粒间不容易协调变形，很容易在晶界处形成应力集中，进而导致裂纹在晶界处形成并沿晶界扩展，形成如图 9.29 所示的裂纹，而在轧向的试样中，大部分为软取向晶粒，单个晶粒本身的变形能力较强，一方面，其应变速率较高，另一方面，晶粒间容易形成协调变形，晶界很少会形成应力集中，其裂纹主要是在晶粒充分变形后形成的孔洞基础上形核并长大，形成的断裂形貌为布满韧窝的延性断口。

通过施密特因子分布情况预测钛合金的高温各向异性。Ti65 板材经 1020℃/30min/AC+700℃/4h/AC 热处理后进行 650℃高温拉伸试验[1]。板材横向和轧向的高温拉伸应力-应变曲线和断后试样如图 9.30 所示。从拉伸应力-应变曲线可以看出，横向和轧向的拉伸应力-应变曲线的变化趋势相似，如图 9.30(a)、(b)所示，经过弹性阶段后，有一个明显的塑性变形阶段，直到应变增大到 30%左右。在塑性变形前期，应变在 5%~20%，均有明显加工硬化现象，拉伸应力随应变的增加达到峰值。

Ti65 合金板材横向和轧向的高温拉伸性能如表 9.11 所示。结果表明，在 650℃时，横向的抗拉强度和屈服强度均高于轧向，但差异不显著(差值=25~62MPa，差异率=5.0%~8.3%)。需要注意的是，Ti65 合金在 650℃时的强度水平相当于 IMI834

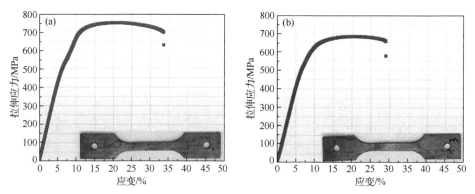

图 9.30　Ti65 合金板材不同方向 650℃高温拉伸应力-应变曲线和断后试样
(a) 横向；(b) 轧向

(666~702MPa)和 Ti60 合金(614~691MPa)在 600℃时的强度水平，这可以反映出
Ti65 合金在 650℃时的拉伸性能更为优异。

表 9.11　650℃和室温下 Ti65 合金板材的高温拉伸性能

拉伸温度/℃	方向	抗拉强度/MPa	屈服强度/MPa	断裂应变/%
650	横向	746	500	33.7
	轧向	684	475	29.0
20	横向	1160	1064	9.5
	轧向	1096	985	8.5

　　轧制成形的 Ti65 合金板材具有强变形织构，经 1020℃/90min/AC+700℃/
4h/AC 热处理后进行 650℃高温持久、蠕变试验，对比板材横向和轧向持久变形
的持久位移-持久时间曲线(图 9.31)。沿横向的持久时间明显长于沿轧向的持久时

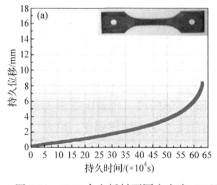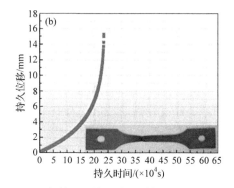

图 9.31　Ti65 合金板材不同方向在 650℃/240MPa 条件下的持久位移-持久时间曲线
(a) 横向 T1；(b) 轧向 L1

间，且沿横向的持久位移小于沿轧向的持久位移，说明 Ti65 板材的持久变形行为存在明显的各向异性。此外，为了确定持久的各向异性，还进行了重复持久试验，统计结果见表 9.12。横向的持久时间可达 131.8～174.5h，轧向的持久时间仅有 55.6～65.1h，横向约是轧向的 2.5 倍。

表 9.12 Ti65 合金板材横向和轧向在 650℃/240MPa 条件下的持久性能

状态	方向	温度/℃	应力/MPa	持久时间/h	平均持久时间/h
1020℃/90min/AC +700℃/4h/AC	横向	650	240	174.5	153.2
		650	240	131.8	
	轧向	650	240	65.1	60.4
		650	240	55.6	

图 9.32 为 650℃/100MPa/100h 热处理后板材的蠕变延伸率-时间曲线。可以看出，在 650℃相同应力和时间下沿横向的蠕变延伸率明显低于沿轧向的蠕变延伸率，且沿横向的蠕变速率也明显低于轧向，说明 Ti65 板材的蠕变变形行为存在明显的各向异性。此外，为了确定蠕变的各向异性，进行了重复蠕变试验，性能统计结果见表 9.13，650℃/100MPa/100h 条件下横向的蠕变延伸率为 0.218%～0.247%，轧向的蠕变延伸率为 0.409%～0.447%，轧向的蠕变延伸率约为横向蠕变延伸率的 2 倍。

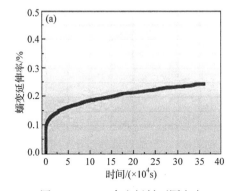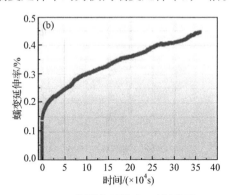

图 9.32 Ti65 合金板材不同方向 650℃/100MPa/100h 的蠕变延伸率-时间曲线

(a) 横向 T1；(b) 轧向 L1

表 9.13 Ti65 合金板材横向和轧向的 650℃/100MPa/100h 抗蠕变性

状态	方向	温度/℃	应力/MPa	时间/h	蠕变延伸率/%
1020℃/30min/AC +700℃/4h/AC	横向	650	100	100	0.247
		650	100	100	0.218
	轧向	650	100	100	0.447
		650	100	100	0.409

　　高温拉伸和持久的各向异性可以用初始 Ti65 合金板材在不同方向施密特因子的变化规律来解释。通常认为，650℃下钛合金拉伸持久变形的主要变形机制是位错滑移[6]。图 9.33 为初始 Ti65 合金板材分别沿横向和轧向加载时的施密特因子分布图和直方统计图，板材使织构沿横向和轧向的施密特因子有较大区别。对比横向[图 9.33(a)～(c)]和轧向[图 9.33(f)～(h)]方向的基面、柱面、锥面的施密特因子分布图发现，轧向上的分布图中红色和黄色的区域大于横向，沿不同滑移系施密特因子均高于横向。具体沿横向和轧向的施密特因子统计直方图分别在图 9.33(d)、(e)中呈现。图 9.33(d)中横向的沿基面⟨a⟩、柱面⟨a⟩和锥面⟨a⟩滑移系的平均施密特因子分别为 0.24、0.29、0.34，与图 9.33(e)中轧向的施密特

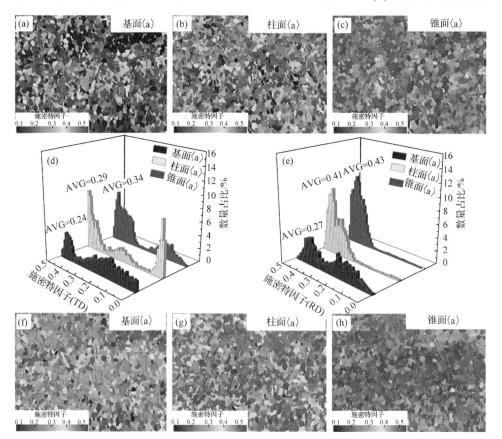

图 9.33　Ti65 合金板材高温拉伸不同方向的施密特因子分布图和施密特因子直方统计图

(扫描章前二维码查看彩图)

(a) 横向基面⟨a⟩施密特因子分布图；(b) 横向柱面⟨a⟩施密特因子分布图；(c) 横向锥面⟨a⟩施密特因子分布图；(d) 横向施密特因子直方统计图；(e) 轧向施密特因子直方统计图；(f) 轧向基面⟨a⟩施密特因子分布图；(g) 轧向柱面⟨a⟩施密特因子分布图；(h) 轧向锥面⟨a⟩施密特因子分布图

因子(0.27、0.41、0.43)相比，在不同的滑移系中横向的平均施密特因子相对较小。这表明沿横向的基面⟨a⟩、柱面⟨a⟩和锥面⟨a⟩的滑移系在外力作用应变过程中滑移的可能性均小于轧向，这就导致横向的抗拉强度和屈服强度均高于轧向。此外，横向上较小的施密特因子也会导致650℃/240MPa持久过程的持久时间长于轧向。由于滑移系很难在横向开动，在 650℃和 240MPa 持久变形过程中只能形成较少的位错。轧向较高的施密特因子会导致更多位错滑动，在相同的温度和应力下产生较大的塑性变形，最终导致持久(蠕变)性能的各向异性。

参 考 文 献

[1] 张智鑫. Ti65 合金薄板轧制成形及其组织力学性能关系[D]. 西安: 西北工业大学, 2021.

[2] ROY S Y, SUWAS S. Microstructure and texture evolution during sub-transus thermomechanical processing of Ti-6Al-4V-0.1B alloy: Part I. Hot rolling in ($\alpha+\beta$) phase field[J]. Metallurgical and Materials Transactions A. 2013, 44A: 3303-3321.

[3] ROY S Y, SUWAS S. Orientation dependent spheroidization response and macro-zone formation during sub β-transus processing of Ti-6Al-4V alloy[J]. Acta Materialia, 2017, 134: 283-301.

[4] DAVIES P, PEDERSON R, COLEMAN M. The hierarchy of microstructure parameters affecting the tensile ductility in centrifugally cast and forged Ti-834 alloy during high temperature exposure in air[J]. Acta Materialia, 2016, 117: 51-67.

[5] 李文渊, 刘建荣, 陈志勇, 等. Ti60 合金板材的室温强度与其显微组织和织构的关系[J]. 材料研究学报, 2018, 32(6): 455-463.

[6] ALABORT E, KONTIS P, BARBA D. On the mechanisms of superplasticity in Ti-6Al-4V[J]. Acta Materialia, 2016, 105: 449-463.